学术引领系列

中国学科发展战略

高分子流体动力学

国家自然科学基金委员会
中 国 科 学 院

科 学 出 版 社
北 京

内 容 简 介

本书系统阐述了高分子流体动力学的科学意义与战略价值、发展现状与发展态势、发展水平与发展规律、发展思路与发展方向，并在此基础上给出了有利于高分子流体动力学发展的资助机制与政策建议，瞄准国际学术前沿，立足国家重大需求，凝聚相关科学与技术问题。全书总结了5个方面的内容，分别是高分子稀溶液、高分子亚浓溶液、高分子浓溶液与熔体、支化高分子流变学和高分子流体动力学的应用。

本书适合高层次的战略和管理专家、相关领域的研究人员、高等院校师生阅读，是科技工作者和社会公众了解高分子流体动力学发展现状和趋势的权威读本，同时也是科技管理部门重要的决策参考书籍。

图书在版编目（CIP）数据

高分子流体动力学 / 国家自然科学基金委员会，中国科学院编. —北京：科学出版社，2022.4

（中国学科发展战略）

ISBN 978-7-03-071364-3

Ⅰ.①高…　Ⅱ.①国…　②中…　Ⅲ.①高聚物–流体动力学　Ⅳ.①O351.2

中国版本图书馆 CIP 数据核字（2022）第 018540 号

丛书策划：侯俊琳　牛　玲

责任编辑：朱萍萍　高　微 / 责任校对：韩　杨

责任印制：李　彤 / 封面设计：黄华斌　陈　敬

科学出版社 出版

北京东黄城根北街16号

邮政编码：100717

http://www.sciencep.com

北京虎彩文化传播有限公司 印刷

科学出版社发行　各地新华书店经销

*

2022年4月第　一　版　开本：720×1000　1/16

2023年1月第二次印刷　印张：19 1/4

字数：320 000

定价：128.00 元

（如有印装质量问题，我社负责调换）

中国学科发展战略

联合领导小组

联合工作组

中国学科发展战略·高分子流体动力学

编　委　会

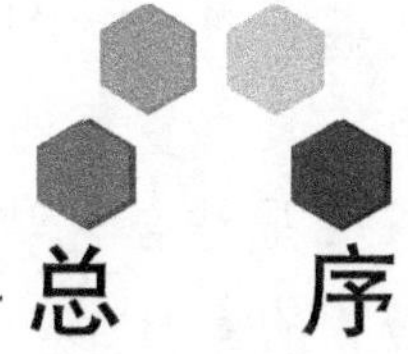

总　序

白春礼　杨　卫

17 世纪的科学革命使科学从普适的自然哲学走向分科深入，如今已发展成为一幅由众多彼此独立又相互关联的学科汇就的壮丽画卷。在人类不断深化对自然认识的过程中，学科不仅仅是现代社会中科学知识的组成单元，同时也逐渐成为人类认知活动的组织分工，决定了知识生产的社会形态特征，推动和促进了科学技术和各种学术形态的蓬勃发展。从历史上看，学科的发展体现了知识生产及其传播、传承的过程，学科之间的相互交叉、融合与分化成为科学发展的重要特征。只有了解各学科演变的基本规律，完善学科布局，促进学科协调发展，才能推进科学的整体发展，形成促进前沿科学突破的科研布局和创新环境。

我国引入近代科学后几经曲折，及至上世纪初开始逐步同西方科学接轨，建立了以学科教育与学科科研互为支撑的学科体系。新中国建立后，逐步形成完整的学科体系，为国家科学技术进步和经济社会发展提供了大量优秀人才，部分学科已进入世界前列，有的学科取得了令世界瞩目的突出成就。当前，我国正处在从科学大国向科学强国转变的关键时期，经济发展新常态下要求科学技术为国家经济增长提供更强劲的动力，创新成为引领我国经济发展的新引擎。与此同时，改革开放 30 多年来，特别是 21 世纪以来，我国迅猛发展的科学事业蓄积了巨大的内能，不仅重大创新成果源源不断产生，而且一些学科正在孕育新的生长点，有可能引领世界学科发展的新方向。因此，开展学科发展战略研究是提高我国自主创新能力、实现我国科学由“跟跑者”向“并行者”和“领跑者”转变的一项基础工程，对于更好把握世界科技创新发展趋势，发挥科技创新在全面创新中的引领作用，具有重要的现实意义。

学科发展战略研究的核心是结合科学技术和经济社会的发展需求，在分析科学前沿发展趋势的基础上，寻找新的学科生长点和方向。在这个过程中，战略科学家的前瞻引领作用十分重要。科学史上这样的例子比比皆是。在 1900 年 8 月巴黎国际数学家代表大会上，德国数学家戴维·希尔伯特发表了题为“数学问题”的著名讲演，他根据过去特别是 19 世纪数学研究的成果和发展趋势，提出了 23 个最重要的数学问题，即“希尔伯特问题”。这些“问题”后来成为许多数学家力图攻克的难关，对现代数学的研究和发展产生了深刻的影响。1959 年 12 月，美国物理学家、诺贝尔奖得主理查德·费曼在加利福尼亚理工学院举行的美国物理学会年会上发表了题为“物质底层大有空间——一张进入物理新领域的请柬”的经典讲话，对后来出现的纳米技术作出了天才的预见。

学科生长点并不完全等同于科学前沿，其产生和形成不仅取决于科学前沿的成果，还决定于社会生产和科学发展的需要。1841 年，佩利戈特用钾还原四氯化铀，成功地获得了金属铀，可在很长一段时间并未能发展成为学科生长点。直到 1939 年，哈恩和斯特拉斯曼发现了铀的核裂变现象后，人们认识到它有可能成为巨大的能源，这才形成了以铀为主要对象的核燃料科学的学科生长点。而基本粒子物理学作为一门理论性很强的学科，它的新生长点之所以能不断形成，不仅在于它有揭示物质的深层结构秘密的作用，而且在于其成果有助于认识宇宙的起源和演化。上述事实说明，科学在从理论到应用又从应用到理论的转化过程中，会有新的学科生长点不断地产生和形成。

不同学科交叉集成，特别是理论研究与实验科学相结合，往往也是新的学科生长点的重要来源。新的实验方法和实验手段的发明，大科学装置的建立，如离子加速器、中子反应堆、核磁共振仪等技术方法，都促进了相对独立的新学科的形成。自 20 世纪 80 年代以来，具有费曼 1959 年所预见的性能、微观表征和操纵技术的仪器——扫描隧道显微镜和原子力显微镜终于相继问世，为纳米结构的测量和操纵提供了“眼睛”和“手指”，使得人类能更进一步认识纳米世界，极大地推动了纳米技术的发展。

作为国家科学思想库，中国科学院（以下简称中科院）学部的基本职责和优势是为国家科学选择和优化布局重大科学技术发展方向提供科学依据、发挥学术引领作用，国家自然科学基金委员会（以下简称基金委）则承担着协调学科发展、夯实学科基础、促进学科交叉、加强学科建设的重大责任。继基金委和中科院于2012年成功地联合发布“未来10年中国学科发展战略研究”报告之后，双方签署了共同开展学科发展战略研究的长期合作协议，通过联合开展学科发展战略研究的长效机制，共建共享国家科学思想库的研究咨询能力，切实担当起服务国家科学领域决策咨询的核心作用。

基金委和中科院共同组织的学科发展战略研究既分析相关学科领域的发展趋势与应用前景，又提出与学科发展相关的人才队伍布局、环境条件建设、资助机制创新等方面的政策建议，还针对某一类学科发展所面临的共性政策问题，开展专题学科战略与政策研究。自2012年开始，平均每年部署10项左右学科发展战略研究项目，其中既有传统学科中的新生长点或交叉学科，如物理学中的软凝聚态物理、化学中的能源化学、生物学中生命组学等，也有面向具有重大应用背景的新兴战略研究领域，如再生医学，冰冻圈科学，高功率、高光束质量半导体激光发展战略研究等，还有以具体学科为例开展的关于依托重大科学设施与平台发展的学科政策研究。

学科发展战略研究工作沿袭了由中科院院士牵头的方式，并凝聚相关领域专家学者共同开展研究。他们秉承“知行合一”的理念，将深刻的洞察力和严谨的工作作风结合起来，潜心研究，求真唯实，“知之真切笃实处即是行，行之明觉精察处即是知”。他们精益求精，“止于至善”，“皆当至于至善之地而不迁”，力求尽善尽美，以获取最大的集体智慧。他们在中国基础研究从与发达国家“总量并行”到“贡献并行”再到“源头并行”的升级发展过程中，脚踏实地，拾级而上，纵观全局，极目迥望。他们站在巨人肩上，立于科学前沿，为中国乃至世界的学科发展指出可能的生长点和新方向。

各学科发展战略研究组从学科的科学意义与战略价值、发展规律和研究特点、发展现状与发展态势、未来5～10年学科发展的关键科学问题、发展思路、发展目标和重要研究方向、学科发展的有效资助机制与政策建议等方面进行分析阐述。既强调学科生长点的科学意义，也考虑其重要的社会价值；既着眼于学科生长点的前沿性，也兼顾其可能利用的资源和条件；既立足于国内的现状，又注重基础研究的国际化趋势；既肯定已取得的成绩，又不回避发展中面临的困难和问题。主要研究成果以“国家自然科学基金委员会—中国科学院学科发展战略”丛书的形式，纳入“国家科学思想库—学术引领系列”陆续出版。

基金委和中科院在学科发展战略研究方面的合作是一项长期的任务。在报告付梓之际，我们衷心地感谢为学科发展战略研究付出心血的院士、专家，还要感谢在咨询、审读和支撑方面做出贡献的同志，也要感谢科学出版社在编辑出版工作中付出的辛苦劳动，更要感谢基金委和中科院学科发展战略研究联合工作组各位成员的辛勤工作。我们诚挚希望更多的院士、专家能够加入到学科发展战略研究的行列中来，搭建我国科技规划和科技政策咨询平台，为推动促进我国学科均衡、协调、可持续发展发挥更大的积极作用。

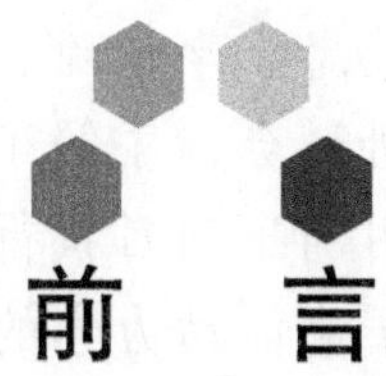

前言

以塑料、橡胶和纤维三大合成材料为代表的高分子材料给人类生活带来了翻天覆地的变化。仅以塑料为例，进入20世纪90年代以来，世界材料结构发生了很大的变化，塑钢比逐年提高。塑料已经成为世界1000年来改变人类生活与面貌的100项重大发明之一。作为高分子材料制造工业迅速发展的国家，我国每年有近亿吨的高分子材料需要有效地进行加工成型。虽然我国高分子通用制品的生产能力较强，但是诸多高端产品的质量和性能却长期落后于美国、日本、欧洲等发达国家和地区，特别是一些高技术产品还受制于人，而恰恰这些产品的使用面极广，涉及国防、信息、医疗、能源、航空航天等领域。高分子加工成型包括高分子材料熔融/塑化、剪切/拉伸流动和冷却固化三个基本过程，其核心为高分子熔体的流动与变形。然而，我国薄弱的高分子流体动力学基础研究成为制约高分子材料加工成型技术发展的一个重要瓶颈。

为了尽快提升我国高分子流体动力学的发展水平和发展速度，根据《关于国家自然科学基金委员会－中国科学院学科发展战略研究联合工作方案》，2016年2月25日，中国科学院化学部常务委员会第十五届第十七次会议批准开展高分子流体动力学发展战略研究，并于2016年6月启动。2016年11月签订国家自然科学基金应急管理项目“高分子流体动力学发展战略研究”任务书，2017年1月成立高分子流体动力学发展战略研究小组，确立了该战略研究的目标与任务，明确了项目组成员的分工。

项目启动后，按照国家自然科学基金委员会与中国科学院学科发展战略研究项目的要求，项目组由安立佳、俞炜、卢宇源、郭洪霞、王志刚、李勇进、陈继忠、李云琦、由吉春、李宏飞组成，并召开了两次小范围的项目研讨会，了解了项目的进展情况，分析了调研过程中遇到的问题，明确了项目执行期间的阶段目标。为了客观、真实地掌握我国高分子流体动力学的发展水平与发展规律，项目组委托中国科学院文献情报中心对高分子科学与高分子流体动力学的科学引文索引（SCI）论文、申请与授权专利、国家自然科学基金资助情况进行了统计查询，并于2020年4月对查询数据进行了更新。为保障战略研究报告的前瞻性和普及性，在2017年全国高分子学术论文报告会上，项目组委托长春善思科技有限公司对“高分子流体动力学”研究现状与发展做了问卷调查（本次问卷调查收回746份有效问卷）。为确保战略研究报告的战略性和专业性，项目组召开了一次小范围、高层次高分子流体动力学战略研讨会。邀请的专家包括门永锋研究员、王振纲（Zhen-Gang Wang）教授、史安昌（An-Chang Shi）教授、吕中元教授、刘琛阳研究员、孙昭艳研究员、李卫华教授、李忠明教授、李宝会教授、杨玉良教授、杨鸣波教授、张平文教授、张洪斌教授、陈全研究员、陈尔强教授、陈征宇（Jeff Zheng-Yu Chen）教授、林嘉平教授、郑强教授、胡文兵教授、袁学锋教授、梁好均教授、董建华研究员、傅强教授、童真教授、解孝林教授等。特别是，为了配合高分子流体动力学战略研究，2018年9月1日和2日，项目组在吉林长春举行了“高分子流体动力学科学与技术前沿论坛”。该论坛由中国科学院学部主办，中国科学院化学部和国家天元数学东北中心承办，中国科学院长春应用化学研究所等单位协办，凝聚了国内外知名大学和科研院所的资深专家与青年学者共80余人。

在此基础上，安立佳和卢宇源主要负责并开始撰写本书总论，内容包括高分子流体动力学的科学意义与战略价值、发展现状与发展态势、发展水平与发展规律、发展思路与发展方向、资助机制与政策建议。在学术研讨的基础上，战略研究项目组凝练了学科发展的前沿方向，分别由高分子流体动力学前沿研究领域从事一线工作的学者撰写。具体编写分工如下：高分子稀溶液由郭洪霞、卢宇源、安立佳、俞炜撰写；高分子亚浓溶液由郭洪霞、陈继忠撰写；高分子浓溶液与熔体由俞炜、卢宇源、安立佳撰写；支化高分子流变学由李云琦、王志刚撰写；高分子流体动力学的应用由由吉春、李勇进撰写。李宏飞研究员负责书稿的检查与核对。在此过程中，还分别在中国科学院化学部常务委员会第十五届第十七次会议和国家自然科学基金委员会－中国科学院学科发展战略研究项目交流会等会议上反复征求意见。通过不断修改和完善，形成了本书。此外，中国科学院文献情报中心专家刘小平和沈湘为本书提供了文献情报支撑服务。

在战略研究过程中，国家自然科学基金委员会化学科学部、工程与材料科学部给予了大力支持，其中董建华研究员和马劲研究员提出了大量实质性的意见和建议。这里要特别感谢国家自然科学基金委员会通讯评审专家提出的修改意见和建议，以及华中科技大学解孝林教授和中国科学院长春应用化学研究所殷敬华研究员、唐涛研究员、栾世方研究员提供的典型案例。同时，本书也得到中国科学院学部、中国化学会和高分子流体动力学领域广大专家的支持。特别是以下各位老师与同学在本书编撰过程中的文献资料查询、文档排版等方面付出了大量心血和劳动，他们是付翠柳、李良一、徐晓雷、阮永金、王健、李明伦、梅百成、王振华、莫江洋、马立成、杨一凡、卢露为、刑梓铎等。

战略研究项目组在研讨与报告编写过程中，深深感到形成一份好的战略研究报告十分困难，特别是对优先发展领域难以把握和取舍。资助机制与政策建议既要客观公允，又要具有可操作性，更是难上加难。对项目组而言，本次战略研究是一次学习和自我提升的过程。由于认识的局限，书中难免存在疏漏和不足，敬请各位专家和读者批评指正，也希望本书对我国未来10年高分子流体动力学研究的发展切实起到一定的促进作用。

安立佳

2020年5月1日

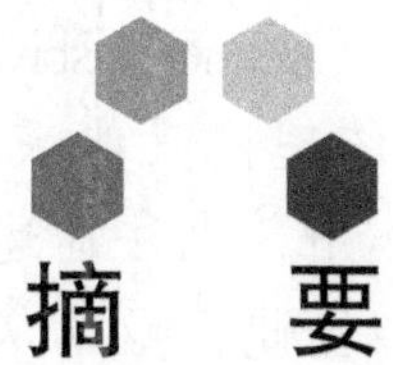

摘　要

高分子流体动力学是高分子科学的重要组成部分，是高分子材料加工成型与设计的学科基础。本书首先从科学发展史的角度，在数据准确和资料翔实的基础上，结合高分子流体动力学领域重大创新成果的具体案例，力图从宏观到微观全面阐明高分子流体动力学学科的科学意义与发展历程、发展现状与发展态势、发展水平与发展规律、发展思路与发展方向。然后，根据该学科自身的特点，重点阐述学科的五个核心内容，包括高分子稀溶液、高分子亚浓溶液、高分子浓溶液与熔体、支化高分子流变学和高分子流体动力学的应用，并高度凝练出学科发展的关键科学问题。最后，从战略高度探索符合科学规律的发展战略与方向、资助管理与人才培养机制和政策建议。

一、高分子流体动力学的发展历程

高分子流体动力学是通过不断吸纳物理学和数学的最新研究成果，利用计算科学发展产出的强大计算能力，理论与实验研究伴生并行、相互促进，逐渐构建和完善自身的理论体系，并将其应用于高分子相关领域中，逐步形成的高分子科学中不可或缺的基础性子学科。其研究过程中积累的知识是人类探索自然规律和非线性黏弹现象的主要手段之一，在解决长期以来存在于高分子材料科学、生命科学、药物科学等领域中重大挑战性难题方面发挥了重要作用。

高分子溶液（特别是高分子稀溶液）一直受到高分子物理化学家和凝聚态物理学家的广泛关注，如爱因斯坦（Albert Einstein）、德拜（Peter Joseph William Debye）、弗洛里（Paul John Flory）、劳斯（Prince Earl Rouse）、齐姆（Bruno Hasbrouck Zimm）和山川（Hiromi Yamakawa）等。然而，传统理论只能采用二体相互作用近似代替高分子链与溶剂间的相互作用，无法描述超支化等复杂拓扑结构高分子链的流体动力学性质。因此，亟须从单分子水平上理解高分子稀溶液的基本性质，建立一个普适性的高分子稀溶液理论，以满足超支化等新型高分子链拓扑结构和分子量表征的迫切需求。

高分子熔体是高分子科学研究的主体。早期人们提出了由理想弹簧（描述弹性性质）与理想黏壶（描述黏性性质）串联的麦克斯韦模型（Maxwell model）和并联的沃伊特-开尔文模型（Voigt-Kelvin model），以及利用弹簧和黏壶串并联组成的多元模型。后来，人们注意到高分子体系的长链特性和链的不可穿越性（缠结效应），开始从分子水平上理解高分子熔体体系的黏弹行为。在高分子流变学发展初期，人们把缠结高分子流体处理成一种瞬态弹性网络，其后根据高分子体系和其他黏弹性（viscoelasticity）材料的具体性质，建立了较成熟的瞬态网络模型（transient network model, TNM）。20 世纪 70 年代，德热纳（Pierre-Gilles de Gennes）开创性地提出了高分子链蠕动（reptation）的概念。随后，土井正男（Masao Doi）和爱德华兹（Samuel Frederick Edwards）等将高分子链间不可穿越性导致的复杂多链相互作用等效成一条光滑、无势垒的管道对测试分子链的限制作用，并建立了描述缠结高分子流体的管子模型（tube model）。值得指出的是，经典管子模型能够很好地描述缠结高分子流体的平衡态和近平衡态性质。然而，近期实验与计算机模拟研究发现，一些重要的非线性流变学现象（特别是在快速、大形变条件下）却不能基于管子模型来解释。而大多数高分子材料的加工成型都是在快速、大形变条件下进行的，因此亟须建立能够描述快速、大形变条件下的缠结高分子流体非线性流变学理论。虽然上述问题在几十年前就得到欧洲、美国、日本等国家或地区杰出物理化学家和物理学家的高度关注，但是由于受到当时实验技术和计算机模拟技术等限制，一直没有达到预期目标。随着单分子示踪技术与高性能计算机软硬件技术的发展，未来 10～20 年必将成为高分子流体动力学研究的黄金时期，我国应该抓住同期“起跑”、实现新材料研发跨越式发展的历史机遇，显著提升高分子材料研发的原始创新能力，缩小我国新材料研发和欧洲、美国、日本等发达国家或地区的差距。

二、高分子流体动力学的战略价值

高分子流体动力学所蕴含的基础知识已经渗入科学技术和经济社会发展的诸多方面。一般来说，高分子加工成型就是控制高分子熔体的流动和变形。因此，发展高分子新材料高端加工成型技术的学科基础是高分子流体动力学（流变学）。然而，我国薄弱的高分子流体动力学（流变学）基础研究逐渐成为制约高分子材料加工成型技术发展的一个重要瓶颈。特别是，为满足日益苛刻的性能需求，将高分子与其他高分子或填料进行共混和复合是一种简单而有效的策略。针对高分子共混体系，其性能不仅与其相结构和热力学性质相关，还依赖于（界面处）高分子链间的缠结结构及动力学行为。针对高分子与纳米粒子的复合体系，一方面，其性能的提高与纳米粒子在高分子基体中的分散程度、纳米粒子自身特性、纳米粒子扩散动力学行为、高分子链段松弛动力学行为等因素有关；另一方面，在加工成型过程中，其经历的快速、大形变过程使高分子链构象和纳米粒子的空间分布远离平衡态，将导致高分子与纳米粒子的复合体系呈现出与经历热力学平衡的体系截然不同的性质。更重要的是，纳米粒子的运动与高分子链缠结网络相互影响，其动力学行为相互耦合，呈现出复杂的时空多尺度特征。目前，我国国防与重大基础前沿领域存在高分子及其复合材料设计和加工成型的诸多重要问题，如高档配套产品相对较少，高技术、高附加值产品相对稀缺，产品质量不稳定等。这些问题严重制约了我国相关技术的发展和产品的竞争力。因此，需要开展跨学科、跨领域的研究，以理论/计算/实验/数据库相融合的协同创新研发方法为基本理念，通过与相关企业深入合作，实现将实验室的高新技术向产业转移，解决技术应用及产业化过程中的瓶颈问题，最终形成自主知识产权，促成我国新材料研发领域的跨越式发展。

三、高分子流体动力学的发展现状与发展态势

现代科学处在一个既高度分化又高度综合的时代，高分子流体动力学是一门既相对古老又继续充当高分子科学重大前沿领域，并推动高分子科学与产业结合的基础性科学。在国家投入增加和科研队伍迅速壮大的情况下，我国高分子流体动力学研究在过去十几年中有了长足的进步，已逐步发展成为实验、模拟、理论三方面协同的科学。其进步主要表现在三个方面：一是研究对象从简化模型向真实复杂体系和真实过程逐步逼近；二是研究目标从对问题的定性分析走向定量分析；三是研究方法已经从唯象描述性研究阶段转变为对复杂现象的分子机制和普适性规律进行探索，并利用这些机制和规律服务于国民经济发展与国家重大需求。然而，我国高分子流体动力学与欧洲、美国、日本等发达国家或地区还存在较大的差距，主要表现在：原创性研究成果不多，处于国际前沿、在所在领域有重要影响的顶尖学者较少，立足于我国国情的系统性与独创性基础尚未夯实，存在急于求成、急功近利的短时观念。

从发展态势来看，高分子流体动力学关注高分子材料结构与性能的关系，微观与宏观高分子流体动力学之间相互渗透和融合；研究重心从静态结构逐步转向动态过程，从平衡态研究逐步转向非平衡态研究，从简单单一模式逐步转向多模式、多场的耦合；开始高度关注生物大分子的动力学过程，与生命现象相关的复杂动力学过程成为研究焦点。

四、国内高分子流体动力学的发展水平与发展规律

为了明晰高分子流体动力学的战略地位，探索其内在发展规律和特点，本书严格按照国家自然科学基金委员会和中国科学院学部的要求，从其发展动力、学科交叉状况等方面进行了广泛系统的文献调研；委托中国科学院文献情报中心对高分子流体动力学的论文、专利和基金等进行了专项数据查询；委托长春善思科技有限公司就高分子流体动力学的科研环境、人才培养、经费保障、发展策略等问题进行了问卷调查；邀请了几十位国内外高分子流体动力学专家

研讨了国际、国内发展情况，分析和总结了高分子流体动力学的发展规律和特点，明确了“战略研究报告”要阐明的关键问题，从学科领域的知识结构和逻辑体系出发，提出了完善学科布局的框架建议；举办了“高分子流体动力学科学与技术前沿论坛”，对高分子流体的微观与介观结构、非平衡态动力学行为、受限与复杂界面等问题进行了深入的实质性研讨，并结合国家需求中的重大基础科学问题，进一步达成共识。

（一）国内外专家的意见和建议

专家们提出了很多宝贵的意见和建议，一致认为：①高分子流体动力学已经到了产生重大原创成果的机遇期；②应该与工业生产紧密结合，建立起理论、模拟、实验、应用相结合的研究平台与人才梯队；③应该研发新的实验设备和新的模拟技术，改进现有实验与模拟研究手段；④应该大力加强青年人才的培养与投入。这些建议高屋建瓴，非常契合我国高分子流体动力学的实际情况。因此，建议相关科技管理部门结合专家们的建议和各部门的具体情况，大力推进自主创新，积极培养和举荐青年科技人才，推动我国高分子流体动力学的发展，使高分子流体动力学成为高分子产业发展的重要支撑，最终提升我国高分子产业的整体竞争力。

（二）同行专家调查问卷的结果

针对我国高分子流体动力学优先发展策略，50% 的受访者认为应该首先鼓励原始创新，其次是加强产学研合作。关于人才培养，大多数受访者认为应加强本土人才培养，还有 30% 的受访者认为应引进青年人才；针对促进我国高分子流体动力学优先发展模式，50% 的受访者认为应该采用团队合作模式。建议科技管理部门在制定相关政策时，充分考虑广大科研人员的意见与建议，加强本土人才的培养，通过一定的鼓励政策，促进产学研用团队合作，以产出重大成果。

（三）文献、专利等的数据统计

从论文发表的角度来看，随着我国在各研究领域的全面发展，虽然近三年高分子科学领域学术论文的单篇平均被引次数远低于美国和英国，但是已经高于德国、法国和日本。高分子流体动力学虽然也取得了较大的进步，学术论文的单篇平均被引次数已经超过日本，但是仍低于美国、英国、德国、法国。因此，建议进一步加强对高分子流体动力学的支持力度，提高学术论文的整体质量。从高分子流体动力学方面的专利申请与授权数量来看，我国学者在2010年前申请专利的数量相对较少；2010年后，申请专利的数量急剧增加，跃居世界第二。然而，从专利授权比例来看，我国学者并不占优势，甚至偏低，因此建议加强专利申请的质量。此外，我国学者申请的专利主要在国内，而在其他国家申请的专利偏少。因此，从知识产权保护的角度，建议我国学者加强国际专利的申请，以保护好我国在高分子流体动力学方面发明创造的知识产权。

（四）国家自然科学基金的统计

国家自然科学基金面上项目是目前基础科学研究领域最具有代表性的资助项目，无论是经费总数还是项目数量，高分子流体动力学约占整个高分子科学领域的5%；国家自然科学基金青年科学基金项目是反映国家对青年科技人才起步阶段最具有代表性的资助项目，高分子流体动力学的青年科学基金项目占比略低于面上项目占比（项目数占整个高分子科学领域项目数的比例不到5%）。鉴于高分子流体动力学在高分子科学中举足轻重的地位，建议适当调整科学研究评价机制，增加其资助力度，优化基础研究资助与管理方式，更加注重提出新观点、新方法，创造新概念、新理论，开辟新方向、新领域的工作，形成适应激励科学发展与服务经济社会需求并重的基础研究发展环境，引导科研人员进入该领域进行深入研究，鼓励其取得更多原始创新成果，从而进一步提高高分子流体动力学对国家重大计划实施的贡献度。

（五）高分子流体动力学科学与技术前沿论坛的结果

2018年9月举办了“高分子流体动力学科学与技术前沿论坛”。该论坛汇聚了国内外知名大学和科研院所的资深专家与青年学者共

80余人。针对高分子溶液专题，专家们各抒己见，从其问题的物理内涵到模型或理论的优缺点，再到其具体的应用背景和未来的发展方向，都进行了深入系统的讨论。针对高分子熔体专题，就管子模型的发展历史、基本假设、核心物理图像及其重要推论进行了深入探讨。专家们指出，应该尽快建立描述缠结高分子流体动力学的新概念和新理论。针对多相多组分体系专题，一致认为应该让理论、模拟、计算、实验、产业化等不同方面的学者协同攻关这个领域的难题。

五、高分子流体动力学的发展思路与发展方向

高分子流体动力学是不同空间尺度和时间尺度相互耦合、跨学科的基础科学，是复杂体系的重要分支之一。从质的方面讲，高分子流体动力学目前已经具备处理更复杂的实际问题的能力，能够对很多体系和过程的计算结果给出可靠的误差估计；从量的方面讲，高分子流体动力学在高分子科学中发挥的作用在逐步扩大，科研人员采用实验、模拟与理论计算紧密结合的研究方法已成为常态。因此，其科学内容和发展目标主要体现在以下三个层面：①观测和发现高分子流体的复杂现象；②针对不同高分子流体体系建立准确描述其运动规律的模型或理论，为构建高分子材料战略性新兴产业奠定理论基础；③探索高分子流体体系的一般运动规律，使之成为高分子科学和生命科学发展的奠基性理论之一。本书结合高分子流体动力学未来5～10年的发展趋势，提出了五个可能的突破口和新的学科生长点，分别是：①缠结高分子流体的链－链相互作用与链拓扑结构的演化；②缠结高分子流体流变学的动态自洽场理论；③非高斯链的数值计算方法与理论；④复杂高分子流体微结构演化及其流变性能；⑤受限高分子流体的动力学。

六、高分子流体动力学的核心内容与关键科学问题

由于塑料、橡胶和纤维等高分子材料在基础研究中的重大意义和在经济社会发展中不可替代的战略地位，高分子科学得到迅猛发展，同时在发展中也产生了一系列与之相关的物理问题，亟待深入

认识与解决。在实验方面，过去很长时间的研究都集中在线性黏弹性及其方法方面，重点研究高分子材料的一些唯象模型，然后提出类似描述橡胶弹性网络的定性水平的分子图像。针对高分子熔体，我国大多数研究组的研究重点在探索如何描述离位或原位剪切/拉伸变形与流动场的有效方法，以及如何具体地消除某种材料的边界不稳定性、内应力等。然而，人们往往没有真正关注复杂流变过程、缠结高分子流体的缠结演化过程和拉伸过程中所伴随的几何压缩效应、应变硬化、剪切分层等，以及挤出、挤压与拉伸过程中出现的应变局域化和破损等典型问题。在模拟与计算方面，人们在过去几十年中发展了不同尺度的计算机模拟方法。然而，从近些年发表的研究工作来看，这些模拟方法越来越成为验证实验与理论结果并预言新的实验现象的有效手段。特别是，我国目前多以计算机模拟发现具体的流变学现象为主，更深层次的物理问题很少涉及，且很少处理工业界真正高度关注的问题。理论计算结果通常不能作为独立的科学论据，只能作为重要的佐证或旁证。对复杂体系研究的计算结果与实验结果不一致时，无法判断是物理模型有缺陷还是实验方法或实验仪器本身存在问题。另外，超大尺度的空间和时间模拟计算量极大，计算量与精度难以兼顾。发展高效率、高精度、低计算量、误差可控的理论计算方法是高分子流体动力学的核心攻坚任务。在模型与理论方面，现有的研究体系大多只关注非带电、柔性高分子体系。对于带电高分子体系，静电相互作用使得高分子链不再是柔性链；随着链刚性的增加，在相同聚合度的条件下，高分子链缠结逐渐增加，高分子熔体的流变行为将发生显著的变化，很多柔性链模型和规律不再适用。现有的研究工作很少提出具有实质内涵的新概念，大多是对传统概念的完善或重新定义；大多数高分子流体动力学工作只关注具体、特定的研究体系。近年来，很少发展具有普适意义的一般性理论，从而使得高分子流体动力学理论研究没有一条清晰的发展主线，而有向庞杂发展的趋势。

根据学科的发展规律，结合我国高分子流体动力学的研究基础与国家需求，本书针对高分子流体动力学的若干重大科学问题，在全书各章分别进行了深入的分析与讨论。主要涉及以下五个关键性科学问题。

（1）高分子稀溶液：稀溶液中不同链刚性、带电性和拓扑结构高分子链的构象性质与溶液动力学性质之间的关系及其普适性规律。

（2）高分子亚浓溶液：不同时空尺度下，扩散与多松弛模式的物理本质，以及外场作用和浓度对高分子动力学行为的影响机制。

（3）高分子浓溶液与熔体：在快速、大形变条件下，复杂高分子流体链缠结的本质，以及微观结构与宏观流变性质的关系。

（4）支化高分子流变学：高度支化高分子材料的黏弹性机制、制备与功能开发。

（5）高分子流体动力学的应用：高分子多相多组分体系的结构设计与动力学行为调控。

七、有利于高分子流体动力学发展的资助机制与政策建议

我国不仅是高分子材料生产大国，也是高分子材料消耗大国。经过几代人的努力，我国高分子流体动力学从无到有，不断发展壮大，为国民经济和国防建设做出了诸多贡献。近年来，高分子流体动力学在社会需求的强烈带动下快速发展，在一些高分子材料加工成型技术的“点”上取得了实质性的进步。当前及未来10年是我国经济和科学技术发展的重要战略机遇期，也是高分子流体动力学学科发展的重要战略机遇期。因此，高分子流体动力学的发展目标是：在未来5～10年内，我国能够成为国际上最重要的几个高分子流体动力学研究中心之一，在2～3个方向具有国际领先或主导地位。为了实现这个目标，本书提出了有利于高分子流体动力学学科发展的有效资助机制与政策建议。

（一）健全多元化激励机制，鼓励协同创新

建议：建立并保持一支稳定的高分子流体动力学人才队伍，对其进行相对稳定的持续支持；优先支持具有重大意义的高分子流体动力学学科前沿研究；加大高分子流体动力学科研成果的科普宣传力度，调动工业部门的积极性和参与度，联合重点相关企业和重点

应用单位，开展协同创新，加快研究成果的工程转化速度。

（二）推动实验、模拟、理论研究一体化，促进成果转化

建议：本着高分子流体动力学理论计算/实验（制备和表征）/数据库相互融合、协同创新的研发方式和理念，选取符合国家重大战略需求或在基础研究领域具有重大意义的研究方向进行突破；促进高分子流体动力学与计算数学的高度融合，探讨高分子流体动力学领域中一些重要概念和模型的数学化、定量化处理思路；建立以企业为主体、市场为导向、产学研用深度融合的技术创新体系。

（三）加大青年人才的扶持力度，让更多有志者普惠、受益

建议：加大青年科研人员的扶持力度，以保护他们继续攀登科学高峰的探索精神；吸引一批数理功底扎实的青年学者参与高分子流体动力学前沿研究与讨论，培养一支富有创新精神和协同创新能力的高素质人才队伍，使新一代青年科技骨干人才与战略科学家脱颖而出。

（四）促进国际合作与交流，形成开放科研格局

建议：进一步改善科研环境，在人才评价、学科评估、项目评审中，应充分考虑高分子流体动力学自身的特点，采用高分子流体动力学国际通行做法，引入顶级科学家评价、推荐制度；通过较高强度的持续、稳定支持，打造开放式协同创新平台。

Abstract

The polymer fluid dynamics is an integral part of polymer science and forms the basis for polymer processing and design. Taking the perspective of the history of science and based on accurate data and rich literature, in combination with specific examples of major innovations in polymer fluid dynamics, this book discusses the scientific significance and development of the discipline, including the current status and trends, key ideas, and future directions, from both macroscopic and microscopic viewpoints. The book focuses on five main subjects in polymer fluid dynamics: dilute polymer solutions, semidilute polymer solutions, concentrated polymer solutions and melts, branched polymers and applications, highlighting some key scientific issues in the discipline. Finally, the book proposes development strategies and directions, as well as mechanisms for funding management and personnel training, and makes policy recommendations from a strategic perspective.

1. History of the study of polymer fluid dynamics

The polymer fluid dynamics is an indispensable subdiscipline in polymer science. Rooted in experiments, constantly taking the latest concepts and tools from physics and mathematics, and increasingly making use of the power of computation, the field has developed into a comprehensive framework for understanding and predicting the complex flow behavior of polymeric fluids in nature and in industry. The knowledge accumulated in the research on polymer fluid dynamics constitutes a major advancement in our exploration of the laws of nature, specifically those governing the rheology of viscoelastic fluids, and has played an important role in helping solve challenging problems in polymer science, life science, pharmaceutical science and other areas.

The study of polymer solutions (especially dilute polymer solutions) has long been a subject of interest to polymer physical chemists and condensed matter physicists including Einstein, Debye, Flory, Rouse, Zimm, and Yamakawa. However, in the classical theory, only two-body interactions were accounted for; as such, the theory is unable to describe the hydrodynamic properties of polymer chains with complex topologies, such as hyperbranched polymers. Therefore, there is an urgent need to understand the basic properties of dilute polymer solutions from a single molecule level, and establish a more universally applicable theory for dilute polymer solutions, in order to meet the demand for characterization of polymer topology and molecular weight of new polymers, especially hyperbranched polymers.

The study of polymer melt occupies a major part in polymer science. Early theories of the polymer melt rheology were based on the Maxwell model of spring and dashpot connected in series, the Voigt-Kelvin model of spring and dashpot connected in parallel, and various combinations of these units in series and in parallel. In these models, the elastic properties were described by ideal springs, and the viscous properties were described by dashpots in a medium with ideal Newtonian viscosity. Later, the viscoelastic behaviors of the polymer melt system were understood at the molecular level, by taking into account of the long-chain characteristics of the polymer system and the impenetrability of the chain (entanglement effect). Initial work in this regard considered the entangled polymeric fluid as a transient elastic network; subsequently, as more knowledge accumulated on the rheological behavior of polymers and other viscoelastic materials, a mature “transient network model” was established. In the 1970s, the concept of reptation was pioneered by de Gennes which viewed the motion of a polymer as undergoing snake-like motion. This concept was formalized by Doi and Edwards into the "Tube Model" , in which the complex multichain interaction due to the impenetrability of polymers giving rise to entanglement was approximated as a smooth and barrierless tube that confines the lateral motion of a test polymer chain. The classic "Tube Model" has been quite successful in describing the equilibrium and near equilibrium dynamic properties of entangled polymeric fluids. However, recent experiments and computer simulation studies found that some important nonlinear rheological phenomena, especially under rapid and large deformation conditions, could not be explained with the "Tube Model". Since most polymer materials are processed under rapid and large deformation conditions, there is a great need to establish a nonlinear rheology theory that can describe entangled polymeric fluids under these nonlinear conditions. Although many outstanding physical chemists and physicists in Europe, US and Japan have been aware of this need for decades, the expected objectives have not been achieved due to limitations in experimental techniques and computation technologies. With the development of single-molecule tracer techniques and high performance computer hardware and software technologies, the next 10–20 years will likely usher in a golden age of the polymer fluid dynamics research and present an excellent opportunity to accelerate research efforts in this area, so as to narrow the gap between China and the developed countries in both the fundamental theory and practical applications of new polymeric materials, and improve and strengthen the innovation capabilities in polymer materials research and development in our country.

2. Strategic value of polymer fluid dynamics

The basic knowledge contained in the polymer fluid dynamics permeates into many areas of technologies and the economic and social development. As is well known, the polymer processing involves three basic steps: melting/plasticization of the polymer material, shear/elongation flow deformation, and solidification by cooling, of which, the key step is the flow deformation of the polymer melt. Therefore, polymer fluid dynamics (rheology) is the foundational discipline for developing advanced processing technologies for new polymer materials. However, the relatively underdeveloped status in basic research on polymer fluid dynamics in China has increasingly become an important bottleneck impeding the development of polymer material processing technologies. Particularly, in order to meet the increasingly demanding performance requirements, blending and compositing of polymers with other polymers or fillers is a simple and effective strategy. For polymer blends, the performance is not only related to their phase structures and thermodynamic properties, but also depends crucially on the entanglement structure and dynamics, especially at the interfaces. For composite systems of polymers and nanoparticles, the material performance clearly depends on the degree of dispersion of the particles in the polymer matrix, the characteristics of nanoparticles, the diffusive dynamics of nanoparticles, the relaxation dynamics of polymer segments etc. Importantly, during processing, the rapid and large deformation makes the conformation of the polymer chains and the spatial distribution of the nanoparticles deviate greatly from the equilibrium state. Since the motion of the nanoparticles is affected by the entangled network of the polymer chains and in turn affects the polymer entanglement, their dynamic behaviors are coupled to each other, manifesting in the complex multiscale spatiotemporal characteristics. At present, there are many important problems in the design and processing of polymers and their composite materials of importance to the national economy and major frontiers of science in China, such as: the relative lack of high-end supporting products, relative lack of high-tech and high value-added products, and unstable product quality, to name a few. These problems have severely impeded the development of related technologies and product competitiveness in China. Therefore, it is necessary to carry out interdisciplinary and cross-disciplinary research, establish synergistic innovative research methods based on the combination of theory/computing/experiment/database, foster closer collaboration with related industrial companies, with the goal of solving the bottlenecks in technology applications, transferring new technologies from the laboratories to productions, helping promote the industrial structure to the middle-end and high-end levels, and ultimately advancing new material research and development in China.

3. Current status and trends of polymer fluid dynamics

Science in today's era is highly differentiated and at the same time highly integrated. Polymer fluid dynamics is a relatively old branch of basic science, but it is also a major frontier area in polymer science, continuously guiding the polymer processing in various applications. With increased national investment and rapid expansion in the scientific research personnel, the past decade has seen great progress in polymer fluid dynamics research; it has gradually developed into an integrated discipline combining experiment, simulation, and theory. The progresses are manifested in three aspects: The research objects have evolved from the simplified model systems, towards the real systems and the real processes; the nature of research has changed from qualitative analysis to more quantitative analysis, and the research methods have changed from phenomenological descriptions to the exploration of molecular mechanisms and universal laws. These progresses have helped serve the national economic development and other major national needs. However, there is still a large gap between China and the developed countries such as the US, Europe and Japan in the level of development of polymer fluid dynamics. The main manifestations of the gap include: there are few truly innovative research results; there are few top scholars of international influence and stature in the related fields; there is a lack of solid, systematic, and innovative research foundation on the subject at the national level; and the mentality of short-term results and quick successes is still quite common among researchers.

Looking at the trends in the development of polymer fluid dynamics, there are several directions. More attention will be paid on the relationship between the structure and the performance of the polymer materials, and on combining microscopic, mechanistic elucidation with description and prediction of macroscopic phenomena and behavior. Research focus will gradually shift from the static structure to the dynamic process, from the equilibrium state to non-equilibrium behavior, and from simple single-mode description to coupled multi-mode and multi-field description. Finally, dynamic processes of biological macromolecules will draw increasing attentions; even the complex dynamic process in living systems will likely become research hotspots.

4. Polymer fluid dynamics in China

In order to clarify the strategic position of polymer fluid dynamics and explore its patterns and characteristics, in strict accordance with the requirements of the National Natural Science Foundation of China and the Academic Divisions of the Chinese Academy of Sciences, we ① carried out extensive and systematic literature research in the trends, interdisciplinary status, etc. in the development of polymer fluid dynamics; ② entrusted the National Science Library, Chinese Academy of Sciences to perform data search and analysis of publications, patents and funds on polymer fluid dynamics; ③ entrusted Changchun Shansi Technology Co., Ltd. to conduct surveys about the research environment, talent training, funding, development strategy and other issues on polymer fluid dynamics; ④ invited dozens of domestic and international polymer fluid dynamics experts to discuss the national and international development status of the field, analyze and summarize the patterns and characteristics in the development of polymer fluid dynamics, identify the key issues to be included in the "Strategic Research Report", and put forward a framework proposal to improve the discipline based on the knowledge structure and internal logic of the discipline; and ⑤ held a science and technology frontier forum on polymer fluid dynamics, where a range of scientific issues, such as the microscopic and mesoscopic structures, non-equilibrium dynamic behaviors, confinements and complex interfaces in polymeric fluids, were discussed, and a consensus was reached with regard to the strategic planning for further developing the field in China.

1) Advices/suggestions from experts at home and abroad

The experts put forward many valuable advices and suggestions; they all agreed that: ① polymer fluid dynamics has entered a time of opportunity for generating major original results; ② there should be a closer connection with industry to establish a research platform and talent team integrating theory, simulation, experiment, and application; ③ efforts should be invested into developing new experimental equipment and new simulation technologies, and improving the existing experimental and simulation research techniques; ④ we should strengthen the cultivation and investment of young talents. These strategic suggestions are quite fitting for the actual situation in polymer fluid dynamics in China. It is therefore recommended that the relevant science and technology management departments consider the recommendations from the experts and take measures that are appropriate to each department, to vigorously promote independent innovation, actively cultivate and recommend young scientific and technological talents, with the goal of promoting the development of polymer fluid dynamics research in China, so as to provide the necessary scientific and technological support for improving the overall competitiveness of the polymer industry in China ultimately.

2) Survey results from peer experts

On development strategy of polymer fluid dynamics in China, 50%

of the experts believed that creative innovation should be encouraged, followed by strengthening the cooperation among industry, universities and research institutes. On talent cultivation, most experts believed that the cultivation of local talents should be strengthened; another 30% of the experts suggested introducing young talents from abroad. In order to prioritize the development of polymer fluid dynamics in China, 50% of the experts considered team cooperation most effective. It is recommended that the relevant science and technology management departments consider the opinions and suggestions of researchers fully to come up with effective policies that will strengthen the cultivation of local talents, and promote and encourage the cooperation among production, education and research teams.

3) Statistics on publications, patents and other data

With the advancement in the overall level of scientific research in China, over the last three years, the average number of citations per publication from China in the area of polymer science is still significantly lower than that from the US and Britain, but it is higher than that from Germany, France and Japan. There has also been great progress in the area of polymer fluid dynamics, with the average number of citations per publication higher than that from Japan, but still lower than from the US, Britain, Germany and France. Therefore, it is recommended that support for polymer fluid dynamics research be strengthened so as to improve the overall quality of academic publications in the field. The number of patent applications in China in the area of polymer fluid dynamics was relatively small before 2010, but has increased dramatically since 2010 and currently ranks second in the world. However, the proportion of granted patents applied by Chinese scholars is still on the low side. It is therefore recommended to improve the quality of patent applications. In addition, the patent applications from Chinese scholars have been primarily filed in China, while few patent applications have been filed in other countries. Therefore, for generating and protecting intellectual properties in the area of polymer fluid dynamics, it is recommended that Chinese scholars be encouraged to increase the application of international patents.

4) Statistics on the National Natural Science Foundation of China grants

The General Grants from the National Natural Science Foundation of China are currently the most representative funding in the basic scientific research. The total funding and the number of projects funded in polymer fluid dynamics each account for about 5% of the total in the entire field of polymer science. The Youth Fund Grants of the National Natural Science Foundation of China are the most representative funding for young scientific and technological talents in the initial stages of their career. The total funding and the number of Youth Fund Grants are both slightly lower than the respective total funding and number of grants in the General Grants in polymer fluid dynamics (accounting for less than 5% in the field of polymer science). In view of the importance of polymer fluid dynamics in polymer science, we recommend adjusting the research evaluation mechanism, increasing the level of funding, optimizing research funding and management methods, and encouraging new ideas, new methods, new concepts, new theories, new directions and new frontiers. The goals should be to establish a basic research and development environment suitable for stimulating scientific progress and serving the society needs, to attract more researchers into the field for in-depth research, and to encourage more original innovations, so as to further increase the contributions of the polymer fluid dynamics to the implementation of major national projects.

5) Results of the Science and Technology Frontier Forum on Polymer Fluid Dynamics

In September 2018, a Science and Technology Frontier Forum on Polymer Fluid Dynamics was held. More than 80 senior experts and young scholars from top research institutes and universities at home and abroad participated in the forum. The forum discussed three topical areas in polymer fluid dynamics: Polymer Solutions, Polymer Melts, and Multi-phase, Multi-component Systems. For Polymer Solutions, the experts discussed the major physical issues in the area, the advantages and disadvantages of different models or theories, applications of polymer solutions, and future research directions. For Polymer Melts, the focus was on the history, basic assumptions, core physical pictures and important inferences of the Tube Model. The experts pointed out the urgency for establishing new concepts and new theories to describe entangled polymers. For Multi-phase, Multi-component Systems, the experts agreed that the complexity of the problems requires synergistic efforts from researchers in theory, simulation, calculation, and experiment. Collaborations with the polymer industry and interdisciplinary collaborations with other fields were also emphasized.

5. Development ideas and direction in polymer fluid dynamics

Polymer fluid dynamics is a basic interdisciplinary science dealing with complex systems that involve coupled multiple spatial and time scales. Qualitatively, polymer fluid dynamics can be used to deal with sufficiently complex practical problems and provide the reasonable error estimates in the calculated results for many systems and processes. Quantitatively, polymer fluid dynamics plays an increasing role in polymer science: research methods integrating experiments, simulations, and theoretical calculations are applied widely. Therefore, further development of polymer fluid dynamics will involve the following aspects: ① Observing and discovering complex phenomena in polymeric fluids; ② Building models or developing theories to describe constitutive laws in different polymer systems accurately, so as to lay a theoretical foundation for emerging strategic polymer industries; ③ Exploring generally applicable laws of motion for polymeric fluids, to make polymer fluid dynamics a foundational theory for the development of polymer science and life science. Based on the projected trends in the development of polymer fluid dynamics for the next 5～10 years, five possible breakthroughs and new growth areas have been identified as follows: ① Evolution of chain-chain interactions and chain topology in entangled polymer fluids; ② Self-consistent field dynamics theory of the rheology of entangled polymers; ③ Numerical and theoretical techniques for the description of non-Gaussian chains; ④ Microstructural evolution and rheological performances of complex polymer fluids; ⑤ Dynamics of polymer chains in confinements.

6. Core contents and key scientific issues of polymer fluid dynamics

Owing to the importance of polymer materials such as plastics, rubbers and fibers in basic research and their essential strategic roles in economic and social development, polymer science has advanced greatly. At the same time, many new problems have emerged, waiting to be understood and solved. On the experimental front, for a long time in the past, polymer fluid dynamics research focused on linear viscoelasticity and related methods; some phenomenological models and qualitative molecular pictures such as the one similar to the elastic networks for rubbers were proposed. In China, most research teams on polymer melt focused on exploring effective methods to describe the *ex situ* or *in situ* shear/tensile deformations and the flow fields, and specific experimental issues such as how to eliminate boundary instabilities and internal stress of specific polymer materials. However, relatively few efforts have been focused on newer concepts and phenomena, such as geometric compression, strain hardening, shear delamination during the flow deformation in entangled polymers, strain localization and fracture during extrusion, compaction and stretching. In terms of computation and simulation, in the past few decades, progresses in computer simulation techniques have made it possible to simulate a wide range of dynamic behavior in polymeric fluids; computer simulations have increasingly been employed as effective means to reproduce experimental results and validate theoretical predictions, and to predict new experimental phenomena. However, computer simulation has been primarily used to discover new rheological phenomena, but the underlying physics has been rarely addressed and the studies are often focused on idealized model systems instead of systems of real industrial importance; this is especially true in China. In addition, theoretical calculation results are usually not used as independent scientific tools, but only the important supports or corroborating evidences. For complex systems, this often makes it difficult to reconcile discrepancies between experimental results and results from theoretical calculation, since it is often difficult to tell whether the source of errors is in the theoretical model, in the experimental method, or in the experimental instrument itself. Furthermore, simulations of complex polymer fluid dynamics problems require large system size and long simulation time, making it challenging to balance the computational cost and accuracy/fidelity of the simulation. Therefore, the development of high-efficiency, high-precision, low-computation-cost, and error-controllably computational methods should be the one of the core tasks in polymer fluid dynamics. Existing theoretical models on polymer fluid dynamics are focused on uncharged and flexible polymer systems. For charged polymers, the electrostatic interactions introduce many new effects; for example, a flexible polymer chain can become rigid when it is charged. With the increase in the chain rigidity, under the same degree of polymerization, the polymer chains become more entangled, which in turn affects the rheological behavior of the polymers, making many chain models and constitutive laws developed for neutral flexible polymers inapplicable. Research in recent years on polymer fluid dynamics has usually involved improving or refining the traditional concepts; rarely have fundamentally new concepts been proposed. Furthermore, most research efforts on polymer fluid dynamics are concerned with specific systems, and general theories with universal significance have rarely been developed. So that the theoretical research of polymer fluid dynamics was multifarious, *i.e.*, did not follow a clear-cut line of development.

Based on the natural rules of development of the discipline, and taking into account the status of polymer fluid dynamics in China and the national needs, several major scientific issues in polymer fluid dynamics were discussed and analyzed in depth in various chapters of this book. Five key scientific issues are listed below:

(1) Dilute polymer solutions: General theories on the effects of chain rigidity, charge, and polymer architecture/topology on the conformational properties and solution dynamics;

(2) Semidilute polymer solutions: Mechanisms of concentration diffusion and structural relaxation across different temporal and spatial scales, and effects of external field actions and concentration on the dynamic behaviors;

(3) Concentrated polymer solutions and melts: Natures of chain entanglements under rapid and large deformation conditions, and relationship between microstructures and macroscopic rheological properties;

(4) Rheology of branched polymer: Viscoelastic behaviors and mechanisms, preparation and exploration of functional properties of highly branched polymers;

(5) Applications of polymer fluid dynamics: Design and control structures and dynamic properties in multiphase and multicomponent polymer systems.

7. Recommendations on funding mechanism and science policy for the development of polymer fluid dynamics

China is a large country not only in the production but also in the consumption of polymer materials. Thanks to the efforts by generations of researchers, polymer fluid dynamics has grown from zero to becoming a major scientific discipline that has made many contributions to the national economy and national defense in China. In recent years, the field has undergone rapid development driven by strong social demands, and some notable progresses have been made in the processing and molding technologies of some polymer materials. The next 10 years will likely be an important period with strategic opportunities for the field of polymer fluid dynamics, along with the development of the economy, and science and technology in China. Therefore, the objective for the development of polymer fluid dynamics is that within the next 5-10 years, China becomes one of the key polymer fluid dynamics research centers in the world, and a leader in 2-3 research areas. To achieve this objective, this book makes the following recommendations on the funding mechanism and science policy.

1) Establish and improve diversified incentive mechanisms to encourage collaborative innovations

Establish and maintain a steady team of talents in polymer fluid dynamics, and provide them with relatively stable (*i.e.*, long-term) and continuous supports; give priority to supporting cutting-edge research on polymer fluid dynamics with great significance; improve society outreach and popularization of research results in polymer fluid dynamics, attract participation of the industrial sectors, and cooperate with related key enterprises and key stakeholders in applications to carry out the collaborative innovation and accelerate transformation of research results into applications.

2) Promote the integration of experiments, simulation, theory, and data, to drive collaborative innovation and accelerate the transformation of research results

Select some research directions for breakthroughs, according to the major strategic needs in China and/or according to their significance in fundamental research; promote integration of polymer fluid dynamics with computational mathematics to explore new ideas in mathematical modeling and quantitative computation in polymer fluid dynamics field; establish an enterprise-centered, market-oriented, and industry-university-research-integrated technology innovation system.

3) Increase support for young talents to encourage more aspiring researchers in the field

Increase support for young researchers to protect their spirit of exploration and dedication to pursuit of knowledge and innovation; attract a tier of young scholars with solid mathematical and physical background to participate in research in polymer fluid dynamics. Cultivate a high-quality team of talents with a creative spirit and collaborative-innovative abilities, and help develop a new generation of young scientific and technological backbone talents and strategic scientists.

4) Promote international collaborations to form an open research environment

Further improve the scientific research environment, by taking into account the characteristics of polymer fluid dynamics in the evaluation and promotion of talents, project reviews, and assessment of research areas; adopt the internationally accepted practice in the evaluation and recommendation by top scientists; provide strong, continuous, and stable support to create an open collaborative innovation platform.

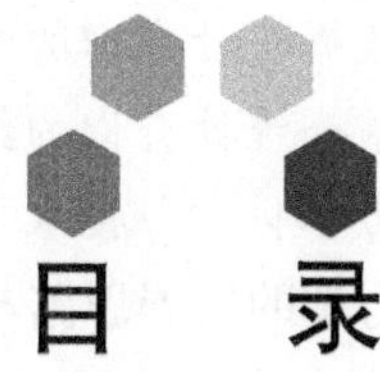

目　录

总序…… i
前言…… v
摘要…… ix
Abstract …… xix

第一章　总论——高分子流体动力学发展战略纵览 …… 1

第一节　高分子流体动力学的科学意义与战略价值…… 1
一、高分子流体动力学是高分子科学发展的重要组成部分 …… 1
二、高分子流体动力学是我国高分子材料加工成型技术突破的重要支撑 …… 3
三、目前发展高分子流体动力学是我国取得重大原创成果的机遇期 …… 4
四、重建新理论以应对高性能高分子材料需求是可持续发展的必然选择 …… 5
五、变革高分子材料研发理念是推动材料高质量发展的战略需求 …… 6
第二节　高分子流体动力学的发展现状与发展态势…… 8
一、国际高分子物理学的发展历程 …… 8
二、国际高分子流体动力学的发展状况和态势 …… 9
三、高分子流体动力学的研究方法与局限性 …… 12
四、高分子流体动力学典型案例分析 …… 13
第三节　高分子流体动力学的发展水平与发展规律…… 17
一、国内外专家咨询的结果 …… 17
二、同行专家调查问卷的结果 …… 18

三、文献、专利等数据统计查询的结果 …… 19
四、国家自然科学基金统计查询的结果 …… 22
五、高分子流体动力学科学与技术前沿论坛的结果 …… 24
第四节 高分子流体动力学的发展思路与发展方向 …… 25
一、缠结高分子流体的链-链相互作用与链拓扑结构 …… 26
二、缠结高分子流体流变学的动态自洽场理论 …… 26
三、非高斯链的数值计算方法与理论 …… 27
四、复杂高分子流体微观结构间的相互作用与结构流变学 …… 28
五、受限高分子流体的流变学 …… 29
第五节 有利于高分子流体动力学发展的资助机制与政策建议 …… 29
一、健全多元化激励资助机制，增进协同创新 …… 30
二、推动实验、模拟、理论研究一体化，促进成果转化 …… 31
三、加大青年人才的扶持力度，让更多有志者普惠、受益 …… 32
四、促进国际合作与交流，形成开放科研格局 …… 34
本章参考文献 …… 34

第二章 高分子稀溶液 …… 39

第一节 高分子构象学 …… 39
一、概述 …… 39
二、关键科学问题 …… 44
三、重要研究内容 …… 44
四、发展思路与目标 …… 45
五、短板与优势 …… 45
第二节 高分子单链动力学 …… 48
一、概述 …… 48
二、关键科学问题 …… 49
三、重要研究内容 …… 51
四、发展思路与目标 …… 62
五、短板与优势 …… 63
第三节 高分子受限输运动力学 …… 63
一、概述 …… 63
二、关键科学问题 …… 67

三、重要研究内容 …… 67
四、发展思路与目标 …… 68
五、短板与优势 …… 68
本章参考文献 …… 69

第三章　高分子亚浓溶液 …… 86

第一节　亚浓溶液的扩散与松弛动力学 …… 86
一、概述 …… 86
二、关键科学问题 …… 90
三、重要研究内容 …… 90
四、发展思路与目标 …… 91
五、短板与优势 …… 92
第二节　临界现象与标度理论 …… 93
一、概述 …… 93
二、关键科学问题 …… 101
三、重要研究内容 …… 102
四、发展思路与目标 …… 103
五、短板与优势 …… 104
本章参考文献 …… 106

第四章　高分子浓溶液与熔体 …… 117

第一节　线性流变学 …… 117
一、概述 …… 117
二、关键科学问题 …… 125
三、重要研究内容 …… 126
四、发展思路与目标 …… 128
五、短板与优势 …… 128
第二节　流变学分子理论 …… 129
一、概述 …… 129
二、关键科学问题 …… 131
三、重要研究内容 …… 132
四、发展思路与目标 …… 142

五、短板与优势 …… 144
第三节　非线性流变学 …… 146
一、概述 …… 146
二、关键科学问题 …… 154
三、重要研究内容 …… 155
四、发展思路与目标 …… 157
五、短板与优势 …… 157
本章参考文献 …… 158

第五章　支化高分子流变学 …… 193

第一节　支化高分子的黏弹性理论 …… 193
一、概述 …… 193
二、关键科学问题 …… 199
三、重要研究内容 …… 201
四、发展思路与目标 …… 204
五、短板与优势 …… 205
第二节　支化高分子的应用 …… 206
一、概述 …… 206
二、关键科学问题 …… 213
三、重要研究内容 …… 214
四、发展思路与目标 …… 215
五、短板与优势 …… 216
本章参考文献 …… 217

第六章　高分子流体动力学的应用 …… 224

第一节　高分子共混与复合体系流体动力学 …… 224
一、概述 …… 224
二、关键科学问题 …… 231
三、重要研究内容 …… 232
四、发展思路与目标 …… 233
五、短板与优势 …… 234

第二节　高分子受限流变学……236
一、概述……236
二、关键科学问题……238
三、重要研究内容……239
四、发展思路与目标……245
五、优势与短板……246
本章参考文献……247

附录……256

关键词索引……259

第一章 总论

——高分子流体动力学发展战略纵览

第一节　高分子流体动力学的科学意义与战略价值

一、高分子流体动力学是高分子科学发展的重要组成部分

高分子流体动力学是高分子科学的重要组成部分，是高分子材料加工成型与设计的学科基础。然而，我国高分子流体动力学研究远落后于美国、日本、欧洲等发达国家或地区，主要表现为原创性基础理论研究的缺乏[1]。

在高分子溶液方面，特性黏度与扩散是反映高分子稀溶液中分子链内摩擦性质的重要物理量，也是通过高分子稀溶液性质表征高分子的分子量、分子尺寸和分子链拓扑结构的特征物理量。因此，它一直受到高分子物理化学家和凝聚态物理学家（如爱因斯坦、德拜、弗洛里（Flory）、劳斯（Rouse）、齐姆（Zimm）和山川（Yamakawa）等）的广泛关注[2-5]。他们提出的许多理论在分子水平上增进了人们对高分子自身特性的理解，同时也促进了高分子链结构研究的进展。但是，在流体动力学的角度，在单分子水平上理解高分子稀溶液的基本性质一直是高分子物理领域的重要难题之一。传统理论只能采用二体相互作用近似代替高分子链与溶剂间的多体相互作用，无法描述超支化等复杂拓扑结构高分子链的流体动力学性质。因此，亟须建立一个普适性的高分子稀溶液理论，以满足超支化高分子链结构和分子量表征的迫切需求。

在高分子熔体方面，早期人们提出了由理想弹簧（描述弹性性质）与理想黏壶（描述黏性性质）串联的麦克斯韦模型和并联的沃伊特－开尔文模型（Voigt-Kelvin model），以及利用弹簧和黏壶串并联组成的多元模型[6-9]。另外，人们注意到高分子的长链特性，特别是由于链的不可穿越性而导致的分子链－分子链之间的相互作用，使得长链高分子流体分子链之间存在弹性相互作用，即缠结效应。因为该效应对高分子的黏弹性（viscoelasticity）起主宰作用，所以后续理论深入研究了缠结效应的影响[10, 11]。在高分子流变学发展初期，人们把缠结高分子流体处理成一种瞬态弹性网络，而后根据高分子和其他黏弹性材料的具体性质建立了较成熟的瞬态网络模型（transient network model，TNM）。特别是，20 世纪 70 年代，德热纳（de Gennes）开创性地提出了高分子链蠕动的概念；随后，土井正男（Doi）和爱德华兹（Edwards）等将高分子链间不可穿越性导致的复杂多链相互作用等效成一条光滑、无势垒的管道对测试分子链的限制作用，并建立了描述缠结高分子流体的管子模型（tube model）[12]。值得指出的是，经典管子模型能够很好地描述缠结高分子流体的平衡态和近平衡态性质，但无法描述快速、大形变条件下缠结高分子流体的非线性流变行为，而大多数高分子材料的加工成型都在快速、大形变条件下进行[13]。因此，亟须建立能够描述快速、大形变条件下的缠结高分子流体非线性流变学理论。《国家中长期科学和技术发展规划纲要（2006—2020 年）》中明确将“软凝聚态物质”列为科学前沿问题。而高分子是最典型、使用最广泛的软物质材料之一，高分子流体动力学又是高分子材料加工成型与设计的学科基础。因此，强化这方面的部署与研究非常重要。一方面，强化对高分子流体动力学的部署与研究能够使我国在基础科学研究上取得突破。例如，高分子非线性流变学（高分子物理学三大难题之一）的突破将促进对高分子物理学的另外两大难题（高分子结晶动力学和高分子玻璃化转变）的理解。这是由于它们都面临着如何处理多链相互作用、多链间的协同效应及分子链拓扑重构等共性问题。另一方面，强化对高分子流体动力学的部署与研究也必将对国防安全与人民生活产生重大的影响。这是由于高分子具有特有的长链特性和链间的不可穿越性，其动力学行为涉及不同的空间尺度和时间尺度，从而产生了很多令人关注的物理性质。同时，物理、化学、生物学、材料科学、医学、环境科学、数学等不同学科领域的大批研究者不断加入对这方面的研究，这是基础科学的研究对象从简单到复杂发展的必然结果。

二、高分子流体动力学是我国高分子材料加工成型技术突破的重要支撑

高分子流体动力学知识已经应用到科学技术和经济社会发展的诸多方面[14-19]。然而，我国在高分子流体动力学领域的基础知识积累相对薄弱，在一定程度上制约了我国高分子加工成型技术的发展。我国要想在全球高分子材料和制品市场站稳脚跟，就必须大力发展高分子流变学基础研究，从根本上改变我国高分子材料高端制品加工成型技术水平落后的局面。特别是，高分子共混体系的性能不仅与其相结构和热力学性质相关，而且依赖于（界面处）高分子链间的缠结结构及动力学行为。在快速、大形变条件下，高分子共混体系中常出现界面屈服——剪切带（shear banding）。基于纳维尔－斯托克斯方程（Navier-Stokes equations）的传统流体动力学方法（如有限元分析方法）和一些唯象模型（如麦克斯韦模型等）无法处理上述非均匀性流动与变形问题。虽然近年来国际上有大量的著名流变学研究组开展了这方面的研究工作，但很多基本科学问题及产生这些非线性流变学现象的分子机制仍不清楚。为满足日益苛刻的性能需求，将高分子之间或与填料进行共混或复合是一种简单而有效的策略[20-22]。在高分子与纳米粒子的复合体系中，一方面，其性能的提高与纳米粒子在高分子基体中的分散程度、纳米粒子自身特性、纳米粒子扩散动力学行为、高分子链段松弛动力学行为等因素有关；另一方面，在加工成型过程中，其经历的快速、大形变使高分子链构象和纳米粒子的空间分布远离平衡态，将导致高分子与纳米粒子的复合体系呈现与静态条件下截然不同的性质。更重要的是，纳米粒子的运动与高分子链缠结网络相互影响，纳米粒子的扩散行为表现出对时间尺度的依赖性，在短时间内的运动既能表现出典型的布朗运动（Brownian motion），又能表现出反常扩散（欠扩散与超扩散）行为，但目前这些研究还处于实验与模拟数据的积累阶段。因此，只能通过对高分子与纳米粒子复合体系的基础和共性关键科学及技术问题的研究，寻找高分子纳米复合体系的结构、动力学和宏观力学性能之间的一般性规律，阐明快速、大形变条件下高分子流体非均匀流动与纳米粒子反常扩散的微观原理，从大量的实验和模拟结果中抽提出一般化的普适性模型，建立或发展结构流变学（structure rheology）理论，实现高度集成的全链条设计，才能满足各种节能、环保、安全、高强等高分子纳米复合材料和制

品的需求。目前，波音 787 客机的高分子及其复合材料用量占比达 50%，实现整机减重超过 20t 和油耗降低超过 20%。同时，高分子及其复合材料是武器装备实现轻量化、高机动化和尖端化的重要途径之一，其用量和性能水平已成为衡量一个国家武器装备先进性的主要标志，如战略导弹（约 80%）、战斗机（20%～35%）、直升机（50%～80%）、商用飞机（20%～50%）、无人飞行器（约 80%）、猎扫雷舰艇（约 80%）。除此之外，高分子及其复合材料优异的力学性能、电性能、耐化学腐蚀性、耐热性、尺寸稳定性、耐候性等，使其成为电子/电气领域的主流材料，其中高分子流体动力学对其加工成型工艺的发展起到至关重要的作用。目前，我国国防与重大基础前沿领域在高分子及其复合材料设计和加工成型方面遇到诸多重要问题。因此，需要在分析高分子流体动力学前沿发展趋势的基础上，与国家重大需求相结合，寻找新的学科生长点。

三、目前发展高分子流体动力学是我国取得重大原创成果的机遇期

德热纳、土井正男和爱德华兹把缠绕高分子流体中高分子链间的复杂相互作用进行了单链平均场处理，提出了描述缠结高分子流体黏弹性质的管子模型[23-27]。该模型可以很好地预测缠结高分子流体的平衡态和近平衡态性质，甚至有些学者认为可以描述非平衡态和远离平衡态性质。但近期的实验研究发现，一些重要的非线性流变学现象不能基于管子模型来解释[13]。例如，美国阿克伦（Akron）大学王十庆（Shi-Qing Wang）研究组发现：当剪切速率较大时，应力过冲峰值点的位置和高度随剪切速率的增加而升高；峰值点应变与剪切速率间存在 1/3 的标度关系，而不是管子模型所预言的标度指数（$v = 1$）；他们通过粒子示踪测速仪（particle tracking velocimetry，PTV）发现的一系列缠结高分子流体非线性流变学现象（如非静态松弛、壁滑滞后、宏观流动、剪切带、拉伸屈服等）也很难基于管子模型来解释。此外，Archer 和 Sanchez-Reyes[28] 发现，在阶跃形变后的静态松弛过程中，其约化松弛模量的重叠时间远长于劳斯松弛时间，而根据管子模型的物理图像，重叠时间应该为劳斯松弛时间。基于以上实验事实，一些学者认为管子模型很难描述快速、大形变条件下缠结高分子流体的非线性流变行为。因此，亟须阐明这些非线性流变行为的分子机制，并在此基础上建立能够描述快速、大形变条件下缠结高分子流体非线性流变行为的非单链平均场理论。

高分子流体动力学问题一直受到国内外杰出物理化学家和物理学家的高度关注，但是由于实验技术和仪器的限制，有很多关键科学问题没有得到解决。随着单分子示踪技术与高性能计算机软硬件技术的发展，未来10～20年必将成为高分子流体动力学研究的黄金时期，我国应该抓住同期“起跑”、实现高分子新材料研发跨越式发展的重大历史机遇，提升我国的原始创新能力，实现与发达国家在本领域“并跑”，甚至部分方向“领跑”的目标。针对高分子流体动力学学科交叉的特点，应加强高分子流体动力学分子理论研究，优化高分子流体动力学在国家自然科学基金和国家学科发展战略中的布局，吸引国内相关学科研究人员加入高分子流体动力学研究领域，培养新一代青年骨干人才，从而发挥国内高分子流体动力学研究的后发优势。值得指出的是，通过深入调研发现，最近十多年来，我国在高分子材料的具体应用与加工成型方面的科研人员较多，也取得了很多出色的科研成果。但是，如果期望我国在高分子材料的高性能化、低能耗加工、设计与调控方面取得突破性的原创成果，那么我国当前较薄弱的高分子流体动力学基础理论研究和知识积累，特别是大流场下高分子流体在分子水平上的动力学，必将成为我国高分子材料加工成型技术创新的瓶颈。事实上，在高分子流体动力学方面取得的新知识和新突破，势必会促进高分子科学（特别是高分子物理学）的发展；其进展也会对统计热力学、凝聚态物理（尤其是非平衡态统计热力学和动力学）的发展产生重要影响。

四、重建新理论以应对高性能高分子材料需求是可持续发展的必然选择

高分子是软物质中最经典、最具有代表性的研究体系，有许多传统钢铁、陶瓷等材料不具备的性质[29]，如热涨落显著、多重亚稳态、熵致有序、宏观柔性、“弱刺激、强响应”、强非线性等。这些特性通常难以从它们的化学结构（如原子或分子成分）上推测出来。虽然人们已经做了大量的相关研究，但是尚未建立起统一的研究范式。对高分子流体动力学与高分子性能演变的普适规律的研究仍然是当前流体力学、统计物理学及相关交叉学科的重要前沿课题。高分子流体动力学不仅使材料获得一定的形状、尺寸，还赋予材料最终的结构与性能。探索高分子流体动力学可以帮助我们理解与认识自然（特别是生命现象的进程），更具有重要的实际应用价值。随着高分子及其复合材料科学与技术的发展，其工程应用正向高端工业制品和国防、航

空航天等国家战略领域大规模拓展。目前，很多塑料、橡胶及其复合材料的制备和生产技术是各个国家的核心竞争力。研发具有各种独特功能的高分子及其先进复合材料产品，如抗冲击、耐腐蚀、高透光、抗辐射与隐身性，以及在极端复杂环境下的服役性能等，对高分子及其先进复合材料成型理论、方法和模具设计制造技术提出了更高的要求。长期以来，欧洲、美国、日本等发达国家或地区往往通过设置技术壁垒，对这些高端材料进行严密的技术管控，对部分产品施行限量或禁止销售，从而严重制约了我国工业现代化的进程。因此，重建新理论来进行原始创新是我国可持续发展的必由之路。

五、变革高分子材料研发理念是推动材料高质量发展的战略需求

高分子及其复合材料是制造业的重要基础，对国防安全、国民经济发展起着重要的支撑保障作用[30]。世界材料科学发展趋势主要呈现四大特点：一是更加注重追求更高的使役性能；二是更加注重向个性化、复合化和多功能化的方向发展；三是更加注重缩短研发周期和降低研发成本；四是更加注重解决能源、资源日益短缺的约束，保障经济社会的可持续发展。我国正处在从科技大国向科技强国转变的关键时期，经济发展新常态下要求科学技术为国家经济增长提供更强劲的动力，创新驱动成为引领我国经济发展的新引擎。变革材料研发理念是材料科学和技术创新发展的趋势，将在整个科技全面创新中处于引领地位。

从高分子凝聚态的结构出发，阐明和预测高分子体系的平衡与非平衡态性质，最终半定量或定量地描述高分子体系复杂结构、性能及其演化规律，一直是近半个世纪以来高分子科学理论、实验与模拟研究追求的重要目标[31-33]。然而，由于高分子体系非常复杂，同时涉及高分子流体的微观与介观结构、近平衡态与远离平衡态动力学行为、受限与复杂界面等问题，且松弛时间谱与空间尺度不具有一一对应的线性关系，所以其动力学问题一直是高分子科学中的一个重要难题。同时，该问题也是从分子链层面解决高分子结晶动力学、玻璃化转变等重要难题的基础，并且与软物质和生命科学中诸多非平衡过程机制及其应用密切相关。因此，其研究不仅具有基础理论研究的意义，而且具有实际的应用价值。正因为如此，进入这个领域开展研究工作的门槛相对较高，研究问题的难度很大，对研究者的基础理论素养与应用背景要求很高，且出成果的时间相对较长。目前，需要大力发挥该领域战略

科学家的引领乃至顶层设计作用，更好地把握世界高分子流体动力学创新发展的趋势，瞄准国家经济社会发展需求，精准识别高分子流体动力学创新能力的短板，夯实高分子流体动力学基础研究源头创新能力，布局前瞻学科及前沿领域，根据高分子流体动力学学科知识结构和逻辑体系的演化规律，解决该领域发展不平衡、不充分的问题。

我国高分子加工产业总体装备水平偏低、工艺技术相对落后，不能满足高层次消费和高技术领域的特殊需求，表现为中低档产品偏多，高档配套产品相对较少，通用技术较多，高技术、高附加值产品相对较少等，致使高分子材料制品进口单价远高于出口单价。目前，我国虽然已经完成了一些关键高性能高分子材料中试或小规模产业化研究，但由于装置的规模较小、技术水平和自动化程度较低，产品质量不稳定，只能以低廉的价格与国外大公司的低端产品竞争，而高端产品仍然受制于发达国家，严重制约了我国相关技术和产品的开发与竞争力。学术界同仁在选题上应该注重基础科学前沿研究与国家重大需求研究，解决重大工程应用背后的关键科学问题，如针对与我国国民经济密切相关的大品种合成橡胶的动力学研究等。围绕“交叉融合、集成攻关”的原则，通过完成重大任务，整合当前我国相关领域的研究队伍，聚集顶尖人才，建立起理论、模拟、实验、应用相结合的研究平台与具有核心竞争力、在国内外有重要影响的人才团队，使之向更加合理和优化的方向发展。

我国高分子材料研发和应用起步较晚、基础较弱，加工技术大多依赖引进，其中相当一部分技术已经过时，大多数高端制造业关键材料自给率只有 14% 左右，研发和产业化整体上还处于碎片式跟踪型发展阶段。基础前沿研究、关键技术研发、产业化与应用开发相互间脱节，缺少全链条创新设计和一体化的组织实施。这种状况给我国国民经济的发展造成了较大的负面影响。其主要原因是：我国高分子流体动力学的基础研究水平相对较低，生产企业不具备自主开发先进加工技术的能力，核心技术和知识产权缺乏。如果不尽快加大开展高分子流体动力学基础研究的力度，那么高分子材料领域的加工技术水平难以有实质性提升。开展跨学科、跨领域研究，着力推进高分子流体动力学从基础研究向产业链延伸，实现新材料研发由“经验指导实验”的传统模式向“理论预测、实验验证”的新模式转变，建立理论/计算/实验/数据库相互融合的协同创新研发模式，揭示基本单元元素组合－组织结构－基本性质之间的内禀关系，是推动产业结构迈向中高端，实现创新驱动、智能转型和绿色发展，加快从制造大国向制造强国转变的重要一环，也是推动材料高质量发展的重要基础。因此，需要通过原始创新，洞察材料基本物性、发现新材料、预测新效应，突破一系列国防和国民经济发展亟须解决的技术瓶颈，降低我国关键材料的对外依存度，以满足高端制造业和高新技术发展对新材料的迫切需求；通过与相关企业深入合作，实现将实验室的高新技术向产业转移，解决技术应用及产业化过程中的瓶颈问题，最终形成自主知识产权，促成我国新材料领域的跨越式发展。

第二节　高分子流体动力学的发展现状与发展态势

一、国际高分子物理学的发展历程

高分子物理的发展根植于胶体化学、流体力学和非平衡态统计物理学。20世纪初是物理学发展的黄金期，平行于相对论和量子力学，胶体、凝胶等复杂流体体系的研究也获得了突破性进展，涌现出大批影响深远的研究成果，如爱因斯坦（1905年）、斯莫鲁霍夫斯基（Marian Smoluchowski）（1906年）和朗之万（Paul Langevin）（1908年）在分子运动论的基础上，先后独立地提出了相互等价、描述胶体粒子布朗运动的微观方程。这些方程构成了当代物理学中最具普适意义的基础理论[34]。这些理论成就不仅推动了实验科学的发展［如法国物理学家佩兰（Jean Baptiste Perrin）、瑞典物理化学家斯韦德贝里（Theodor Svedberg）因胶体颗粒布朗运动方面的工作分别获得了1926年诺贝尔物理学奖和化学奖］，还推动了相关学科的进展。例如，日本数学家伊藤清（Kiyoshi Itô）在朗之万动力学方程的基础上，提出了随机微分方程的一般理论，成为当今数学的分支之一。同一时期（1920年），德国化学家施陶丁格（Hermann Staudinger）提出了“高分子”概念；1938年，美国科学家卡罗瑟斯（Wallace Hume Carothers）及其合作者首次合成了人造纤维聚酰胺纤维（也称尼龙），“高分子”的概念正式确立，这是高分子科学的一个非常重要的里程碑。此后，大批的高分子化合物被合成和应用，包括橡胶、塑料、纤维及其复合材料等，化学、物理、材料、生物等领域的大批学者也投身到高分子科学研究中，施陶丁格因此获得了1953年的诺贝尔化学奖。高分子物理理论体系的确立经历了如下几个主要发展阶段[35, 36]。

最早的高分子物理理论框架是弗洛里的构象统计理论和基于格子模型的弗洛里－哈金斯理论（Flory-Huggins theory）等。弗洛里于1974年获得了诺贝尔化学奖，被视为高分子科学的开拓者和奠基人之一。20 世纪 60 年代，爱德华兹借鉴费曼（Richard Phillips Feynman）描述量子力学的路径积分理论，将高分子链连续化，建立了高分子体系的路径积分理论，提出了描述真实链（自回避无规行走链）的哈密顿（Hamilton）量［包括两项。第一项是描述链连接性的维纳测度（Wiener measure），第二项是一个简化描述单体相互作用的赝势］。此后，他把对单链路径积分的表述推广到多链情形，建立了自洽场理论，成功地解决了多链体系很多重要的物理问题。德热纳创造性地将物理学中的重整化群方法引入高分子体系研究中，发现了高分子体系的许多标度规律，并提出了一套用最简单的数学形式，定性地给出高分子链整体性质的理论，其被广泛地应用在实验和理论工作中。德热纳因该工作及其在液晶方面的研究成就获得了 1991 年的诺贝尔物理学奖。此后，高分子科学得到迅猛发展。仅以塑料为例，进入 20 世纪 90 年代以来，世界材料结构发生了很大的变化，塑钢比逐年升高，塑料已经成为世界近 1000 年来改变人类生活与面貌的 100 项重大发明之一，被广泛应用于国防、信息、医疗、能源、航空航天等重要领域。

二、国际高分子流体动力学的发展状况和态势

连续介质力学是高分子流体动力学的理论基础，其假定真实的流体和固体可以近似看成由连续的充满全空间的介质组成，物质的宏观性质受牛顿力学的支配。一切连续介质均满足质量守恒定律、动量守恒定律、角动量守恒定律、能量守恒定律和克劳修斯 - 杜安热力学不等式（Clausius-Duhem inequality）[37]。一般认为，1744 年欧拉（Leonhard Euler）建立弹性力学标志着连续介质力学的建立。如何建立具有普遍意义的本构关系（介质应力张量和应变张量之间的关系）是连续介质力学的核心问题。然而，对于高分子及其共混体系，宏观流动与剪切带现象很难用连续介质力学描述。最近的实验与计算机模拟均发现，单组分高分子熔体（或浓溶液）在快速剪切作用下也会出现剪切带，剪切停止后会出现宏观流动。基于连续介质理论或由其发展而来的纳维尔 - 斯托克斯方程或有限元分析方法及一些唯象模型（如麦克斯韦模型等）很难处理上述非均匀性流动与变形问题。虽然近年来国际上著名的高分子流体动力学研究组开展了这方面的研究工作，但很多基本科学问题及产生上述现象的分子机制仍不清楚。尽管研究表明导致上述现象的根本原因是分子链解缠结，但是其对应的分子图像和机制及不同流场下解缠结的基本规律尚未被清晰地揭示，且部分重要研究结果在国际上还存在较大的争

议。因此，充分揭示快速、大形变条件下高分子流体体系非均匀性流动的分子机制，建立描述复杂高分子流体流变性能的新模型或新理论至关重要。

针对高分子溶液（特别是稀溶液），传统理论只能采用二体相互作用近似代替高分子链与溶剂间的相互作用，无法描述超支化等复杂拓扑结构高分子链的流体动力学性质[38]。中国科学院长春应用化学研究所卢宇源博士、安立佳研究员和美国加州理工学院（California Institute of Technology，Caltech）王振纲教授合作，提出了高分子链的“部分穿透球模型”[39]，他们基于第一性原理，结合爱因斯坦非泄水胶体球扰动耗散理论和德拜自由泄水分子链转动耗散理论，首次推导出任意拓扑结构高分子特性黏度的普适性理论公式。通过引入平均场的泄水函数（drainage function）和携水函数（drag function），他们有效地处理了多体流体力学相互作用和长程累积效应。他们建立的高分子特性黏度理论能够定量地预测线形、星形、支化、超支化和树枝状等不同拓扑结构高分子链的特性黏度，是迄今唯一能够在如此宽的分子链拓扑结构变化范围内定量预测特性黏度实验数据的普适性理论。并且指出，劳斯模型、非泄水齐姆模型和“二区域模型”等描述高分子特性黏度的经典模型是其普适性理论在自由泄水、非泄水和截断等特定条件下的极限形式。但是，该理论是一个近平衡态理论，若要处理强流场下的动力学问题，还需要进一步考虑链节间的连接性。因此，亟须建立一个普适性的高分子稀溶液动力学理论，以满足复杂的超支化高分子链结构和分子量表征的迫切需求。更重要的是，高分子稀溶液中分子链与溶剂间多体相互作用问题的解决将使蛋白质、多糖等生物大分子水溶液特性的研究从宏观深入分子水平，从定性提升到定量水平。

高分子加工成型包括高分子材料熔融/塑化、剪切/拉伸流动和冷却固化这三个基本过程，核心为高分子熔体的流动和变形。因此，伴随着高分子材料的工业化进程，高分子流体动力学也得到快速发展与完善。其中最具代表性的研究工作是：建立和完善了管子模型[12]。近半个世纪以来，管子模型在高分子流变学领域一直占据主导地位。该模型可以很好地预测缠结高分子流体的平衡态和近平衡态性质，甚至有些学者认为其可以描述非平衡态和远离平衡态的性质。在管子模型的引领下，欧洲、美国、日本等发达国家或地区的高分子流体动力学研究步入分子机制研究时代，即分子流变学时代。而在同一时期，我国的高分子流体动力学研究还主要集中在宏观流变学与特定高分子体系的唯象描述层面，成为制约我国高分子加工成型技术发展的一个重要瓶颈。

虽然管子模型在描述缠结高分子流体的平衡态和近平衡态性质方面取得了巨大的成功，但是该模型很难用来描述快速、大形变条件下的非线性流变学行为。在小幅形变条件下，分子链间相互作用可采用简单的平均场近似，但是在快速、大形变条件下，缠结点存在破损和重组等问题，使得人们必须重新考虑多链效应 [13]。事实上，近期的实验研究发现，一些重要的非线性流变学现象不能基于管子模型来解释。例如，美国阿克伦大学王十庆教授等通过粒子示踪测速仪发现的一系列缠结高分子流体非线性流变学现象无法用管子模型来描述 [40]。此外，Archer 和 Sanchez-Reyes[28] 发现，在阶跃形变后的静态松弛过程中，其约化松弛模量的重叠时间远长于劳斯松弛时间，而根据管子模型的物理图像，重叠时间应该为劳斯松弛时间; Huang 等 [41] 发现，在高缠结聚异戊二烯（polyisoprene，PI）的单轴拉伸形变过程中，在相同拉伸应变率下，拉伸应力随拉伸速率的增大而增大，其实验值远大于管子模型的预测值。虽然人们对管子模型进行了相应的修正，但修正的理论在解释上述这些流变现象时往往很难自洽。特别是，近期美国橡树岭国家实验室（Oak Ridge National Laboratory）的王洋洋（Yangyang Wang）等的小角中子散射实验及其模拟工作 [42] 也不支持管子模型中原始链自由回缩的假定。类似地，Hsu 和 Kremer [43] 的原始路径分析（primitive path analysis，PPA）还阐明，分子链沿链轮廓的松弛并不均匀。鉴于此，一些学者认为，基于单链平均场的管子模型很难描述快速、大形变条件下缠结高分子流体的非线性流变行为。因此，亟须阐明这些非线性流变行为的分子机制，并建立相应的理论。非单链平均场理论的建立，不仅预示着高分子流体非线性流变学的重大理论突破，也在优化高分子材料分子设计、解决高分子材料加工成型核心技术等方面奠定了理论基础，同时必将推动凝聚态物理学和生物物理学的发展。近年来，在实验和计算机模拟上，人们已经有针对性地做了大量的研究工作，取得了一些实质性进展。尽管这些研究结果尚不能彻底解决非线性流变学中的所有问题，且仍存在许多的争论，但已经接近产生突破性进展的边缘。其核心问题是缠结高分子流体的链 - 链相互作用和链拓扑结构的演化规律。随着粒子示踪测速仪和荧光共振能量转移（fluorescence resonance energy transfer，FRET）方法的进一步完善，以及高性能计算机并行技术的发展，从分子水平上揭示缠结高分子流体非线性流变学的分子机制成为可能。因此，目前是实现我国高分子流体动力学理论研究提升到国际一流水平目标的难得历史发展机遇期。

三、高分子流体动力学的研究方法与局限性

高分子是最典型的软物质体系，几乎具有软物质的所有主要特征。进入21世纪以来，高分子材料在应用体积上远远超过了传统材料金属，成为应用最广泛的材料之一。在这个发展过程中，产生了一系列与之相关的物理问题，亟待深入认识与解决。

（一）实验方面

过去很长一段时间的研究集中在线性黏弹性及其方法方面，重点研究高分子体系的玻尔兹曼叠加原理（Boltzmann superposition principle）和麦克斯韦模型的特征参数等，之后提出类似描述橡胶弹性网络的定性水平的分子图像。在高分子稀溶液方面，主要针对一些具体的高分子体系，研究与之对应的劳斯模型和齐姆模型的基本性质。在高分子熔体方面，除了验证管子模型外，还研究了一些体系的链缠结和填充模型（packing model），以及这些体系的时间－温度叠加性质，即链动力学的温度依赖性。在我国，大多数研究组的研究重点是探索如何描述离位或原位剪切/拉伸变形与流动场的有效方法，以及如何具体地消除某种材料的边界不稳定性和内应力等。近年来，人们已经把研究目标转移到非线性流变学研究上，开始以缠结高分子流体应变局域化为切入点讨论壁滑的基本特征、发生的基本条件，以及快速、大形变条件下黏弹性材料从初始弹性形变到流动的过程。然而，人们往往没有关注上述复杂流变过程中缠结高分子流体的缠结演化过程和应变局域化等问题。从历史上看，学科的发展体现了知识生产及其传播、传承的过程，学科之间的相互交叉、融合与分化成为科学发展的重要特征。高分子流体动力学的发展也是如此。我们应该借助现代的流变学、分子光学等手段，开发更多分子水平的原位表征与分析方法，从分子水平上揭示上述现象背后的分子机制。

（二）在模拟与计算方面

过去几十年中，人们发展了不同尺度的计算机模拟方法，如微观尺度的分子动力学模拟、蒙特卡罗（Monte Carlo）模拟等，介观尺度的布朗动力学、耗散粒子动力学（dissipative particle dynamics，DPD）、含时金兹堡－朗道理论（Ginzburg-Landau theory）、格子玻尔兹曼方法（lattice Boltzmann method）等，宏观尺度的基于连续介质力学的有限元分析方法、自洽场方法

等。随着计算机软硬件技术水平的提升，这些模拟方法越来越成为验证实验与理论结果，并预言新的实验现象的有效手段。应用这些模拟方法，并结合大规模并行计算技术，研究人员已经解决了高分子体系中的一系列难题，加深了人们对高分子流体动力学（特别是分子图像）的理解，为高性能高分子材料的设计和制备奠定了基础。由于高分子流体动力学的复杂性，高分子链的动力学问题一直是高分子物理领域中的一个难题。目前，这方面的研究（特别是在国内）多以计算机模拟研究为主。由于计算的复杂性，分子层次上的本构方程（constitutive equation）尚不能直接应用到纳米注塑、冷流等近年来学术界和工业界高度关注的问题中。这些远离平衡态的动力学问题将是一个值得深入研究的方向，需要引入更合适、更特征的研究方法。

（三）在模型与理论方面

随着链刚性的增加，高分子链缠结程度相应提高，高分子熔体的流变行为将发生显著的变化，现有链模型定量甚至定性不再成立。对于带电高分子体系，静电排斥作用使得高分子链不再是柔性链，而是表现出一定的刚性。这些现象告诉我们，描述柔性链的高斯链模型已不再适用，需要引进描述半刚性的蠕虫链模型，考虑到半刚性分子链的取向和螺旋构象，计算量将大幅度增加。通过过去几十年不懈的努力，描述半刚性高分子多链体系的理论框架已经基本形成，面临的主要问题是建立与之对应的高效数值算法。此外，研究具有螺旋性质的蠕虫链模型仍然是一个挑战。因此，仍需要继续发展新的概念和新的理论方法来研究具有液晶和手性指向的有序结构。

四、高分子流体动力学典型案例分析

一方面，由于天然橡胶产量有限、质量难以精准控制，供给受环境、气候变化、交通运输等因素的影响，发展人工合成橡胶及其弹性体材料对国民经济可持续发展和国家安全具有重要战略意义。目前，我国民用和国防用弹性体材料仍大量依靠进口，特别是国防和重大工程中应用的一些特种弹性体材料，如舰载机甚至普通战斗机、民用航空的轮胎用橡胶，核弹、普通导弹、舰艇等的高性能密封橡胶等。因此，亟须突破高分子弹性体分子的精确设计、精准合成和精细加工成型等核心技术，以满足国家重大战略需求。高分子弹性体材料是一种具有优良力学性能的材料，其开发和应用的各个阶段都涉及高分子流体动力学。例如，对弹性体材料微观/介观机制（特别是分子机制）的理解，是从分子尺度上设计长链支化乙丙橡胶、卤化丁基橡胶、氢化丁腈橡胶、生物基橡胶、氟醚橡胶、氟/硅橡胶、丁异戊橡胶、液体橡胶等的关键。如何在高温、高压、快速、大变形条件下有效地控制弹性体材料中纳米填料或增强纤维与高分子链之间的物理/化学交联作用，实现在这些极端条件下的能量快速存储、平稳释放和缠结或交联网络的快速自修复是其中亟须解决的关键科学问题。另外，在弹性体材料的全链条产业化和规模化生产中，如何克服目前困扰橡胶工业的一系列重大技术难题（如汽车轮胎橡胶在潮湿或结冰路面的滚动阻力和抗湿滑性、飞机轮胎在高频次负重起降下的稳定性和耐磨性等）均涉及弹性体材料在极端条件下的非线性流变学基础知识。长期以来，我国在高分子弹性体材料流变学基础理论研究方面的投入不足，导致诸多产品和技术受制于人。以航空轮胎材料为例，目前航空轮胎发展的主要趋势是轮胎的结构由斜交结构向以芳纶纤维为骨架的子午线结构发展，而这一发展的推动者是法国的米其林（Compagnie Générale des Établissements Michelin）公司。目前全球航空轮胎市场份额被法国米其林公司、美国固特异轮胎与橡胶公司（The Goodyear Tire & Rubber Company）和日本普利司通股份有限公司（Bridgestone Corporation）三家公司占据 80% 以上。我国的航空轮胎还处于跟踪模仿阶段，难以进入主流市场。虽然未来全球化是主流，但是航空轮胎这一关系到国家安全的核心部件不应完全依赖进口。因此，需要大力加强该领域的研究。

另一方面，由于我国基础前沿性研究与产业应用开发严重脱钩，很难找到从基础理论研究，到关键技术研发，再到实际应用的合适案例。国外工业界对于商业技术机密一直都高度封锁，企业研发人员一般通过技术咨询或采取委托项目研究的方式与从事基础理论研究的科学家合作，从而了解和掌握最新的理论成果、模型、算法和软件等。但是，企业面向生产的工艺优化过程通常只有少数核心研发人员知悉，属于核心机密，很难通过公开资料获取，即使是与其合作的科学家也只能管中窥豹。因此，很难总结出供我国学者参考的有价值的典型案例。下面是通过广泛的调研与咨询，遴选出的三个比较具有代表性的案例，供大家借鉴。

（1）全息高分子复合材料是通过激光全息光聚合诱导相分离方法制得的结构有序高分子复合材料，在全息战术地图、高端防伪、高密度数据存储、先进光学元件等事关国家安全和民生的高新技术领域具有重要应用。只有当扩散速度高于凝胶化速度时，才能制备出高性能的全息高分子复合材料。因此，对光聚合反应动力学和流变学行为实施高效瞬时控制与空间调控是实现全息高分子复合材料相分离结构有序化及高性能化的关键科学问题[44-46]。华中科技大学解孝林研究组在光辐照作用下，光引发阻聚剂生成具有引发功能的苯胺甲基自由基和具有阻聚功能的羰基自由基，且羰基自由基的阻聚作用显著降低了光聚合反应速率，延迟了凝胶化过程。在此基础上，他们提出了“光引发阻聚剂”（photoinitibitor）的概念，有效调控了全息高分子复合材料的光聚合反应动力学。根据菲克第二定律（Fick’s second law）和爱因斯坦 - 斯托克斯方程（Einstein-Stokes equation），他们建立了全息高分子复合材料相分离程度与体系凝胶化时间/初始黏度比值的函数关系[47]，为全息高分子复合材料高效加工奠定了理论基础。进一步，他们还通过引入笼型聚倍半硅氧烷（polyhedral oligomeric silsesquioxane，POSS）硫醇，提高了复合体系的黏度，同时通过硫醇 - 烯烃点击反应提高相分离程度、通过单体之间的氢键网络来控制相分离过程，从而突破了高黏度体系难以获得规整相分离结构的瓶颈，实现了全息高分子复合材料前驱体的直接印刷，最终发展了可印刷加工的全息高分子复合材料及其彩色三维图像存储技术[48, 49]。综上所述，解孝林研究组聚焦国家重大战略需求，开展了全息高分子复合材料的研究，将光化学流变学研究的成果应用于指导全息高分子复合材料制备与工艺优化，为结构有序的功能高分子复合材料的研发提供了新理论、新方法。

（2）高端留置与介入类医疗器械种类多、应用范围广，我国市场规模在 300 亿元 /a 左右，其使用安全性和舒适性与每个患者密切相关。由于留置与介入类器械对专用精密管路尺寸精度要求高（如留置针套管最小外径为 0.6mm，最小壁厚为 0.07mm，尺寸公差为 ±0.03mm，内嵌有 3～8 条 X 射线显影条）、进料量小，加工成型工艺极其复杂，所以其挤出过程的精准控制非常困难，因此对挤出系统、控制系统、挤出工艺的精确调控至关重要。在温度、压力、转速和材料流动性等波动影响下，导管的加工尺寸精度控制难度更大。中国科学院长春应用化学研究所殷敬华和栾世方研究组根据高分子流变学理论，对医用导管挤出过程开展了深入、系统的研究，阐明了拉伸对导管挤出过程中流量与变形的影响规律，明晰了拉伸作用下医用导管挤出流场及变形对口模温度、螺杆转速、牵引速度等的依赖关系。同时，他们对医用导管挤出拉伸流动过程进行数值分析、挤出变形控制及有限元分析，构建了高端医用导管原料分子结构参数 - 加工流变行为 - 精密挤出成型结构间的关系，达到高端医用导管对尺寸精度控制稳定性的要求，从而解决了我国医用导管尺寸精度低、异形管特殊加工成型水平有限等共性难题。

（3）高分子发泡的基本过程主要包括泡孔成核、泡孔生长、泡孔定型。每个阶段对高分子熔体的流变性能的要求均不相同。在泡孔成核阶段，高分子熔体的强度不宜过大，否则不利于泡孔核的形成；在泡孔生长阶段，泡孔壁受到圆周方向的二维拉伸应力和径向的压缩应力，随着泡孔生长会变得越来越薄，此时高分子熔体只有既具有良好的延展能力，又存在“应变硬化”行为，才能有利于泡孔长大但泡孔又不破裂；在泡孔定型阶段，需要高分子熔体强度足够高，防止泡孔塌陷。由此可见，具有优异发泡性能的高分子体系应该具备熔体强度“智能”变化的特性，即随着发泡过程的进行，熔体性能做出相应的调整。因此，其调控过程非常复杂。中国科学院长春应用化学研究所唐涛研究组针对上述要求，对聚丙烯体系分别开展了长链支化改性[50-52]、微纳米复合改性[53, 54]以调控高分子树脂体系的“应变硬化”行为和利用双功能成核剂技术[55, 56]引入水相变控温作用的研发工作，结合发泡装备设计与工艺条件控制，实现了聚丙烯发泡体系对熔体流变行为的“智能”调控，突破了关键技术瓶颈，最终成功自主开发出发泡聚丙烯（expanded polypropylene，EPP）产业化技术，并应用于汽车工业。同时，他们还采用二异氰酸酯作为反应型增塑剂。在加热时，二异氰酸酯可以促进聚氯乙烯（polyvinyl chloride，PVC）树脂的塑化和发泡气体的扩散；发泡时，二异氰酸酯又可以使体系在较低的温度具备良好的熔体强度，提高发泡倍率，且保持良好的闭孔结构；后期固化时，体系内的二异氰酸酯逐渐与水反应，在PVC基体内逐渐形成聚脲互穿网络结构，同时体系的黏度和熔体强度也进一步提高，最终形成高性能的PVC结构泡沫[57, 58]。这一成果打破了国外的技术垄断，率先在江苏常州建立了国内第一条50 000m^3/a的PVC结构泡沫生产线，产品已应用于国内风电和轨道交通等领域。这两个实例说明，开发高分子发泡专用料及其发泡技术的关键是对高分子流变学基本理论的理解和掌握，进而依据高分子体系的流变行为建立综合调控发泡基体熔体流变性能的方法和途径，最终开发出高性能的发泡材料。

由此可以看出，高分子流体动力学是高分子科学的重要组成部分，是高分子材料加工成型与设计的学科基础。近年来，我国高分子流体动力学研究受到高度重视（如获得国家自然科学基金重大项目支持），且取得了一定的进展，部分方向已经步入世界前列。但整体而言，我国在这方面还远落后于欧洲、美国、日本等发达国家或地区，主要表现为缺乏重大原创性工作。为了解决制约当前高分子科学和高分子材料科学与工程发展的关键瓶颈问题，形成促进前沿科学突破的科技布局和创新环境，逐步提升高分子材料自主开发能力，攻克与国家安全及重大工程相关的核心科学问题，摆脱受制于人的现状，需要优先发展高分子流体动力学。

第三节　高分子流体动力学的发展水平与发展规律

为了明晰高分子流体动力学的战略地位，探索其内在发展规律和特点，本书严格按照国家自然科学基金委员会和中国科学院学部的要求，从其发展动力、学科交叉状况等方面进行了广泛系统的文献调研；委托中国科学院文献情报中心对高分子流体动力学论文、专利和基金等进行了专项数据查询；委托长春善思科技有限公司对高分子流体动力学的科研环境、人才培养、经费保障、发展策略等问题进行了问卷调查；邀请国内外几十位高分子流体动力学专家研讨了国际、国内发展情况，分析和总结了高分子流体动力学的发展规律和特点，明确了要阐明的关键问题，从学科领域的知识结构和逻辑体系出发，提出完善学科布局的框架建议；由中国科学院长春应用化学研究所安立佳研究员和北京大学张平文教授牵头举办了“高分子流体动力学科学与技术前沿论坛”，针对高分子流体的微观与介观结构、非平衡态动力学行为、受限与复杂界面等问题，进行了深入的实质性研讨，致力于若干基础科学问题认知的重大突破和高水平基础研究人才与团队的锻炼培养两大主旨，结合国家需求中的重大基础科学问题，进一步达成共识，并在此基础上共同商讨了新一代青年骨干人才和战略性储备人才的培养方案。

一、国内外专家咨询的结果

近年来，科学技术部、国家自然科学基金委员会、中国科学院等部门高度重视专家的意见与建议。项目组邀请复旦大学杨玉良教授、美国加州理工学院王振纲教授、加拿大麦克马斯特（McMaster）大学史安昌教授和加拿大滑铁卢（Waterloo）大学陈征宇教授等30余位国内外高分子流体动力学领域的知名学者进行了专家座谈与咨询。专家们提出了很多宝贵意见和建议，一致认为：①高分子流体动力学已经到了产生重大原创成果的机遇期；②应该与工业生产紧密结合，建立起理论、模拟、实验、应用相结合的研究平台与人才梯队；③应该研发新的实验设备和模拟技术，改进现有实验与模拟研究手段；④应该大力加强青年人才的培养与投入。这些意见和建议非常契合我国高分子流体动力学发展的实际。因此，建议相关科技管理部门结合专家的建议和各部门的具体情况，大力推进自主创新，积极培养和举荐青年科技人才，推动我国高分子流体动力学的发展，使高分子流体动力学成为高分子材料产业发展的重要支撑，最终提升我国高分子材料产业的整体竞争力。

二、同行专家调查问卷的结果

在 2017 年的全国高分子学术论文报告会上，项目组委托长春善思科技有限公司就高分子流体动力学的研究现状与发展做了问卷调查。此次问卷调查收到 746 份有效问卷。从职称方面来看，讲师以上职称的人数占比超过 50%，还有 32% 是研究生；从获得学位方面来看，大多数被调查者具有博士学位；从专业方面来看，高分子物理、化学、材料和加工领域的被调查者人数分别占 35%、16%、11% 和 4%。问卷调查结果显示，对所在单位高分子学科工作环境回馈满意和非常满意的被调查者人数约占 60%，而对高分子流体动力学工作环境回馈满意的被调查者人数只有大致一半；认为高分子流体动力学重要和非常重要的被调查者人数超过了 90%；85% 的被调查者认为，高分子流体动力学的发展有利于其他学科的发展。针对我国高分子流体动力学优先发展策略，50% 被调查者认为应该鼓励原始创新，其次是加强产学研合作。关于人才培养，多数被调查者认为应该加强本土人才培养，还有 30% 的被调查者认为应该引进青年人才［图 1-1(a)］。针对促进我国高分子流体动力学优先发展模式，50% 的被调查者认为应该采用团队合作模式，另外还有 26% 的被调查者认为应该采用顶层设计模式［图 1-1(b)］。

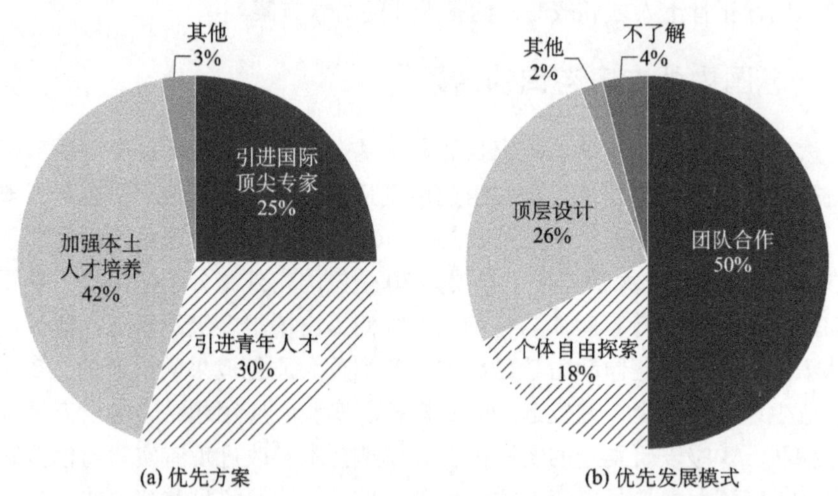

图 1-1　促进我国高分子流体动力学发展的优先方案与优先发展模式

2017 年全国高分子学术论文报告会期间，长春善思科技有限公司问卷调查结果

另外，从 97 份自由填写意见稿的统计结果来看，排名前五位的建议分别是:①加强产学研合作;②加强青年人才培养;③加大经费或增加专项投入;④加

强理论训练与研究；⑤大力鼓励原始型创新成果。这些调研结果真实地反映了广大高分子流体动力学科研人员的心声。建议各科技管理部门在制定相关政策时，要充分考虑广大科研人员的意见与建议，加强本土人才的培养，通过一定的鼓励政策促进产学研团队合作，产出重大成果。

三、文献、专利等数据统计查询的结果

（一）文献数据统计查询的结果

为了客观、真实地掌握我国高分子流体动力学的发展水平与发展规律，项目组委托中国科学院文献情报中心对高分子科学与高分子流体动力学的科学引文索引（science citation index，SCI）论文单篇被引用次数进行了统计查询（图 1-2），图中的横坐标按照该国家在高分子流体动力学领域发表的文章总数进行排序。美国排名第一，中国排名第二，其后依次是德国、法国、日本、英国。总体上看（1980～2019 年），我国高分子科学和高分子流体动力学学术论文的单篇平均被引次数远低于美国、日本、德国和英国等国家［图 1-2(a)］，高分子流体动力学表现得尤为突出。然而，在国家各部委的大力支持下，随着我国在各领域的全面发展，高分子科学取得了突飞猛进的进步。近 3 年，学术论文的单篇平均被引次数虽然远低于美国和英国，但是已高于德国、法国和日本。高分子流体动力学虽然取得了较大的进步（2017～2019 年），学术论文的单篇平均被引次数已经超过日本，但是仍低于美国、英国、德国、法国等［图 1-2(b)］。因此，建议进一步加强对高分子流体动力学基础研究的支持力度，提高学术论文的整体质量，力争在未来 5～10 年全面赶超英国、德国、法国等国家，达到与美国相当的水平。

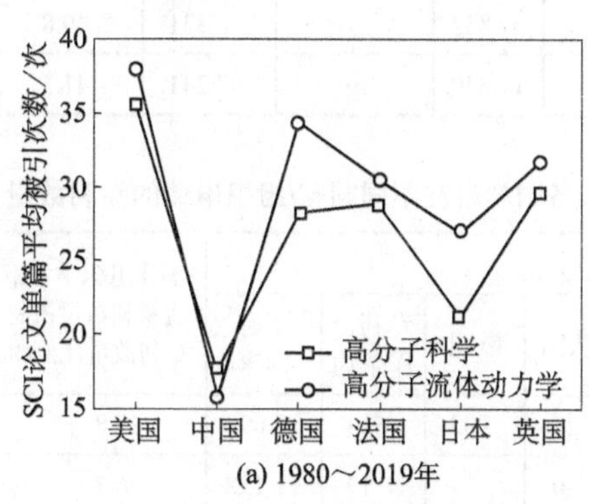

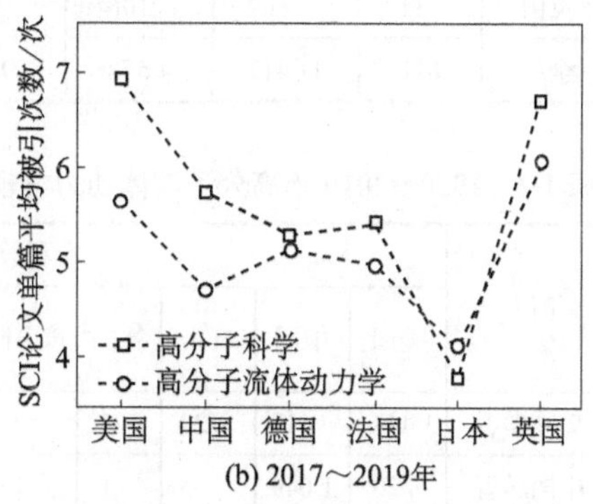

图 1-2　高分子科学与高分子流体动力学的 SCI 论文单篇平均被引次数对比

数据库为 Web of Science，检索单位为中国科学院文献情报中心，检索时间为 2020 年 4 月 21 日

（二）专利数据统计查询的结果

从高分子流体动力学方面的专利申请与授权数量来看，我国学者在2010年前申请的数量相对较少；2010年后，申请的数量急剧增加，跃居世界第二（表1-1）。然而，从专利授权比例来看，我国学者并不占优势，甚至偏低，因此建议加强专利申请的质量。总体上（1980～2019年），从高分子流体动力学领域各国学者在不同国家/组织申请的专利数量来看，我国学者申请的专利总数少于美国、法国和德国，多于英国和日本；然而，我国学者申请的专利主要在国内，在其他国家申请的专利数量偏少（表1-2）。从近3年（2017～2019年）高分子流体动力学领域各国学者在不同国家/组织申请的专利数量来看，我国学者申请的专利总数跃居世界第二，仅次于美国；然而，我国学者在其他国家/组织申请专利数量偏少的现状仍没有改变（表1-3）。因此，在知识产权保护的角度，建议我国学者加强国际专利的申请，保护好我国在高分子流体动力学方面发明创造的知识产权。

表1-1　高分子流体动力学领域专利技术来源国的专利申请年度分析

国家	专利数量/件					占总专利数量比例/%	专利授权数量/件	占授权专利数量比例/%
	1979年之前	1980～2009年	2010～2016年	2017～2019年	总计			
美国	401	5 767	1 984	347	8 499	48.5	3 543	41.7
中国	0	220	628	290	1 138	6.5	400	35.1
日本	15	285	157	10	467	2.7	190	40.7
德国	46	1 101	350	34	1 531	8.7	591	38.6
法国	54	1 224	399	69	1 746	10.0	715	41.0
英国	34	669	106	23	832	4.7	331	39.8
全球	611	11 417	4 578	934	17 540	—	7 241	41.3

表1-2　1980～2019年高分子流体动力学领域各国学者在不同国家/组织申请的专利数量

国家	专利数量/件									各国/组织学者申请专利数量占总专利数量比例/%
	美国	中国	日本	德国	英国	法国	欧盟	专利合作条约	所有国家	
美国学者	1 403	618	724	304	52	25	903	504	8 098	47.8
中国学者	20	1 049	5	1	1	0	7	13	1 138	6.7

续表

国家	专利数量/件									各国/组织学者申请专利数量占总专利数量比例/%
	美国	中国	日本	德国	英国	法国	欧盟	专利合作条约	所有国家	
日本学者	52	33	154	14	4	4	38	22	452	2.7
德国学者	176	73	107	151	5	1	270	117	1 485	8.8
英国学者	83	33	50	36	96	0	103	59	798	4.7
法国学者	193	97	110	47	14	257	213	138	1 692	10.0
所有学者	2 256	2 128	1 342	682	187	307	1 897	1 032	16 929	—
不同国家/组织专利数量占总专利数量比例/%	13.3	12.6	7.9	4.0	1.1	1.8	11.2	6.1	—	—

表 1-3　2017～2019 年高分子流体动力学领域各国学者在不同国家/组织申请的专利数量

国家	专利数量/件									各国/组织专利数量占总专利数量比例/%
	美国	中国	日本	德国	英国	法国	欧盟	专利合作条约	所有国家	
美国学者	95	38	38	2	0	1	25	53	347	37.2
中国学者	3	279	1	0	0	0	1	5	290	31.0
日本学者	0	0	1	0	0	0	0	0	10	1.1
德国学者	6	1	0	3	1	1	5	11	34	3.6
英国学者	3	1	0	0	4	0	3	6	23	2.5
法国学者	10	5	5	0	0	12	5	17	69	7.4
所有学者	144	336	50	6	5	15	62	122	934	—
不同国家/组织专利数量占总专利数量比例/%	15.4	36.0	5.4	0.6	0.5	1.6	6.6	13.1	—	—

注：①专利数据来自思保环球（CPA Global）[现已加入科睿唯安（Clarivate）] 的 Innography 专利平台，Innography 包含 100 多个国家 1 亿多件专利文献；②专利数据检索单位是中国科学院文献情报中心，专利数据检索日期是 2020 年 4 月 22 日；③申请时间截至 2019 年 12 月 31 日，高分子流体动力学领域共检索到 3036 项专利同族，扩展得到 17 540 件专利。因为专利从申请到公开一般至少需要 18 个月，所以 2018 年和 2019 年的统计数据比实际情况要少；④中国专利统计数据不包括港澳台地区数据。

四、国家自然科学基金统计查询的结果

为了客观、真实地掌握我国高分子流体动力学领域的经费资助情况，项目组同样委托中国科学院文献情报中心对2010年以来高分子流体动力学领域的资助情况进行了统计查询。单从统计数据来看，高分子流体动力学领域的3位学者［中国科学技术大学的罗开富教授、上海交通大学的俞炜教授、复旦大学的李卫华教授（部分相关）］获得了国家自然科学基金杰出青年科学基金项目的资助，4个项目（流动场诱导的高分子有序及其在加工－形态结构控制中工程实现，批准号为51033004；聚合物分子链的低温流动研究及在材料制备中的应用，批准号为51133002；准二维缠结高分子流体流变学研究，批准号为21334007；溶剂蒸发效应对高分子薄膜结构影响的动力学研究，批准号为21434001）获得了国家自然科学基金重点项目的资助，1个项目（高分子非线性流变行为的分子机制与性能调控，批准号为21790340）获得了国家自然科学基金重大项目的资助。上述的支持数量可以反映出国家对高分子流体动力学发展的重视。但是与其他平行方向相比，数量仍相对较少。国家自然科学基金面上项目是目前基础科学研究领域最具有代表性的资助项目，在经费总数和项目数量方面，高分子流体动力学均约占整个高分子科学的5%（表1-4），而国家自然科学基金青年科学基金项目是反映国家对青年科技人才起步阶段最具有代表性的资助项目。从表1-5可以看出，高分子流体动力学的青年科学基金项目的占比略低于面上项目。鉴于高分子流体动力学在高分子科学中举足轻重的地位，建议适当调整科学研究评估机制，增加其资助力度，优化基础研究资助与管理方式，更加注重提出新观点、新方法，创造新概念、新理论，开辟新方向、新领域的研究工作，形成适应激励科学发展与服务经济社会需求并重的基础研究资助环境，引导科研人员进入高分子流体动力学领域进行深入研究，鼓励其取得更多原始创新成果，从而进一步提高高分子流体动力学对国家重大计划实施的贡献度。

表1-4　国家自然科学基金2010～2019年高分子流体动力学面上项目资助情况

年份	高分子科学		高分子流体动力学		高分子流体动力学经费占高分子科学经费的比例/%
	资助数量/个	资助经费/万元	资助数量/个	资助经费/万元	
2010	458	16 405	20	710	4.33
2011	214	12 717	9	550	4.32

续表

年份	高分子科学		高分子流体动力学		高分子流体动力学经费占高分子科学经费的比例/%
	资助数量/个	资助经费/万元	资助数量/个	资助经费/万元	
2012	227	17 438	10	719	4.12
2013	214	16 644	11	884	5.31
2014	207	17 526	14	1 203	6.86
2015	237	15 205	10	612	4.02
2016	205	12 919	18	1 114	8.62
2017	183	11 791	8	523	4.44
2018	221	14 388	9	588	4.09
2019	213	14 038	6	394	2.81
小计	2 379	149 071	115	7 297	4.89

注：数据来自国家自然科学基金网站，检索单位为中国科学院文献情报中心，检索日期为2020年4月20日。

表1-5　国家自然科学基金2010～2019年高分子流体动力学青年科学基金项目资助情况

年份	高分子科学		高分子流体动力学		高分子流体动力学经费占高分子科学经费的比例/%
	资助数量/个	资助经费/万元	资助数量/个	资助经费/万元	
2010	296	5 913	10	196	3.31
2011	157	3 912	9	216	5.52
2012	425	10 612	20	498	4.69
2013	168	4 182	3	76	1.82
2014	198	4 926	9	206	4.18
2015	164	3 383.8	6	120	3.55
2016	136	2 722	10	200	7.35
2017	151	3 646	4	94	2.58
2018	180	4 608	11	287	6.23
2019	193	4 842.5	9	221	4.56
小计	2 068	48 747.3	91	2 114	4.34

注：数据来自国家自然科学基金网站，检索单位为中国科学院文献情报中心，检索日期为2020年4月20日。

五、高分子流体动力学科学与技术前沿论坛的结果

"高分子流体动力学科学与技术前沿论坛"是第80次科学与技术前沿论坛，由中国科学院学部主办，中国科学院化学部和国家天元数学东北中心承办，中国科学院长春应用化学研究所等单位协办。本次论坛于2018年9月1～2日在吉林长春举行，中国科学院长春应用化学研究所、中国科学院化学研究所、中国科学院数学与系统科学研究院、北京大学、清华大学、复旦大学、吉林大学，美国加州理工学院、科罗拉多州立大学（Colorado State University，CSU），加拿大麦克马斯特大学、滑铁卢大学，爱尔兰都柏林大学学院（University College Dublin，UCD）等国内外著名科研院所和高等院校的资深专家与青年学者共80余人参加了该论坛。

针对"高分子溶液"专题，专家们各抒己见，从其问题的物理内涵到模型或理论的优缺点，再到其具体的应用背景和未来的发展方向，都进行了深入系统的讨论。针对"高分子熔体"专题，对管子模型的发展历史、基本假设、核心物理图像及其重要推论进行了深入探讨。专家们指出，①应该利用计算机模拟验证王十庆等的实验结果，并与管子模型比较；②在分子水平上揭示缠结、构象、应力等的演化规律，并进一步探索缠结的本质；③建立描述缠结高分子流体的新概念和新理论。针对"多相/多组分体系"专题，专家们对计算机模拟和实验等技术细节进行了深入的讨论，一致认为应该让理论、模拟、计算、实验、产业化等不同方面的学者协同攻关这个领域的难题。针对"模型与计算方法"专题，专家们分别就高分子熔体多尺度模拟的算法、本构方程的构建，液晶高分子的建模、模拟、理论分析，响应性高分子的场论方法等问题进行了充分的交流，一致认为应该把数学的最新成果应用到凝聚态物理学和高分子科学（特别是高分子流体动力学）研究中。

此次论坛还对高分子流体动力学/高分子物理学的人才培养和相关政策建议进行了深入的讨论。张平文教授谈了自己的认识与看法。他认为，高分子物理要发展，首先要把学科定位清楚，即该学科是一个基础性学科，还是一个交叉性学科。我国高分子物理，特别是理论与计算的团体非常年轻。一般来说，一个年轻的科学团体能不能维系下去，应具备如下三个条件：①有非常好的科学问题和国家需求问题的引领，明白国家需要解决的问题是什么，真正的科学前沿问题有哪些；②要抱团取暖，相互欣赏；③要学会科普，要让其他领域的同仁认识到这个领域的重要性。广州大学袁学锋教授认为，在

学生培养上，我国基本沿用了苏联的培养模式，学科分得很细，这是交叉学科发展的重要障碍。他认为，过早地分专业、分课程，对化学和物理学科尤其不利。他以剑桥大学物理系的课程设置为例，阐述了不提前细分专业的优势，并指出剑桥大学很多院系的学生在大学三年级前的课程是数学和物理，之后选修一门生物、化学或信息。因此，其学生的基础非常扎实。据他调查，国内的物理课基本不开流体动力学课程，即使存在对其感兴趣的学生，也只能自学，因此学生会感觉从事流体动力学研究非常困难。因此，建议修改课程的设置。其他十多位专家都针对上述两个问题进行了深入的剖析与阐述。这对与会专家教书育人有很好的启迪。另外还有一些专家建议增强基础研究与应用的衔接，加快基础研究成果的转化应用，进一步提升对国家经济社会创新发展的支撑能力。

此次论坛对我国高分子流体动力学的发展及相关技术的研发与应用和高分子物理学与应用数学的交叉融合起到积极的推动作用。未来 10～20 年必将成为高分子流体动力学研究的黄金时期。针对高分子流体动力学学科交叉的特点，建议在科学技术部、国家自然科学基金委员会、中国科学院等部门的支持下，针对高分子流体的微观与介观结构、非平衡态动力学行为、受限与复杂界面等问题，多举办一些具有实质性研讨内容的学术论坛，力争探讨出高分子流体动力学领域中一些重要的概念和模型的数学化、定量化处理思路，且结合国家需求中的重大基础科学问题，进一步凝聚共识，形成中国学者的独立判断，以达到基础科学问题认知的重大突破和新一代青年骨干人才与团队的锻炼培养两大目标，推动高分子流体动力学从基础学科自身到重点领域关键应用的全面进步。

第四节　高分子流体动力学的发展思路与发展方向

高分子流体动力学是不同空间尺度和时间尺度相互耦合、跨学科的基础科学，是复杂体系的重要分支之一。其科学内涵和发展目标主要体现在以下三个层面：①观测和发现高分子流体的复杂现象；②针对不同高分子流体建立准确描述其运动规律的模型或理论，为构建高分子战略性新兴产业奠定理论基础；③探索高分子流体的一般运动规律，使之成为高分子科学和生命科学发展的奠基性理论之一。下面结合高分子流体动力学未来 5～10 年的发展趋势，面向国家战略需求，提出了五个在新一轮科技革命和产业革命中可能的突破口与新的学科生长点，以及其相应的发展思路、发展目标和重要研究方向。主要包括以下四方面的内容：一是推动或制约学科发展的关键科学问题；二是围绕解决关键科学问题提出学科发展总体思路；三是提出促进新的学科生长点的形成及服务于国家战略需求的发展目标；四是提出未来学科发展的重要研究方向。

一、缠结高分子流体的链－链相互作用与链拓扑结构

任何高分子材料的使用均需要经过加工成型。然而，高分子的弛豫时间谱覆盖几个量级，因此其性能显著依赖于加工成型条件和热历史。随着加工成型向高速化和制品精细化方向发展，对结构与性能关系的认识需要从定性水平发展到定量水平。管子模型理论奠定了现代高分子流体非线性流变学的基础，对高分子流变学的发展做出了重要贡献。然而，管子模型过于简化的物理图像，使其无法处理快速、大形变条件下典型的缠结高分子流体非线性流变学问题。这就要求我们发展新的实验手段和大幅提高相关实验技术的信噪比与时空分辨率等。其中的核心问题就是从分子水平上明晰链－链相互作用于链拓扑结构演化的规律。为了达到这一目标，计算机模拟是不可或缺的一种手段。在我们充分认识链－链相互作用与链拓扑结构演化规律以后，相信人们很快就会建立基于多链相互作用的分子流变学新范式。

二、缠结高分子流体流变学的动态自洽场理论

揭示快速、大形变条件下缠结高分子流体非线性流变行为的分子机制，是目前国际高分子流变学研究领域的核心问题。现有实验技术与表征方法很难在分子水平上原位跟踪与描述快速、大形变条件下缠结高分子流体的非平衡态行为；现有计算机模拟方法（如分子动力学和布朗动力学等）的时间与空间尺度由于受到计算机软、硬件技术发展的限制，目前还很难放大到介观长时尺度。自洽场理论是目前平均场层次上最精确、最完善的理论框架，除鞍点近似外，不存在其他附加近似。因此，自洽场理论可以很好地描述软物质体系的（微）相分离行为，最成功的例子就是用自洽场理论研究嵌段共聚物的微相分离问题，预测了很多种可能的亚稳态结构。从数学角度来看，自洽场模型是一类具有多解的非线性变分问题，其欧拉－拉格朗日系统（Euler-Lagrange systems）是非局部的积分微分方程组，系统的物理解对应着变分问题的鞍点。然而，因为它是一种平均场近似的场论，所以原始的自洽场理论

只适用于平衡态的研究。近年来，高分子的场论方法取得了一些突破性的进展。例如，将应用数学中发展的弦方法引入高分子流体体系，解决了从一个嵌段共聚物微相分离结构的亚稳态到另一个亚稳态的动力学路径；Fredrickson等建立的相干态高分子场论复数朗之万模拟，能有效地弥补传统复数朗之万模拟耗时长和对数值求解稳定性依赖强的缺陷等。不过，上述两种方法均不能直接描述高分子链的缠结效应。针对经典动力学体系，加拿大麦克马斯特大学的史安昌教授等近期发展的动态自洽场理论为缠结高分子流体非线性流变行为的描述提供了一种一般化的理论框架。基于该理论框架，有望解决缠结高分子流体非线性流变学中经典理论无法描述的难题。进一步，通过设置适宜的相互作用势和构建有效的序参量，还可能基于第一性原理，论证经典理论（如管子模型）的有效性和适用范围，并可将该理论方法拓展到单链动力学体系和生物大分子动力学体系。

三、非高斯链的数值计算方法与理论

自高分子物理学建立以来，人们就把建立描述不同种类高分子链普适性的模型或理论作为追求的目标。如何描述不同种类高分子链体系的物理性质差异就成为高分子化学家、高分子物理学家和高分子材料科学家始终高度关注的重要问题。如何把高分子链的化学细节自洽地引入高分子链模型，是高分子物理学由来已久的一个重要难题。目前对高分子链的研究大多基于高斯链假设。但是许多高分子材料包含刚性或手性链段，这些成分使得高分子体系具有更丰富的相行为。理解具有蠕虫或手性嵌段共聚物体系的相结构与相变，是当前理论和数值模拟研究的焦点。近年来，求解蠕虫链的统计模型，在数值计算方法上已经取得了一定进展，但是研究具有螺旋性质的蠕虫链模型仍然是一个挑战。因此，仍需要继续发展新的概念和方法来研究具有刚性、手性和序列结构的高分子链的相行为及其动力学行为。针对纯粹的刚性高分子流体体系，根据序参量的选择，现有刚性高分子流体模型主要分为分子模型、向量模型和Q-张量模型三类。其中，分子模型是基于统计力学（statistical mechanics）观点推导出来的微观模型，最具代表性的有昂萨格（Lars Onsager）理论、梅尔-萨伯（Maier-Saupe）理论和将两者结合的土井正男-昂萨格理论；向量模型和张量模型是基于连续介质力学观点推导出来的宏观模型，均为唯象理论（phenomenological theory），且其研究主要集中在朗道-德热纳（Landau-de Gennes）模型。但遗憾的是，这些模型主要是针对特定的介观尺度结构，模型与实验结果尚存在较大的差异。目前仍缺乏一套完备的、可描述所有刚性高分子流体现象的统一理论体系。美国伊利诺伊（Illinois）大学的施魏策尔（Schweizer）教授等基于局域平均场近似，在忽略多链相互作用的条件下，做了很多关于刚性高分子流体动力学的研究工作。虽然其表达形式相对复杂，但其理论却是基于第一性原理的分子理论。然而，该理论的正确性与普适性还有待进一步证明，未来需要进一步发展精度更高的非高斯链分子模型和理论。

四、复杂高分子流体微观结构间的相互作用与结构流变学

高分子多相多组分体系的性能不仅与其相结构和热力学性质相关，而且依赖于界面处分子链间的缠结结构及动力学行为。同样的相结构，如果相界面处的相互作用强度不同或分子链间的缠结结构（或拓扑缠绕方式）不同，高分子材料的力学性能将具有显著的差异，如高分子流体的界面屈服强度、弹性恢复能力及与之对应的高分子制品的抗拉伸能力或剪切断裂应力等皆不同。因此，需要发展能够描述分子链缠结的粒子模拟方法（如分子动力学、布朗动力学和耗散粒子动力学等），阐述界面处分子链间的缠结及演化动力学。这样，只有针对不同的高分子多相多组分体系，选择与之相应的加工成型条件，才能获得所需性能的高分子材料，特别是高性能化和功能化的特种高分子材料。因此，系统研究复杂高分子流体微观结构间的相互作用与结构流变学行为，实现微观结构和界面性质的调控，不仅能够为高分子材料设计和加工成型条件优化提供科学依据，同时可以加深对高分子流体的平衡态性质和非平衡态（微）相分离行为的理解。特别是，在高分子纳米复合体系中，纳米粒子的扩散行为表现出对时间尺度的依赖性。研究发现，纳米粒子在高分子熔体中的自扩散系数是经典爱因斯坦 - 斯托克斯方程预测的 100 多倍，这是经典流体动力学理论无法解释的。而该性质直接影响高分子纳米复合体系的流变性能最终制品的力学性能。因此，明晰纳米粒子反常扩散的微观原理，建立高分子纳米复合体系结构、动力学和宏观力学性能之间的一般性规律，将为优化高分子纳米复合材料的性能和加工成型条件奠定理论基础。此外，反应流变学也非常重要（如动态硫化加工、光化学流变学等），目前已经应用到多个研究领域，但是其现象非常复杂，目前应用远超前于理论研究。因此，建议国内同行加强该领域的基础理论研究，使其更好地服务于国民经济主战场。

五、受限高分子流体的流变学

随着微/纳米科学技术的蓬勃发展，微型化、轻量化和精密化已经成为高分子制品设计和开发的趋势之一。在微纳加工过程中，高分子流体通常在微尺度流道中流动、充模和成型。然而，高分子流体在受限空间中的流变性能完全不同于自由空间的流变性能。因此，与传统高分子加工成型不同，高分子材料在这一过程中的流动行为、加工成型条件和边界效应等方面均表现出特异性。例如，纳米注塑成型技术（nano molding technology，NMT）[①]和三维打印（又称 3D 打印，3-dimensional printing）技术的核心就是实现高分子流体稳定地进入/流出微纳孔道和在微纳孔道中的稳态流动。由于 NMT 和 3D 打印等技术与国家重大国防任务和民用工程项目中关键核心技术问题的突破直接相关，因此近年来受限高分子流体的流变学成为高分子物理乃至高分子科学关注的前沿与焦点。通常可通过改变受限空间尺寸及孔道分布、制备不同拓扑结构和分子量的高分子链、设计不同的样品制备方法和工艺流程顺序等，来调控分子链构型和缠结结构及与之对应的流变性能，但这些研究目前尚处于探索和试错阶段。迄今，还没有普遍认可的模型或理论来定量预测空间受限条件下高分子流体的流变性能。与传统高分子制品加工成型相比，NMT 和 3D 打印等新型加工成型技术对高分子流变性能的精准控制要求更高，一些核心问题目前尚缺乏有效的解决方案。因此，研究空间受限对高分子流体流变行为的影响规律，不仅在高分子流变学学科发展上具有重大的理论研究价值，而且在 NMT 和 3D 打印等核心关键技术突破上也具有真正的实际应用意义，是未来高分子流变学研究的重要发展方向之一。

第五节 有利于高分子流体动力学发展的资助机制与政策建议

我国不仅是高分子材料生产大国，也是高分子材料的消耗大国。高分子流体动力学科学与技术前沿论坛的与会专家认为，在唐敖庆先生、钱人元先生等老一辈的影响下，经过几代人的努力，我国高分子流体动力学从无到有，不断发展壮大，为国民经济和国防建设做出诸多贡献。近年来，我国高

① NMT 中微纳管道的一端是封闭的。

分子流体动力学发展迅速，在一些高分子材料加工成型技术的"点"上取得了实质性的进步，有的甚至步入国际前沿领域。但是，这些进步大都是把现有的概念、模型、理论、范式作为手段和工具去研究和解决高分子科学与工程中遇到的具体问题，并没有提出里程碑式的范式、理论、模型甚至概念，整体水平与欧洲、美国、日本等发达国家或地区还有相当大的差距。主要原因有：一是原始创新仍然不足，从事相关研究的学者比较分散；二是产学研用相互脱节，没有形成合力。为推动我国高分子流体动力学的稳定发展，有力地促进高分子流体动力学研究布局的优化升级，本书将结合制约高分子流体动力学发展的关键政策问题，从能力建设、队伍建设、环境建设、国际合作、组织保障等方面出发，力争提出有利于学科发展的有效资助机制与政策建议，特别是通过学科交叉、人才培养、国际交流等综合途径，谋求促进高分子流体动力学学科发展，以及在新生长点产生战略思路和政策措施。

一、健全多元化激励资助机制，增进协同创新

高分子流体动力学是高度交叉的学科，研究内容涉及非线性、非平衡态、多尺度等问题，短期内难以建立统一的研究范式。尤其在我国，由于学科发展历史的原因，目前从事这方面研究的学者中化学和材料背景的学者较多，物理学背景的学者较少。这样既不利于开展深层次理论研究，也不利于青年后备人才的持续培养。为推动我国高分子流体动力学的发展，针对我国该领域缺乏全链条创新设计理念和一体化协同创新机制的突出问题，提出如下建议。

（1）建立并保持一支稳定的高分子流体动力学人才队伍，对其进行相对稳定的持续支持。目前，全国范围内的大学和研究机构中真正开展高分子流体动力学研究的高水平人才比较少，主要原因是高分子流体动力学的研究难度大、效益产出少，显示度相对较低。受到当前评价体系等多方面原因的影响，缺乏对从事高分子流体动力学基础研究工作的激励和长效机制，该领域的科研队伍相对较弱，导致我国在高分子流体动力学领域严重滞后于欧洲、美国、日本等发达国家或地区。建议国家层面或机构层面出台支持政策，正如本书调研中（图 1-3）绝大多数专家指出的那样，鼓励原创成果和产学研合作，通过基金资助的方式鼓励取得国际引领性研究成果的学者，吸引、培养和稳定一批高水平人才，逐渐形成一支高水平研究队伍，同时构建国内外具有影响力的研究平台。

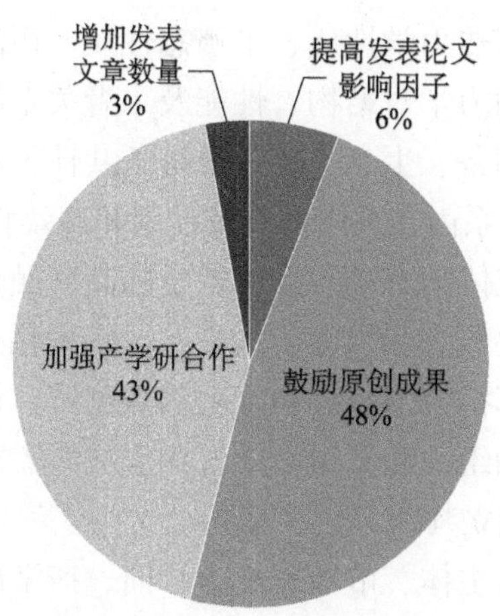

图 1-3　提高我国高分子流体动力学国际地位的优先策略调研结果

2017 年全国高分子学术论文报告会期间，长春善思科技有限公司问卷调查结果

（2）加大高分子流体动力学科研成果的科普宣传力度，调动工业部门的积极性和参与度，联合重点相关企业和重点应用单位，开展协同创新，加快研究成果的工程转化速度。

（3）成立国家层面的高分子流体动力学专业指导委员会，统一设立、部署和实施项目支持，跨部门、跨区域组织协调，加强顶层设计，推进“高分子流体动力学科学研究中心”的建设与资助。

二、推动实验、模拟、理论研究一体化，促进成果转化

相较于欧洲、美国、日本等发达国家或地区，我国在高分子流体动力学研究方面还存在如下差距：一是实验与计算方法创新不足，多尺度建模及算法集成技术依赖于国外现存的算法或软件；二是高通量制备和表征实验技术匮乏；三是常规高分子材料的流体动力学数据资源不足、碎片化现象严重、共享机制缺乏。因此，提出如下建议。

（1）本着高分子流体动力学理论计算/实验（制备和表征）/数据库相互融合、协同创新的研发方式和理念，选取符合国家重大战略需求或在基础研究领域具有重大意义的研究方向进行突破。

（2）主线要明确，突出共性、有价值的核心科学问题，避免闭门造车、自己制造问题。实验部分所需的大科学装置要与大科学工程等相结合；理论和计算部分要充分吸纳近年来物理学、应用数学、化学、材料科学等领域的最新研究成果，以形成多学科、多种算法、多层次跨尺度集成研究；高分子

材料设计不仅要考虑其热力学性质、平衡态性质，还需要充分考虑其动力学因素，如高分子流体动力学对结构、性能及二者关系的影响。最终，要形成以高分子材料设计、制备、生产、使役全链条共性关键技术为核心，实现高分子材料结构与性能关系内在规律的有效控制和高效验证。

（3）促进高分子流体动力学与计算数学的高度融合，探讨出高分子流体动力学领域中一些重要概念和模型的数学化、定量化处理思路，统一科学规范与设计，建立与计算机模拟软件相配套的数据库。针对国家重大需求，注重学科领域重大项目的组织和研讨，结合国家战略需求中的重大关键科学问题，做出中国学者的独立判断。

（4）建立以企业为主体、市场需求为导向、产学研用深度融合的技术创新体系。目前国内从事基础前沿性研究团队的选题以跟踪国外文献为主，而工业界研发团队的知识结构和学术背景又在很大程度上限制了他们从基础研究层面解决工业界的挑战性问题，从而造成目前基础前沿性研究与产业应用开发脱节的现象。因此，建议在“高分子流体动力学”学术研讨会中增设企业研发专题，邀请企业研发人员参加，真正了解到企业的实际需求，同时不断为企业输送合格的研发人才。最终，让企业能够引进和应用高分子流体动力学的最新研究成果，促进传统产业优化升级，培育新增长点、形成新动能，使我国高分子产业从简单量产迈向全球价值链的中高端。

三、加大青年人才的扶持力度，让更多有志者普惠、受益

从科学家成长历程来看，青年人离不开各方助力。科学前进的每一小步，都需要耗费研究人员大量的心血。因此，科研工作者要耐得住寂寞，经得起挫折，受得了每天实验室、家、食堂三点一线的生活。杨振宁先生曾说：一个科学研究工作者的困难时期是获得博士学位后的5～10年。可以看出，在寻求创新而又尚未取得最终突破的关键时期，是最难熬的日子，也是最容易放弃的阶段，这时的青年科技工作者需要雪中送炭的帮助。鉴于此，提出如下建议。

（1）加大对青年科研人员的扶持力度，以保护他们继续攀登科学高峰的探索精神。科学事业发展有赖于科研人才兴盛，对于青年科研人员（图1-4），除了给予一定量的科研经费支持外，还需要相对稳定的薪酬保障。只有这样，青年人才才能无后顾之忧地把人生中最美的时光投入艰难的科研探索中，真正把潜力发挥出来。因此，在遴选国家自然科学基金优秀青年科学

基金和杰出青年科学基金项目时，建议充分考虑高分子物理和高分子物理化学学科的属性，特别是高分子流体动力学的属性，进行高水平人才的甄别与评选。

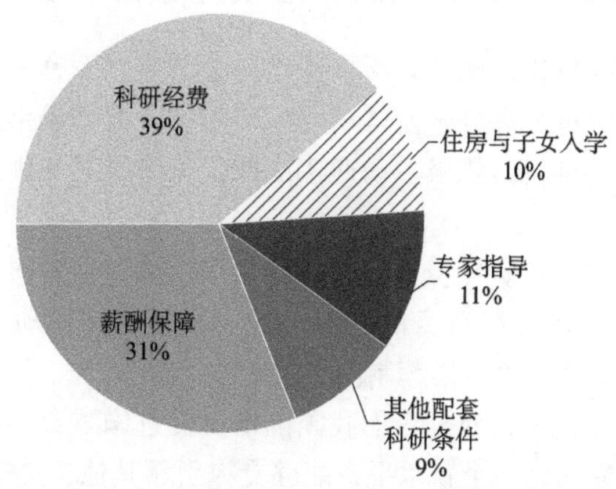

图 1-4　最应该对现有高分子流体动力学方向青年人才给予支持的调研结果

2017 年全国高分子学术论文报告会期间，长春善思科技有限公司问卷调查结果

（2）吸引一批数理功底扎实的青年学者参与高分子流体动力学前沿研究与讨论，培养一支具有新思想和新理念、掌握新模式和新方法、富有创新能力和协同创新精神的高素质人才队伍，使新一代青年科技骨干人才与战略科学家脱颖而出。

（3）加强科研与科普、教育的结合，从关键细节入手，以点带面，使高分子流体动力学与加工成型领域的学者和专家普惠、受益。我国正处于高速发展时期，高分子流体动力学将在国民经济与高技术领域扮演越来越重要的角色，在未来较长时期内也将面临更大的国际竞争压力。从历史角度来看，学科的发展体现了知识生产及其传播、传承的过程。目前普通人群（甚至本科生、研究生）对高分子流体动力学知之甚少。应加强科研与科普、教育的结合，加强青年人才的培养与投入力度，加大高分子流体动力学的宣传、普及力度，让更多的受众了解这门科学，让更多的优秀青年人才进入这个领域，在青年学生心中埋下科学的种子，许下成为一名高分子流体动力学科技工作者的愿望。只有如此，其才能在未来发芽、成长、开花、结果。

（4）对于高分子化学与物理专业的学生，在本科阶段，建议推迟细分专业的时间，在课程设置方面，建议修一定量的物理学、化学、材料科学等基础课程；在研究生阶段，建议修一定量的高分子流体动力学、流变学、偏微分方程、高分子统计物理等难度相对较大的基础课程。只有这样，高分子化学与物理专业的学生才能真正具有扎实的理论基础，进而做出真正具有原始创新的一流研究工作。

四、促进国际合作与交流，形成开放科研格局

要成为真正的科技强国，必须在基础科学研究方面有一大批国际领先的突出成果。当前已进入高分子流体动力学产生重大原创成果的机遇期，学术界同仁应抓住发展良机，积极主动迎接由此带来的机遇与挑战。特提出如下建议。

（1）进一步改善科研环境。在人才评价、学科评估、项目评审中，应充分考虑高分子流体动力学自身的特点，采用高分子流体动力学国际通行做法，引入顶级科学家评价、推荐制度。

（2）要有全球视野，充分考虑我国国情，促进国际合作与交流，使高分子流体动力学研究达到一个新水平，能够支撑引领其他相关学科的发展。

（3）通过较高强度的持续、稳定支持，打造开放式协同创新平台。考虑到高分子流体动力学研究门槛相对较高，跨学科、跨尺度等特点，应建立顶层设计与自由探索相结合的发展模式，汇聚国际一流人才，形成开放科研格局，解决制约我国高分子流体动力学发展的科技领军人才和战略科学家短缺问题，抢占建立非单链平均场理论和非连续性介质力学理论的制高点，在世界科技前沿发出中国科学家的声音。在此基础上，确立新的学科生长点和方向，使我国成为世界高分子流体动力学的“领跑者”和研究中心。

（撰稿人：安立佳，卢宇源；中国科学院长春应用化学研究所）

本章参考文献

[1] Dong J. Progress of polymer sciences. Chemistry, 2014, 77: 631-653.

[2] Böhme G. Non-Newtonian Fluid Mechanics. Amsterdam: Elsevier Science Publishers, 1987.

[3] Bird R B, Curtiss C F, Armstrong R C, et al. Dynamics of Polymeric Liquids: Volume 2 Kinetic Theory. New York: John Wiley & Sons, 1987.

[4] Barnes H A, Hutton J F, Walters K. An Introduction to Rheology. Amsterdam: Elsevier Science Publishers, 1989.

[5] Irgens F. Rheology and Non-Newtonian Fluids. Dordrecht: Springer International Publishing,

2014.
[6] Lodge A S. Elastic Liquids. New York: Academic Press, 1964.
[7] Astarita G, Marrucci G. Principles of Non-Newtonian Fluid Mechanics. Berkshire: McGraw-Hill, 1974.
[8] Nielsen L E. Polymer Rheology. New York: Marcel Dekker Inc., 1977.
[9] Vinogradov G V, Malkin A Y. Rheology of Polymers. Moscow: Khimiya Publishers, 1977.
[10] Ferry J D. The Viscoelastic Properties of Polymers. 3rd ed. New York: John Wiley & Sons, 1980.
[11] Dealy J M, Larson R G. Structure and Rheology of Molten Polymers: From Structure to Flow Behavior and Back Again. Munich: Hanser Publishers, 2006.
[12] Doi M, Edwards S F. The Theory of Polymer Dynamics. New York: Oxford University Press, 1986.
[13] Wang S Q. Nonlinear Polymer Rheology: Macroscopic Phenomenology and Molecular Foundation. Hoboken: John Wiley & Sons, 2018.
[14] Cogswell F N. Polymer Melt Rheology: A Guide for Industrial Practice. Cambridge: Woodhead Publising Limited, 1981.
[15] White J L. Principles of Polymer Engineering Rheology. New York: John Wiley & Sons, 1990.
[16] Cheremisinoff N P. An Introduction to Polymer Rheology and Processing. New York: CRC Press, 1993.
[17] Larson R G. Constitutive Equations for Polymer Melts and Solutions. Stoneham: Butterworth Publishers, 1988.
[18] Han C D. Rheology and Processing of Polymer Materials: Volume 1 Polymer Rheology. New York: Oxford University Press, 2007.
[19] Han C D. Rheology and Processing of Polymer Materials: Volume 2 Polymer Processing. New York: Oxford University Press, 2007.
[20] Osswald T, Rudolph N. Polymer Rheology: Fundamentals and Applications. Munich: Hanser Publishers, 2015.
[21] Malkin A Y, Isayev A. Rheology Concepts, Methods, and Applications. 3rd ed. Toronto: ChemTec Publishing, 2017.
[22] Macosko C W. Rheology: Principles, Measurements and Applications. New York: Wiley-VCH, 1994.
[23] de Gennes P G. Reptation of a polymer chain in the presence of fixed obstacles. The Journal of Chemical Physics, 1971, 55: 572-579.
[24] Doi M, Edwards S F. Dynamics of concentrated polymer systems. Part 1. Brownian motion

in the equilibrium state. Journal of the Chemical Society, Faraday Transactions 2: Molecular and Chemical Physics, 1978, 74: 1789-1801.

[25] Doi M, Edwards S F. Dynamics of concentrated polymer systems. Part 2. Molecular motion under flow. Journal of the Chemical Society, Faraday Transactions 2: Molecular and Chemical Physics, 1978, 74: 1802-1817.

[26] Doi M, Edwards S F. Dynamics of concentrated polymer systems. Part 3. The constitutive equation. Journal of the Chemical Society, Faraday Transactions 2: Molecular and Chemical Physics, 1978, 74: 1818-1832.

[27] Doi M, Edwards S F. Dynamics of concentrated polymer systems. Part 4. Rheological properties. Journal of the Chemical Society, Faraday Transactions 2: Molecular and Chemical Physics, 1979, 75: 38-54.

[28] Archer L A, Sanchez-Reyes J. Relaxation dynamics of polymer liquids in nonlinear step shear. Macromolecules, 2002, 35: 10216-10224.

[29] Morrison F A. Understanding Rheology. New York: Oxford University Press, 2001.

[30] Gupta R K. Polymer and Composite Rheology. 2rd ed. New York: Marcel Dekker Inc., 2000.

[31] Lenk R S. Polymer Rheology. London: Applied Science Publishers Ltd, 1978.

[32] Janeschitz-Kriegl H. Polymer Melt Rheology and Flow Birefringence. Berlin: Springer-Verlag, 1983.

[33] Kontopoulou M. Applied Polymer Rheology: Polymeric Fluids with Industrial Applications. Hoboken: John Wiley & Sons, 2012.

[34] Schowalter W R. Mechanics of Non-Newtonian Fluids. New York: Pergamon Press, 1978.

[35] Rohn C L. Analytical Polymer Rheology: Structure-Processing-Property Relationships. Munich: Hanser Publishers, 1995.

[36] Phan-Thien N. Understanding Viscoelasticity: Basics of Rheology. Berlin: Springer-Verlag, 2010.

[37] Graessley W W. Polymeric Liquids & Networks. London and New York: Garland Science, 2003.

[38] Ruan Y J, Wang Z H, Lu Y Y, et al. Single chain models of polymer dynamics. Acta Polymerica Sinica, 2017, (5): 727-743.

[39] Lu Y Y, An L J, Wang Z G. Intrinsic viscosity of polymers: general theory based on a partially permeable sphere model. Macromolecules, 2013, 46(14): 5731-5740.

[40]Wang S Q. From wall slip to bulk shear banding in entangled polymer solutions. Macromolecular Chemistry and Physics, 2019, 220(1): 1800327.

[41] Huang Q, Hengeller L, Alvarez N J, et al. Bridging the gap between polymer melts and solutions in extensional rheology. Macromolecules, 2015, 48: 4158-4163.

[42] Wang Z, Lam C N, Chen W R, et al. Fingerprinting molecular relaxation in deformed polymers. Physical Review X, 2017, 7 (3): 031003.

[43] Hsu H P, Kremer K. Primitive path analysis and stress distribution in highly strained macromolecules. ACS Macro Letters, 2017, 7: 107-111.

[44] 解孝林，彭海炎，倪名立．全息高分子材料．北京：科学出版社，2020.

[45] Ni M L, Chen G N, Wang Y, et al. Holographic polymer nanocomposites with ordered structures and improved electro-optical performance by doping POSS. Composites Part B: Engineering, 2019, 174: 107045.

[46] Zhang X M, Yao W J, Zhou X P, et al. Holographic polymer nanocomposites with simultaneously boosted diffraction efficiency and upconversion photoluminescence. Composites Science and Technology, 2019, 181: 107705.

[47] Ni M L, Peng H Y, Liao Y G, et al. 3D Image storage in photopolymer/ZnS nanocomposites tailored by "photoinitibitor". Macromolecules, 2015, 48(9): 2958-2966.

[48] 彭海炎，陈冠楠，周兴平，等．一种可直接印刷的图像记录材料、制备方法．ZL201710765386. 9.

[49] Peng H Y, Chen G N, Zhou X P, et al. Directly printable image recording material and preparation method thereof. US Patent, 16308637.

[50] Zhang Z J, Xing H P, Qiu J, et al. Controlling melt reactions during preparing long chain branched polypropylene using copper *N*, *N*-dimethyldithiocarbamate. Polymer, 2010, 51: 1593-1598.

[51] Wang L, Wan D, Zhang Z J, et al. Synthesis and structure-property relationships of polypropylene-*g*-poly(ethylene-*co*-1-butene) graft copolymers with well-defined long chain branched molecular structures. Macromolecules, 2011, 44(11): 4167-4179.

[52] Xing H P, Wan D, Qiu J, et al. Combined effects between activating group Z and leaving group R in dithiocarbamates for controlling degradation and branching reactions of polypropylene. Polymer, 2014, 55: 5435-5444.

[53] Wan D, Zhang Z J, Wang Y J, et al. Dependence of microstructures and melt behaviour of polypropylene/fullerene C_{60} nanocomposites on *in situ* interfacial reaction. Soft Matter, 2011, 7(11): 5290-5299.

[54] Wang Y J, Wen X, Wan D, et al. Promoting the responsive ability of carbon nanotubes to an external stress field in a polypropylene matrix: a synergistic effect of the physical interaction and chemical linking. Journal of Materials Chemistry, 2012, 22(9): 3930-3938.

[55] Li M G, Fan D L, Qiu J F, et al. Controlling cellular structure of polypropylene foams through heat of phase transition of water. Acta Polymerica Sinica, 2017, (12): 1851-1855.

[56] Li M G, Qiu J F, Xing H P, et al. *In-situ* cooling of adsorbed water to control cellular

structure of polypropylene composite foam during CO_2 batch foaming process. Polymer, 2018, 155: 116-128.

[57] 唐涛，姜治伟 . 一种交联聚氯乙烯泡沫及其制备方法 . ZL201110255967. 0.

[58] Jiang Z W, Yao K, Du Z H, et al. Rigid cross-linked PVC foams with high shear properties: the relationship between mechanical properties and chemical structure of the matrix. Composites Science and Technology, 2014, 97(16): 74-80.

第二章 高分子稀溶液

第一节 高分子构象学

一、概述

高分子稀溶液通常被定义为链体积分数远低于重叠浓度的高分子溶液[1]。在高分子稀溶液体系中，高分子链构象学的研究具有重要理论意义和实际应用价值。其中极具里程碑意义的理论工作是德热纳将标度理论应用于高分子稀溶液中不同拓扑结构的中性高分子链尺寸研究，总结了标度率的物理意义，揭示出高分子链及高分子体系所遵循的普适性本征性质[2]。其后，Freed[3]应用重整化群理论计算出高分子链构象的标度规律。此外，对于带电的高分子链（如聚电解质稀溶液），Manning[4]提出了抗衡离子分布模型，并认为聚电解质具有棒状的构象。而德热纳则从标度理论出发，预测出聚电解质单链以热团（Blob）形式呈线性排列，具有伸展的棒状构象[2]。影响高分子链构象的因素除了拓扑结构、带电性、链柔性等高分子链自身特性外，还包括溶剂性质、约束和外场等。而且，具有不同构象的高分子链在生物医药、自组装纳米材料、单分子器件等领域有广泛的应用。因此，高分子稀溶液构象学一直是高分子科学研究的一个焦点，相关前沿性进展包括以下几个方面。

（一）拓扑结构

在高分子稀溶液中，标度理论能很好地描述不同拓扑结构的中性高分子链尺寸（如均方回转半径、均方末端距、流体力学半径等）。例如，de Luca 和 Richards[5] 利用体积排阻色谱（size exclusion chromatography，SEC）、黏度计、光散射等方法研究了超支化聚酯在无热稀溶液中的分子尺寸与重均分子量的标度关系，发现标度值与理论预期一致。Timoshenko 和 Kuznetsov[6] 将计算效率很高的高斯自洽场理论应用于高分子稀溶液研究，揭示出树枝状高分子在良溶剂与不良溶剂中的构象差异，并明确了稀溶液中树枝状高分子链尺寸与分子量的标度关系。近期，结合高性能计算机和模拟方法的发展，计算机模拟已发展成为独特的高分子科学研究手段，在高分子稀溶液构象学研究中取得了令人瞩目的成功。例如，自 Landau 和 Binder[7] 将蒙特卡罗方法推广到高分子体系研究后，利用蒙特卡罗方法研究高分子稀溶液中链构象的工作不断涌现。其中具有代表性工作如下：Di Cecca 和 Freire[8] 给出了在良溶剂和无热溶剂环境下，对称星形链的均方回转半径与分子量的标度关系及链压缩因子与臂数的定量关系；Suzuki 等 [9] 得到不同溶剂性质的稀溶液中，线形链与环形链的尺寸与分子量的标度关系，且在相同温度与相同分子量条件下，发现环形高分子链的尺寸小于线形链。此外，Nardai 和 Zifferer[10] 将耗散粒子动力学方法推广到高分子稀溶液体系，计算了线形与星形高分子稀溶液体系的链构象特性，揭示了链尺寸与分子量的标度关系。

（二）链刚性

链刚性会对高分子链构象造成一定的影响。开展半柔性高分子链稀溶液构象的研究不仅可以加深链刚性对构象影响规律和作用机制的认识，在实际应用中也有指导意义，如脱氧核糖核酸（deoxyribonucleic acid，DNA）分离和基因图谱识别等都涉及半柔性 DNA 链的构象学。虽然理论、实验和模拟皆对半柔性 DNA 开展研究，但是 DNA 周围化学环境的影响因素（如离子、盐浓度、表面活性剂等）众多且作用机制复杂，因此半柔性 DNA 链的构象变化规律至今仍未明晰。其中代表性的工作如下：Dias 等 [11] 利用动态光散射（dynamic light scattering，DLS），通过研究 DNA 稀溶液在不同化学环境下的链塌缩和聚集过程，发现加入阳离子表面活性剂后 DNA 发生了不连续的构象转变，即由伸展的线团转变为塌缩球，且聚集体的尺寸与表面活性剂浓度有关；Kypr 等 [12] 利用圆二色谱研究了在乙醇－水溶液和其他水溶液中随着盐浓度的增加或乙醇、三氟乙醇和甲醇等诱导试剂作用下，DNA 不同构象类型间的转变；Mantelli 等 [13] 利用原子力显微镜测量了 DNA 在溶液中的持续长度，得到的数据符合蠕虫链模型；Guéroult 等 [14] 模拟研究了吸附在 DNA 大沟中的 Mg^{2+} 对 DNA 结构与动力学的影响，结果表明溶液中的水合 Mg^{2+} 可以在两个嘌呤之间形成稳定的链内交联，进而影响 DNA 的整体构象；Nepal 等 [15] 利用荧光相关光谱（fluorescence correlation spectroscopy，FCS）研究了单个 DNA 线团在溶液中的结构，发现稀溶液中 DNA 仍然表现为理想链，这一结论虽与理论预测一致，但明显不符合实验得到的蠕虫链模型结果。除了半柔性 DNA 链以外，其他具有不同拓扑结构的半柔性高分子链构象学研究也取得了一定的进展。例如，Timoshenko 等 [16] 发现在极稀溶液中，在线团－塌缩球的构象转变过程中，半柔性高分子星形链的臂处于链伸展状态，而柔性星形链的臂则倾向局部聚集形成串珠；Girbasova 等 [17] 指出，在树枝状高分子水溶液中，第一代树枝状高分子柔性高且其构象易受盐的影响，而第二代树枝状高分子则表现出半柔性棒的性质；Ryder 和 Yeomans[18] 利用珠簧链模型分子模拟技术发现了稀溶液中半柔性高分子链在剪切场下构象的变化规律，即随着剪切速率的增加，高分子链在剪切方向被拉伸，而在其他两个方向则收缩；Morris 等 [19] 通过研究一系列不同制备条件（如温度、存储时间等）下不同分子量的壳聚糖样品的形貌，发现壳聚糖的构象都符合半柔性棒的模型。

（三）带电体系

由于长程静电相互作用的存在，即使聚电解质链是以单链状态分布于稀溶液中，其构象研究在理论和实验上均具有挑战性。一些在中性高分子稀溶液研究中广泛使用的研究手段，如光散射技术 [20] 和脉冲梯度场核磁共振（pulsed field gradient nuclear magnetic resonance，PFG-NMR）技术 [21, 22]，在聚电解质稀溶液构象的实验研究中都有其局限性，甚至对同样的体系测量会得到不同的结果。这主要源于聚电解质链之间的长程静电相互作用，只有在链间距超过德拜长度后才可以忽略，而此时溶液浓度要远低于测量所需的最低浓度。为了克服这些传统研究手段不足所带来的困难，一方面人们致力于新型检测技术的开发。例如，近年发展起来的荧光相关光谱技术 [23] 由于具有探测极限浓度低（比光散射技术低三个数量级左右）和所需高分子链的长度短（最小聚合度约为 50）等优点，在聚电解质稀溶液构象学研究中开始发挥重要作用。另一方面，鉴于计算机模拟能够有效地描述聚电解质分子链的微观图像，人们借助计算机模拟开展稀溶液中聚电解质构象的研究。其中代表性的工作如下：Liao 等[24]采用粗粒化分子动力学模拟，发现稀溶液中聚电解质链呈现为以 Blob 排列而成的棒状构象，而且主链中部静电相互作用要强于链末端；Carrillo 和 Dobrynin[25]通过全原子分子动力学模拟，发现随着链内磺化基团含量的升高，聚电解质链由塌缩构象变为伸展构象；Cong 等[26]利用结合 Martini 粗粒化力场的分子动力学模拟，研究了聚苯乙烯磺酸钠链在水溶液中的构象变化，发现提高磺化度，聚电解质链构象由珠链转变为棒状，且改变磺化点的分布也会影响构象的变化。

与无盐溶液相比，外加盐缩短了德拜长度，并影响主链内部带电基团之间的相互作用，而且当外加盐浓度超过某个临界值后，可以忽略聚电解质链间的静电相互作用。因此，传统的散射技术，如小角 X 射线散射[27]、小角中子散射[28]，均会存在其散射峰位置具有明显的盐浓度依赖性。由于散射强度的限制，用于散射研究的聚电解质链需要较大的聚合度，使得聚电解质短链的构象研究无法开展。上述问题制约了散射技术应用于盐溶液中聚电解质链构象学的研究。相反，借助计算模拟的优势，如实时跟踪分子链构象、电荷状态、离子分布等，聚电解质盐溶液的模拟研究取得了一定的成果[29-32]。例如，Kundagrami 和 Muthukumar[29]采用分子动力学模拟及两种不同的屏蔽理论，揭示了盐浓度与聚合度对聚电解质链回转半径的影响规律；Hsiao 和 Luijten[30]则在模拟中观察到，随外加盐浓度的升高，聚电解质链构象发生伸展－塌缩－伸展的转变。但我们也注意到，在这些模拟中，由于受到计算量的限制，模拟工作局限于短聚电解质链体系，这也使得模拟结果难以与实验结果比较。

（四）构象转变

线团－塌缩球转变是指高分子单链由舒展线团状构象转变为致密的塌缩球状构象的过程。Stockmayer[33]首次基于平均场理论预言：在高分子稀溶液中，当高分子单体之间的吸引力足够强时，高分子链段间将发生凝聚，单个高分子链从松散的无规线团转变为致密的高分子塌缩球。线团－塌缩球转变研究不但具有重要的理论意义，而且有助于揭示蛋白质失活的物理机制，吸引了许多科学家的兴趣。在实验中，人们采用激光光散射技术，在诸多高分子体系中观察到高分子单链的线团－塌缩球转变[34]。在理论上，德热纳预言当分子量很大时高分子链的线团－塌缩球转变为一级构象转变，且分子量越大，其转变温度越接近 θ 温度（高分子溶液排除体积等于零时的温度）[35]。

Connolly 等 [36] 采用蒙特卡罗方法，对两亲性星形嵌段共聚物稀溶液进行了研究，总结出支链上亲水/疏水单体位置分布对其在极性溶剂中疏水片段塌缩和亲水片段伸展的影响规律及整链结构的调控机制。Dasmahapatra 等 [37] 利用动态蒙特卡罗方法，模拟了遥爪星形高分子和 H 形高分子在稀溶液中的行为，阐明了改变温度和溶剂性质条件下，这两种高分子单链发生塌缩转变的机制及塌缩球数目与臂数和臂长的关系。

（五）外场和受限

溶液流经表面都会发生剪切，宏观流变学性质（如流动依赖的黏度、法向应力等）都与微观的高分子链状态有关，故剪切场下高分子稀溶液的研究有一定的实际应用背景，并受到广泛关注。尤为值得一提的是，Smith 等 [38] 首次采用荧光显微单链成像技术，研究了单根柔性高分子链在剪切场下的构象变化，发现高分子链在剪切过程中会出现多种构象，如哑铃形、半哑铃形、扭曲状和折叠状。荧光显微技术的发展为实验研究高分子单链的构象动力学奠定了坚实的基础。在模拟方面，Kröger 等 [39] 利用非平衡分子动力学模拟，明确了稳态剪切下高分子稀溶液中分子链的角动量与其均方回转半径张量的定量关系。Ryder 和 Yeomans[18] 采用珠簧链模型，模拟了柔性高分子和刚性高分子稀溶液的剪切变稀现象，发现刚性链的均方回转半径的涨落比柔性链更大。Jose 和 Szamel[40] 采用布朗动力学模拟，研究了在稳态剪切场下高分子链的非对称行为，如高剪切区中均方回转半径与均方末端距自相关函数的振荡部分，证明了高分子链在剪切下表现出翻滚及膨胀－压缩等非对称行为。同样采用布朗动力学模拟,Usta 等 [41] 发现，对于线形聚乙烯稀溶液体系，在低剪切速率下，分子链末端距服从高斯分布；在高剪切区域，分子链末端距的分布会随着剪切速率的增加而变宽。Zhou 和 Schroeder[42] 采用实验和模拟相结合的方法，研究了单链 DNA 分子在拉伸流中的动力学行为，发现在魏森贝格（Karl Weissenberg）数等于 4.3 的大幅拉伸流中，分子链的平均拉伸程度可以达到 0.8，而在魏森贝格数等于 4.3 和底波拉（Deborah）数等于 0.45 的大幅振荡拉伸流中，分子链的平均拉伸程度只有 0.3；并通过功率谱密度解析出分子链的取向角达峰值和拉伸程度达峰值时的剪切条件。

随着微纳米技术的发展，高分子稀溶液体系在受限条件下的分子链构象学因与诸多应用（高分子链在纳米管道中的运输、单分子加工与检测和单分子器件等）密切相关，受到越来越多的关注。例如，Hsieh 等 [43] 利用荧光显微镜，研究了在狭缝状受限体系中离子对 DNA 构象的影响，指出有效半径和持续长度是DNA构象变化的主要驱动力。进一步，Tang等[44]还研究了在狭缝状纳米通道内狭缝高度对DNA单链构象的影响。

二、关键科学问题

本领域的主要关注点在于研究稀溶液和极稀溶液中的高分子链构象。由于研究体系自身的复杂性和外界化学环境的差异性，高分子链构象受到高分子链的拓扑结构、柔性、外场作用、溶剂性质和温度等影响。因此，揭示这些因素作用下分子链构象转变规律和转变动力学，具有重大理论意义和应用价值。当前，亟须解决的关键科学问题如下。

（1）稀溶液中不同拓扑结构高分子链的构象。

（2）稀溶液中半柔性高分子链的构象。

（3）稀溶液中高分子链构象转变的机制。

（4）稀溶液中聚电解质链的构象。

（5）非平衡态下高分子链的构象。

这些问题的解决有利于建立高分子链结构及其属性与构象性质之间的关系、明晰构象转变的机制和调控机制作用规律，对发展高分子稀溶液理论、研制新型智能响应材料、优化高分子材料加工成型、认识人类的生物功能和生物进程具有重要的现实意义。

三、重要研究内容

（1）在各种不同拓扑结构的高分子链构象研究中，线形链高分子被研究得最为深入，并建立了链尺寸与聚合度的标度关系，而关于其他非线形拓扑结构链的研究还较缺乏，尤其是具有复杂拓扑结构的高分子链，如蝌蚪形、复杂支化高分子等。因此，需要采用实验、理论和模拟相结合的方法，系统研究不同拓扑结构的高分子链在稀溶液中的构象性质，以期建立拓扑结构与构象之间的关系，为以构象性质为目标的高分子链结构的定向设计提供指导。

（2）对于半柔性高分子链构象的研究主要包括两个方面：首先是高分子链（尤其是非线形高分子链）的柔性对构象的影响，相关研究将有助于优化高分子链的设计。其次是DNA构象的研究，由于DNA在生物学和实际应用中的重要意义，其一直是研究的前沿领域。因此，系统研究溶剂、离子价态、盐浓度和链长等不同因素对DNA在稀溶液中构象的影响规律及其机制，不仅可以加深对生命过程的认识，还有助于实现对生命过程的调控。

（3）深入研究高分子链构象转变的过程，理解转变机制及关键调控因素，以实现对构象转变过程的精确调节。理解构象转变过程有助于解释一些生命及物理现象（如蛋白质折叠和变性等），对设计智能响应材料具有十分重要的指导意义。

（4）聚电解质广泛存在于生命体内，在实际应用领域扮演着不可或缺的角色。因此，系统研究聚电解质在稀溶液中构象变化及控制因素具有重要意义。由于长程静电作用的存在，聚电解质通常表现出与中性高分子体系截然不同的行为，原用于中性高分子体系研究的经典理论与模型将不再适用，需要建立合理有效的理论模型。

（5）在实际的加工成型和应用中，高分子链通常会经历非平衡态，这必然会影响高分子链的构象，进而影响其物理与化学性质，导致基于平衡态进行的预测不再适用。因此，需要对非平衡态下高分子链的构象变化及其影响因素加以深入研究。

四、发展思路与目标

通过对稀溶液中高分子链构象研究的重点支持，经过5～10年的努力，解决一些高分子链构象学的重要问题，实现以下目标：①建立针对不同拓扑结构高分子链的构象学理论模型及构象与性质之间的关联；②揭示分子链刚性对高分子链构象的影响机制，实现分子链柔顺性的定向设计以获得预期的构象；③阐明构象转变的机制，明晰构象转变的影响因素及作用机制，为智能响应材料（如温控、光控材料等）的制备提供指导；④揭示聚电解质链自身属性和外界环境（如离子价态、强度和盐浓度等）对其构象性质的影响规律及动力学机制，建立聚电解质链构象的理论模型，预测不同条件下聚电解质链的构象特征，为深入认识生命科学中带电体系复杂行为提供理论基础；⑤研究非平衡态下高分子链构象，澄清外场作用机制，实现对高分子材料加工成型与实际应用的精准指导。

五、短板与优势

虽然我国高分子稀溶液构象学的研究起步相对较晚，但是通过研制先进实验技术手段和开发有效模拟方法，我国学者近年来在稀溶液高分子构象学的相关领域开展了具有特色的研究，做出了许多具有国际影响的原创性工作，具体如下。

（一）不同拓扑结构高分子链的构象

针对当前支化、超支化和环形等复杂拓扑结构的高分子链在稀溶液中构象研究相对匮乏的问题，我国学者开展了深入的研究工作，不仅揭示出拓扑结构对链尺寸的影响规律，还建立了响应的标度关系。例如，实验上，吴奇和张广照等[45]利用激光光散射，在很宽的温度范围内开展了链尺寸标度关系的研究，重新标定了线形链在稀溶液中均方回转半径（R_g）和流体力学半径（R_h）的标度关系；并发现 R_g 符合热球（thermal Blob）理论，而该理论由于忽略了流体力学相互作用和链的疏水作用则不适用于描述 R_h。李连伟和卢宇源等[46]利用激光光散射和理论计算，研究了支化高分子在良溶剂中的 R_g 和 R_h 尺寸与分子量之间的标度关系。模拟上，孙昭艳和安立佳等[47,48]利用分子动力学模拟，研究了在良溶剂中线形、环形、三臂支化和蝌蚪形高分子的单链构象，发现在聚合度相同的情况下，线形链尺寸最大而环形链尺寸最小；蝌蚪形高分子链随着聚合度的增加，其构象行为由线形转变为环形。

（二）半柔性高分子链的构象

半柔性高分子链 DNA 的构象除受自身特性（如链长等）的影响外，还受诸多周围化学环境因素（如溶液中的离子价态、溶剂性质和盐浓度等）的影响。国内学者深入系统地研究了这些因素的影响规律，揭示了其作用机制。例如，实验上，钱林茂等[49]利用原子力显微镜，研究了氯化钠（NaCl）浓度对 DNA 构象的影响，发现随着 NaCl 浓度的降低，DNA 分子构象变得更加伸展；进一步，他们还发现随着 DNA 链长逐渐增加，DNA 分子链构象更加伸展[50]。黄再兴等[51]利用超薄弹性棒模型，研究了离子浓度对 DNA 在盐溶液中构象的影响，发现构象变化主要源于界面能和 DNA 自身弹性能的竞争。

（三）高分子链的构象转变

高分子链构象转变的内在机制尚未明晰且影响因素众多，国内学者深入研究了典型高分子单链体系的线团 - 塌缩球构象转变的动力学和热力学特征，以及高分子链的拓扑结构、氢键和溶剂组成的影响机制。例如，刘世勇等[52]利用激光光散射技术，研究了线形和环形聚*N*-异丙基丙烯酰胺［poly(*N*-isopropylacrylamide)，PNIPAM］在稀溶液中的构象，发现对于线形链，因为升温过程中链内收缩和链间的渗透/缠结同时发生，所以相比于环形链，线形链具有更大和更紧密的塌缩球结构。进一步，吴奇和张广照等[53]研究了氢键对稀溶液中高分子链构象转变的影响，发现没有氢键供体位点的聚 *N*, *N*- 二乙基丙烯酰胺［poly(*N*, *N*-diethylacrylamide)，PDEAM］也可以发生线团－塌缩球－线团的构象转变，只是转变不尖锐且所形成的塌缩球也更加松散。赵江等[54, 55]利用荧光相关光谱，研究了中性高分子 PNIPAM 在混致不溶（cononsolvency）过程中发生的构象转变，发现 PNIPAM 的线团－塌缩球的构象转变在经过紫外光照射之后，转变温度提高了 12℃。

（四）聚电解质

开展聚电解质链构象研究存在实验技术和模拟方法的挑战。一方面，由于带电链之间的长程静电耦合，散射技术难以对单分子链构象进行观测；另一方面，传统的蒙特卡罗模拟方法由于低温抽样率低，难以模拟构象转变过程。我国学者不仅研制了单分子荧光显微镜和荧光相关光谱技术，实现了在极稀溶液中聚电解质单链的构象行为观测和流体力学半径的测量，还通过发展并行退火蒙特卡罗模拟方法开展了强聚电解质单链在良/不良溶剂中构象转变的研究。这些研究揭示了链长、反离子价态、疏水作用和温度等的影响规律，建立了链尺寸与分子量之间的标度关系和相图，澄清了聚电解质单链构象转变的相变属性。例如，在实验上，赵江等[56]利用荧光相关光谱，研究了不同价态的反离子对聚电解质单链聚苯乙烯磺酸钠（sodium polystyrene sulfonate，NaPSS）收缩和重新膨胀行为的影响。进一步，他们又利用荧光相关光谱，研究了 NaPSS 和季铵化聚四乙烯吡啶（quarternized poly-4-vinylpyridine，QP4VP）在不加盐的水溶液中的构象，得到 NaPSS 和 QP4VP 的流体力学半径 R_h 与分子量之间的标度关系，发现了类似于棒状构象的标度指数 0.7 和 0.86[57]。在模拟上，李宝会等[58, 59]采用并行退火蒙特卡罗模拟，研究了强带电的聚电解质单链在良溶剂中的构象转变，发现了在降温过程中发生的两个相转变：第一个为连续反离子凝聚，第二个为线团－塌缩球的一级相转变，解决了长期以来理论与模拟之间关于构象转变是否属于一级相变的争论问题。进一步，他们又研究了在不良溶剂中聚电解质单链的构象转变问题，发现链长、疏水作用和温度是影响链构象的重要参数，并且得出项链态结构是稳定态及不同链珠数目的项链态之间构象转变也具有一级相变特征等重要结论[60]。张平文等[61]利用变分方法，计算了聚电解质链在低盐不良溶剂中的构象相图，并且与经典项链模型的标度进行了对比，验证了不良溶剂中的项链模型。

（五）非平衡态

针对当前缺乏对环形高分子链非平衡态下构象转变的研究，而环形高分子链又是质粒 DNA 的理想模型这一事实，国内学者开展了剪切流下环形链相关研究工作，为理解高分子稀溶液的宏观流变性质提供了参考。例如，陈继忠等[62-64]将多粒子碰撞动力学和分子动力学模拟方法耦合，研究了剪切场下不同链刚性的环形高分子链在稀溶液中构象的变化规律，发现施加剪切场后，半柔性环形高分子在速度梯度方向发生了微弱变形和取向，在涡流方向与线形链的行为相似。

总之，我国学者在高分子稀溶液构象学研究方面已做出系列有国际影响的创新成果，但该领域仍然有大量的关键科学问题尚待解决。与国际同行相比，我国在开拓新的理论研究方法方面差距明显，且理论研究力量有待加强。

（撰稿人：郭洪霞；中国科学院化学研究所）

第二节　高分子单链动力学

一、概述

高分子稀溶液是高分子科学关注的重要研究体系之一。高分子溶液的特性黏度与高分子单链的扩散性质是反映高分子稀溶液中分子链内摩擦性质的重要物理量，也是表征高分子链分子量、链尺寸和链拓扑结构的特征量[65-68]。因此，高分子稀溶液一直受到高分子物理化学家和凝聚态物理学家的广泛关注[65-68]，他们提出的许多理论增进了人们在分子水平上对高分子的理解，同时也促进了高分子链结构研究的进展[67-87]。然而，从高分子单链动力学角度理解高分子的特性黏度与扩散性质等仍是高分子物理领域的重要难题之一[66]。下面对高分子单链动力学的发展历史进行简单的回顾。

早期，爱因斯坦成功计算了悬浮胶体粒子溶液的黏度[69]，但高分子无规线团不能简单地被视为溶剂不可穿越的胶体球。这是由于溶剂在穿越高分子链无规线团内部时，受到高分子链段的复杂多体流体力学相互作用和屏蔽效应。为了解决这个难题，德拜[70]和Brinkman[73, 74]把高分子链无规线团看成链段均匀分布的线团，并基于该模型定性地得到高分子溶液的一些重要性质，但是他们过度简化了链段的密度分布情况，所以很难定量地计算高分子溶液的性质。Wiegel和Mijnlieff[85]在德拜[70]和Brinkman[73, 74]的基础上，考虑了链段密度的非均匀分布性，引入仅与局域密度相关的渗透率函数，提出了线形和星形高分子的特性黏度与扩散理论。然而，从物理原理上理解，渗透率函数应是链段密度分布的泛函，使得Wiegel的方法[85]无法考虑溶剂穿越无规线团的长程累积效应。此外，Wiegel的理论[85]处理把链段简化成点粒子，即没有考虑链段的体积效应，从而无法计算超支化高分子的特性黏度与扩散系数等物理量。

目前对高分子特性黏度与扩散性质的理解都是基于柯克伍德－瑞斯曼理论（Kirkwood-Riseman theory）[75]或劳斯－齐姆理论（Rouse-Zimm theory）[76, 78]。尽管这些理论对线形高分子提供了较好的描述，但它们只能处理远场的二体流体力学相互作用，并把所有的链段视为摩擦点粒子，从而不能定量地描述链段体积分数较大的超支化高分子的特性黏度与扩散系数。de la Torre等[88]在柯克伍德－瑞斯曼理论[75]基础上，加入高分子链段的体积项（在真实体积的基础上乘了一个0～1的矫正因子），使他们的理论与实验结果吻合，但是该理论仍然没有考虑多体效应和屏蔽效应。更重要的是，从物理图像上看，体积矫正因子应该大于1，因为高分子无规线团的“有效体积”应为其真实体积与被其携带的溶剂体积之和。针对以上物理难题，卢宇源和安立佳等与王振纲合作[89, 90]提出了高分子链部分穿透球模型，推导出任意拓扑结构高分子的特性黏度理论公式，有效地处理了多体流体力学相互作用和长程累积效应，从而建立了高分子稀溶液特性黏度计算的普适性理论。

二、关键科学问题

（一）高分子稀溶液中单链内部链段间多体流体力学相互作用

与牛顿力学中的“质点”和静电学中的“点电荷”类似，劳斯模型[76]是高分子动力学中物理图像清晰、数学推导简单的奠基性模型之一。然而，它忽略了链段间的流体力学相互作用、链段本身的体积及链段的不可互穿性等高分子链的基本特性，使其预测结果定量上与实验值存在较大的偏差。为了描述高分子稀溶液的流体动力学性质，齐姆等[78, 79]巧妙地把高分子链－溶剂间的复杂多体流体力学相互作用简化成二体流体力学相互作用，成功处理了线形高分子稀溶液的一系列性质，理论结果与实验结果定量吻合。例如，对于 θ 溶液（高分子链排除体积为零的溶液），特性黏度 $[\eta]\sim N^{0.5}$；对于良溶液，$[\eta]\sim N^{0.8}$。然而，对于具有复杂拓扑结构的高分子链（如超支化高分子），往往由于其无规线团内部的多体流体力学相互作用不能被忽略，齐姆模型[78, 79]很难描述其动力学性质，如均方回转半径、流体力学半径、黏度半径彼此之间不存在简单的正比关系。这也意味着，基于二体流体力学相互作用的高分子稀溶液理论框架在解决支化度较高的高分子动力学性质时存在无法逾越的困难。为了解决支化高分子特性黏度这个难题，克服多体流体力学相互作用问题处理带来的困难，卢宇源、安立佳和王振纲等[89, 90]提出了基于多体流体力学相互作用的高分子链部分穿透球模型，基于第一性原理，结合爱因斯坦扰动耗散理论[69]和德拜转动耗散理论[70]，首次推导出任意拓扑结构高分子特性黏度的普适性理论公式；通过引入平均场的泄水函数和携水函数，有效地处理了多体流体力学相互作用和长程累积效应，避开了数学和物理学至今无法处理的多体问题，建立的特性黏度理论能够定量地预测线形、星形、支化、超支化和树枝形等不同拓扑结构高分子的特性黏度。尽管如此，该理论仍然是一个近平衡态的平均场理论，还不能给出扩散系数、沉降系数等重要动力学物理量的理论描述。因此，有效处理单链内部链段间多体流体力学相互作用仍然是高分子稀溶液亟待解决的关键科学问题之一。

（二）强剪切或拉伸场下链构型与溶液性质之间的关系

外场及流体力学相互作用能够显著地改变高分子链的结构和动力学行为，结构和动力学的改变反之也会进一步影响高分子链周围的外场和流体力学相互作用。作为高分子物理领域至关重要的研究题目之一，这种复杂的耦合效应广泛地应用于超滤分离、基因测序和湍流减阻等多个领域。尽管已经有大量的工作对这种耦合效应进行了研究，但是高分子链对于大剪切率的动力学响应鲜有报道。近年来，人们在模拟和实验中发现，随着剪切率的增加，高分子链甚至会出现与传统模型预测完全相反的现象，即链尺寸随剪切速率的增加而减小的现象，且其剪切诱导压缩的机制不清楚。卢宇源和安立佳等[91]采用分子动力学和多粒子碰撞动力学耦合的方法，研究了线形、环形高分子链在不同剪切速率下的动力学行为，发现了高分子链的系列独特运动模式，高分子链尺寸对剪切速率存在非单调变化关系。目前，该研究还无法拓展到超高剪切速率（湍流区域）和其他拓扑结构的高分子体系，因此强剪切或拉伸场下链构型与溶液性质之间的关系还有待进一步的深入研究。

三、重要研究内容

高分子单链模型在高分子物理学发展史上扮演着举足轻重的角色。多体流体力学相互作用和长程累积效应被引入高分子单链模型中，很好地处理了不同拓扑结构高分子的特性黏度问题，使得单链模型得到进一步的发展与完善。本节重点介绍高分子单链动力学的三个代表性模型——劳斯模型[76]、齐姆模型[78, 79]和部分穿透球模型[89, 90]。具体安排如下：首先，介绍无流体力学相互作用的劳斯模型[76]，简化推导其动力学方程，给出扩散系数、应力及黏度的结果，并将劳斯模型[76]扩展到短链高分子熔体或浓溶液，推导出其对应的流变性质；然后，介绍考虑二体流体力学相互作用的齐姆模型[78, 79]，讨论二体流体力学相互作用对高分子链扩散及溶液黏度等性质的影响；最后，阐述部分穿透球模型[89, 90]，给出描述不同拓扑结构的高分子链特性黏度普适性理论公式的推导过程，期望能够加深本领域的同仁对高分子单链动力学的理解与认识。

（一）劳斯模型

在稀溶液中，高分子链的动力学行为由两部分作用力控制。第一部分是链内的“熵弹力”$\boldsymbol{f}$[67, 68]。如果高分子链上两点间的均方距离Δr^2远小于高分子链的均方末端距$\langle R_e^2 \rangle$，那么，

$$\boldsymbol{f} = k\Delta\boldsymbol{r} \qquad k = \frac{3k_B T}{b^2} \tag{2-1}$$

其中，k为熵弹系数；k_B为玻尔兹曼常量；T为热力学温度；b^2为高分子链段的均方末端距。从上式可以看出，与普通弹簧不同，随着温度的升高，熵弹力将逐渐增大。第二部分是周围溶剂对高分子链的“黏性耗散力”（包括黏滞阻力和随机力）[68, 92]。严格地说，溶剂对高分子链的作用力不仅取决于链段本身的结构，还取决于溶剂的化学结构。然而，如果关注的时间尺度远大于其链段内局域运动的时间尺度，那么可以忽略溶剂具体化学结构的影响，进而把高分子链进行粗粒化处理。其中一个最具代表性的模型就是劳斯提出的“珠簧链模型”[76]。该模型假定：①高分子链是理想链，珠子间不存在排除体积效应；②溶剂为静止流体，高分子链移动不带动周围溶剂一起运动；③珠子与溶剂间的摩擦为点摩擦（即珠子本身的体积可以忽略），每个珠子

的摩擦系数相同，且不计珠子间的流体力学相互作用；④珠子之间通过弹性系数相同的熵弹簧连接，但是对高分子链的运动没有拓扑约束特性，即高分子链运动时，珠子之间的弹簧可以相互自由交叉。

从劳斯模型[76]的假定可以看出，虽然这个模型简单，但是它同时考虑了上述弹性力和黏性力。因此，仍然可以给出高分子链的一些重要性质。假定高分子链由 N 个链段（链珠或珠子）构成，其坐标依次为 $\boldsymbol{R}_1$，$\boldsymbol{R}_2$，…，$\boldsymbol{R}_N$。当链段在溶剂中做布朗运动时，每个链段同时受到三个作用力，即链段间的熵弹力、黏滞阻力（斯托克斯力）和周围环境的随机力。由涨落－耗散定理[68]可知，与摩擦系数相关的随机力的一阶矩为零，二阶矩满足[93]：

$$\left\langle f_{i\alpha}(t) f_{j\beta}(t')\right\rangle = 2\zeta_0 k_{\mathrm{B}} T \delta_{ij}\delta_{\alpha\beta}\delta(t-t') \tag{2-2}$$

其中，α，$\beta = x$，y，z；δ_{ij} 为克罗内克算符，即当 $i=j$ 时，$\delta_{ij}=1$，当 $i\neq j$ 时，$\delta_{ij}=0$；$\delta(t-t')$ 为狄拉克（Dirac）函数，在除了零以外的点取值都等于零，而其在整个定义域上的积分等于 1。式（2-2）的物理意义是：随机力具有取向随机性，且不同时刻具有统计独立性。因为高分子链段的位置弛豫时间远长于其动量弛豫时间，所以可以忽略牛顿方程中的惯性项。因此，朗之万方程的连续空间坐标形式为

$$\zeta_0 \frac{\partial \boldsymbol{R}_n}{\partial t} = k\frac{\partial^2 \boldsymbol{R}_n}{\partial n^2} + \boldsymbol{f}_n \tag{2-3}$$

边界条件为

$$\left.\frac{\partial \boldsymbol{R}_n}{\partial n}\right|_{n=0} = 0,\quad \left.\frac{\partial \boldsymbol{R}_n}{\partial n}\right|_{n=N} = 0 \tag{2-4}$$

为了求解方程（2-3），需引入简正坐标进行解耦合处理［即对方程（2-3）进行傅里叶余弦变换］：

$$\boldsymbol{X}_p \equiv \frac{1}{N}\int_0^N \mathrm{d}n \cos\left(\frac{p\pi n}{N}\right)\boldsymbol{R}_n(t) \qquad p=0,1,2,\cdots \tag{2-5}$$

其中，p 被称为简正模式，即劳斯模式（Rouse modes）；$\boldsymbol{X}_p$ 为所有链段真实坐标 $\boldsymbol{R}_1$，$\boldsymbol{R}_2$，…，$\boldsymbol{R}_N$ 的线性组合函数，即代表 p 模式在倒空间中的坐标。劳斯模式可以形象地通过弦振动模式类比。不同的是，$p=0$ 所对应的劳斯模式代表整条链的运动行为，$p=1$ 所对应的劳斯模式代表半条链的运动行为，以此类推；而弦振动模式不存在 $p=0$ 的模式，其他模式与劳斯模式非常相似。τ_p 为 p 模式的松弛时间，可表达为

$$\tau_p = \frac{\zeta_p}{k_p} = \frac{\zeta_0 N^2 b^2}{3\pi^2 p^2 k_B T} \qquad \zeta_p=2N\zeta \tag{2-6}$$

p 值较小时，p 模式的松弛时间较长，所描述的扩散移动的尺度也较大。可以证明，τ_1 为高分子链末端矢量相关函数松弛到 $1/e$ 所对应的最长松弛时间。在线性区，该时间也为高分子链在发生形变后，恢复到平衡尺寸所需要的时间[67, 68]。因为这个松弛时间具有特殊的物理意义，所以称其为劳斯松弛时间，并记为

$$\tau_R = \frac{\zeta_0 N^2 b^2}{3\pi^2 k_B T} \tag{2-7}$$

另外，可以用 0 模式来表征高分子链的质心（$\boldsymbol{R}_G$）：

$$\boldsymbol{R}_G \equiv \frac{1}{N}\int_0^N \mathrm{d}n\boldsymbol{R}_n = \boldsymbol{X}_0 \tag{2-8}$$

根据爱因斯坦公式[67, 68]，可获得劳斯模型中的自扩散系数（D_R），即

$$D_R = \lim_{t\to\infty}\frac{1}{6t}\left\langle [R_G(t) - R_G(0)]^2\right\rangle = \frac{k_B T}{N\xi} \tag{2-9}$$

这样，高分子链的松弛时间和自扩散系数与链长的标度关系为

$$\tau_R \sim N^2,\ D_R \sim N^{-1} \tag{2-10}$$

对于简单剪切，当剪切速率 $\dot{\gamma}$ 较小时，高分子稀溶液的应力可以看成溶剂贡献与高分子链贡献的简单叠加，根据玻尔兹曼叠加原理[67]：

$$\sigma_{xy}(t) = \eta_s\dot{\gamma}(t) + \int_{-\infty}^{t} G(t-t')\dot{\gamma}(t')\,\mathrm{d}t' \tag{2-11}$$

其中，η_s 为溶剂的黏度；$G(t)$ 为剪切模量。当剪切速率 $\dot{\gamma}$ 为常数时，由式（2-11）和牛顿黏滞公式可知，体系的黏度为

$$\eta = \eta_s + \int_0^{\infty} G(t)\,\mathrm{d}t \tag{2-12}$$

从式（2-12）可以看出，随着高分子链的加入，溶液的黏度会逐渐增加。为了表征高分子链对溶液黏度的影响，通常以特性黏度（intrinsic viscosity）来表征这一性质[66-68]。其定义为高分子稀溶液浓度外推至 0 时，溶液黏度的增量与溶液浓度和溶剂黏度乘积的比值，即

$$[\eta] = \lim_{c\to 0}\frac{\eta - \eta_s}{c\eta_s} \quad 或 \quad \lim_{\rho\to 0}\frac{\eta - \eta_s}{\rho\eta_s} \tag{2-13}$$

其中，c 为单位体积中的链段数；ρ 为单位体积中高分子的质量，两者的关系为 $\rho=\dfrac{cM}{NN_{\mathrm{A}}}$（$N_{\mathrm{A}}$ 为阿伏伽德罗常量）。在实际应用中，人们常采用马克－豪温克方程（Mark-Houwink equation）（简称 MH 方程）[66-68] 来表征特性黏度与分子量之间的关系：

$$[\eta]=K_{\mathrm{M}}M^{\alpha} \tag{2-14}$$

其中，M 为高分子链的摩尔质量（正比于链段数 N）；K_{M} 和 α 被称为 MH 常数，受溶剂、溶质种类、温度等因素影响。对于线形链 [67]，θ 溶剂中的 α 值约为 0.5，良溶剂中的 α 值为 0.7～0.8。严格推导可得劳斯模型的特性黏度表达式

$$[\eta]=\frac{N_{\mathrm{A}}}{M\eta_{\mathrm{s}}}\frac{N^2b^2\zeta_0}{6\pi^2}\sum_{p=1}^{\infty}\frac{1}{p^2}=\frac{N_{\mathrm{A}}}{M_0\eta_{\mathrm{s}}}\frac{Nb^2\zeta_0}{36}\propto N \tag{2-15}$$

针对高分子短链流体（熔体或浓溶液），Bueche[94] 几乎与劳斯 [76] 在同一时期提出了非常相似的理论。该理论指出：因为高分子流体的黏度非常大，任意链段扰动所引起的速度场都会迅速衰减，所以可以忽略链段间的流体力学相互作用，即可以用劳斯模型 [76] 来描述非缠结高分子流体的动力学行为。因此，文献中常把高分子流体中的劳斯动力学理论称为 Bueche-Rouse 理论 [95]。Fatkullin 等 [96] 针对上述问题，还详细讨论了劳斯模型 [76] 可应用于短链高分子流体体系的物理机制。然而，当链长较短时，由于链末端效应，链段的摩擦系数并非定值，只有当链足够长时，末端效应才可以被忽略。在高分子流体中，当剪切速率不够大时，可以忽略黏性应力的贡献 [68]，即只考虑高分子链本身对应力的贡献，因此其黏弹模量与劳斯模型 [76] 中的模量一致。另外，摩擦系数还与温度相关，因而摩擦系数的符号通常采用 ζ。虽然劳斯模型 [76] 建立的时间很早，但是对该模型的研究及发展却没有停止。例如，Hsü 和 Schümmer[97] 通过拉普拉斯（Laplace）变换，给出了拉伸流场下劳斯模型 [76] 的应力张量表达式；Freire 和 de la Torre[98] 及 Fesciyan 等 [99] 还分别给出了劳斯模型 [76] 散射函数的理论表达式；王十庆等 [100] 利用重整化群理论，重新计算了劳斯模型 [76] 的扩散系数和特性黏度，获得了精度较高的理论值。此外，还有一些学者将劳斯模型 [76] 进一步拓展到半稀溶液 [101]、静电相互作用体系 [102] 和恒定外力场的体系 [103]。

（二）齐姆模型

在稀溶液中，粒子运动会带动其周围溶剂一起移动，作用于溶剂的黏性力随距离 r 的增加而递减，但衰减速率较慢[68]。通常把由于一个粒子运动而带动其周围溶剂和其他粒子运动的远程作用称为流体力学相互作用（hydrodynamic interaction）[66-68, 79]。在柯克伍德－瑞斯曼理论[75]和劳斯模型[76]的基础上，齐姆等[78, 79]引入该作用，得到与实验结果较一致的一系列物理量的表达式，如扩散系数和松弛时间等。在此首先介绍流体力学相互作用，然后讨论 θ 溶液及良溶液条件下齐姆模型[78, 79]的结果。

斯托克斯指出一个半径为 R_s 的球形粒子，在黏度为 η_s 的牛顿流体中运动时，该粒子受到的作用力大小与速率成正比，该比例系数 $\zeta = 6\pi\eta_s R_s$，称为摩擦系数。爱因斯坦将该系数与粒子的扩散系数 D 相联系，即将动量扩散与能量耗散相联系，获得 $D = k_B T/\zeta$。两式联立即可得到经典的爱因斯坦－斯托克斯方程[67, 68]：

$$D = \frac{k_B T}{6\pi\eta_s R_s} \tag{2-16}$$

如果稀溶液中存在 N 个球形粒子，坐标为 $\boldsymbol{R}_1$，…，$\boldsymbol{R}_N$，承受的作用力分别为 $\boldsymbol{F}_1$，…，$\boldsymbol{F}_N$。由于这些粒子间的运动通过流体力学相互作用耦合在一起，因此这些粒子受到的作用力不能简单地采用斯托克斯公式来表示，即任意粒子运动势必改变其周围溶剂的运动，进而影响其他粒子的运动。若只考虑粒子间的二体流体力学相互作用，那么第 n 个粒子的速度将表示为[68]

$$\boldsymbol{V}_n = \sum_m \boldsymbol{H}_{nm} \cdot \boldsymbol{F}_m \tag{2-17}$$

其中，$\boldsymbol{H}_{nm}$ 为运动矩阵（mobility matrix），表示第 m 个粒子的运动如何通过溶剂影响第 n 个粒子的速度。当溶液足够稀时，粒子的速度仅与其自身所承受的作用力相关，进而 $\boldsymbol{H}_{nm}$ 将退化为对角矩阵，$\boldsymbol{H}_{nm} = (\boldsymbol{I}/\zeta)\delta_{nm}$。

一般情况下，严格地求解运动矩阵非常困难。奥森基于纳维尔－斯托克斯方程给出了运动矩阵的一阶近似解[68]：

$$\begin{cases} \boldsymbol{H}_{nn} = \dfrac{1}{6\pi\eta a}\boldsymbol{I} \\ \boldsymbol{H}_{nm(n\neq m)} = \dfrac{1}{8\pi r_{nm}\eta}\left(\boldsymbol{I} + \dfrac{\boldsymbol{r}_{nm}\boldsymbol{r}_{nm}}{r_{nm}^2}\right) \end{cases} \tag{2-18}$$

其中，末端矢量 $\boldsymbol{r}_{nm} = \boldsymbol{R}_n - \boldsymbol{R}_m$；$\boldsymbol{I}$ 为单位矩阵。如果保留到三阶项，就得到

Ronte-Prager 张量[104]。

平衡态或近平衡态下，溶剂随高分子链无规线团一起运动时，速度涨落较小。因此，在求解纳维尔－斯托克斯方程时，可以忽略惯性项和速度涨落产生的非线性项[68]。又因为在稀溶液中，链段同时受到相邻链段的弹性力和周围溶剂的涨落力作用，所以考虑流体力学相互作用的朗之万方程可由式（2-17）直接获得[68]。在 θ 溶液条件下，高分子链满足高斯链性质，因而可得到类似式（2-3）的连续空间坐标形式的方程:

$$\frac{\partial}{\partial t}\boldsymbol{R}_n=\sum_m \boldsymbol{H}_{nm}\left[k\frac{\partial^2}{\partial^2 m}\boldsymbol{R}_m+\boldsymbol{f}_m(t)\right] \tag{2-19}$$

由于张量 $\boldsymbol{H}_{nm}$ 是 $\boldsymbol{r}_{nm}$ 的非线性函数，式（2-19）是 $\boldsymbol{r}_{nm}$ 的非线性微分方程，使得该方程不能进行解析求解。齐姆等[78, 79]为了将式（2-19）化为线性方程，在奥森张量的基础上，引入前置平均近似（preaveraging approximation），即利用 $\boldsymbol{H}_{nm}$ 在（近）平衡态条件下的平均值 $\langle\boldsymbol{H}_{nm}\rangle_{\text{eq}}$ 代替 $\boldsymbol{H}_{nm}$。值得指出的是，因为前置平均近似隐含了高分子无规线团具有球形对称性的假定，所以 $\left\langle\frac{\boldsymbol{r}_{nm}\boldsymbol{r}_{nm}}{r_{nm}^2}\right\rangle_{\text{eq}}=\frac{\boldsymbol{I}}{3}$，从而

$$\langle\boldsymbol{H}_{nm}\rangle_{\text{eq}}=\frac{\boldsymbol{I}}{6\pi\eta_{\text{s}}}\left\langle\frac{1}{|\boldsymbol{r}_{nm}|}\right\rangle_{\text{eq}} \tag{2-20}$$

因为链段的末端矢 $\boldsymbol{r}_{nm}$ 满足高斯分布，且链段的均方末端距为 $\langle r_{nm}^2\rangle=|n-m|b^2$，所以式（2-19）可转化为

$$\frac{\partial}{\partial t}\boldsymbol{R}_n=\sum_m h(n-m)\left[k\frac{\partial^2}{\partial^2 m}\boldsymbol{R}_m+\boldsymbol{f}_m(t)\right] \tag{2-21}$$

这样，就将非线性方程式（2-19）转化成线性方程式（2-21）。值得注意的是，$h(n-m)$ 衰减非常缓慢（$h\propto|n-m|^{-0.5}$），即齐姆模型[78, 79]中链段的流体力学相互作用具有长程性质，使得齐姆模型[78, 79]和劳斯模型[76]之间有了定性上的差异。又因为齐姆模型[78, 79]与劳斯模型[76]具有完全相同的简正变换形式，所以同理可知其在 θ 溶液条件下的高分子链质心扩散系数和松弛时间的表达式分别为

$$D_{\text{Z}}=\frac{k_{\text{B}}T}{\zeta_0}\propto N^{-0.5} \tag{2-22}$$

$$\tau_p = \frac{\zeta_p}{k_p} \propto N^{1.5} \tag{2-23}$$

当 $p=1$ 时，

$$\tau_Z = \tau_1 \propto N^{1.5} \tag{2-24}$$

如果把式（2-22）与经典的爱因斯坦－斯托克斯方程［式（2-16）］联立，并结合式（2-20），那么可以得到高分子链的流体力学半径（hydrodynamic radius）：

$$R_H = \left\langle \frac{1}{|\boldsymbol{r}_{nm}|} \right\rangle \tag{2-25}$$

在 θ 溶液条件下，$R_H = \dfrac{\sqrt{6\pi N b^2}}{16}$；流体力学半径与均方回转半径（root-mean-square radius of gyration）$R_g = \sqrt{\langle R_g^2 \rangle}$ 的比值 α_l 为：$\alpha_l = \dfrac{R_H}{R_g} = 0.665$。对于一个硬球，$\alpha_l = \sqrt{\dfrac{5}{3}} = 1.291$。值得注意的是，不同于以上推导过程，柯克伍德（Kirkwood）[105] 基于线性化近似（linearization approximation）首次推导出式（2-25），并将其应用于动态光散射实验中。

在良溶液条件下，高分子链并不满足高斯分布，即需考虑排除体积效应。设由排除体积效应引起的势函数为 [68]

$$U_{ex}(r) = 0.5 v k_B T \sum_{n,m} \delta(\boldsymbol{R}_n - \boldsymbol{R}_m) \tag{2-26}$$

其中，v 为排除体积。通过严格推导，可得高分子链质心扩散系数和松弛时间的表达式分别为

$$D_Z = \frac{k_B T}{\zeta_0'} \propto N^{-v} \tag{2-27}$$

$$\tau_p = \frac{\zeta_p'}{k_p'} \propto N^{3v} \tag{2-28}$$

当 $p=1$ 时，

$$\tau_Z = \tau_1 \propto N^{3v} \tag{2-29}$$

值得一提的是，虽然上述推导多次采用了前置平均近似，但是其结果与较严格的重整化群理论求算的结果标度指数完全相同，只有前置系数稍有差

别[78, 106]。因此，该近似在处理线形高分子链的稀溶液时具有较高的精确度。另外，由上面讨论可知，无论是在 θ 溶液条件下（$\nu=\frac{1}{2}$），还是在良溶液条件下（$\nu=\frac{3}{5}$），总有 $\tau_R>\tau_Z$。这意味着，齐姆链的松弛要快于劳斯链的松弛，其扩散运动也较快。主要原因是，在稀溶液中，齐姆运动比劳斯运动的摩擦阻力小；即在劳斯模型[76]中，溶剂可以自由地穿过高分子链无规线团（高分子链运动不拖拽溶剂分子）；在齐姆模型[78, 79]中，溶剂穿过无规线团时，总是受到高分子链的阻碍（在高分子链无规线团的内部，溶剂随高分子链一起运动）。

因为劳斯模型[76]和齐姆模型[78, 79]所对应的朗之万方程具有完全相似的形式，所以它们具有完全相似的形式解。因此，分别可以获得 θ 溶液和良溶液条件下齐姆模型[78, 79]的特性黏度[68]：

$$[\eta]\propto N^{0.5} \tag{2-30}$$

$$[\eta]\propto N^{3\nu-1} \tag{2-31}$$

与马克－豪温克方程［式（2-14）］对比，在劳斯模型中，MH 指数 $\alpha=1$。在齐姆模型[78, 79]中，θ 溶液条件下，$\alpha=0.5$；良溶液条件下，$\alpha=3\nu-1=0.8$[67]。此外，式（2-30）和式（2-31）也可以转化为经典的福克斯－弗洛里方程（Fox-Flory equation）[67, 68]：

$$[\eta]=\frac{\Phi_v}{M}(\sqrt{6}R_g)^3 \tag{2-32}$$

其中，Φ_v 为福克斯－弗洛里参数。在 θ 溶液中，齐姆模型[78, 79]所预言的福克斯－弗洛里参数 $\Phi_v=0.425N_A=2.56\times10^{23}$，与实验结果 2.5×10^{23} 非常接近[66]。然而，齐姆[79]通过更精确的计算发现：$\Phi_v=2.84\times10^{23}$。因此，上述定量吻合，在某种程度上是一种巧合。尽管如此，齐姆模型[78, 79]在描述线形高分子稀溶液方面还是具有极高的有效性的。此外，山川[66]指出，不同理论对该参数的预测范围在 2.2×10^{23}～2.87×10^{23}。

（三）部分穿透球模型

20 世纪 80 年代，高分子材料研究的重点转移到高附加值的功能材料，从而具有多末端官能团且容易功能化的高度支化高分子材料（包括树枝形高分子和超支化高分子等）应运而生且蓬勃发展[107-109]。因此，对这些材料性质进行相应的理论研究就显得尤为重要。其中，高分子特性黏度是表征分子量、链尺寸及链拓扑结构等性质的特征物理量 [66, 67]。但是，传统理论用简单的二体相互作用近似代替了高分子链与溶剂间的复杂相互作用，忽略了高分子链段本身的体积、链段间的多体屏蔽效应和长程累积效应 [68]。因此，传统理论很难定量描述超支化等复杂拓扑结构高分子链的流体动力学性质 [110]。为了解决这个高分子物理学的难题，卢宇源、安立佳和王振纲等 [89, 90] 提出了基于多体流体力学相互作用的高分子链部分穿透球模型。在此基础上，基于第一性原理，引入平均场的泄水函数和携水函数，结合爱因斯坦的扰动耗散理论 [69] 和德拜的转动耗散理论 [70]，有效地处理了高分子链与溶剂间的多体相互作用和长程累积效应，首次建立了高分子特性黏度的普适性理论，并得到实验数据的强有力支持 [46]。在这里，将具体介绍该理论。

假设一条由 N 个链段组成的分子链处于体积为 V 的溶液中，而该体系受到剪切速率为 $\dot{\gamma}$ 的简单剪切场的作用，那么链段将阻止溶剂分子从链内穿过，即链段密度较高的局部区域将“捕捉”到一定量的溶剂分子，同时高分子链沿涡度方向以一定的角速度 ω 旋转。对高分子特性黏度的定义进行数学变换有

$$[\eta] = \lim_{c\to 0}\frac{\eta-\eta_0}{c\eta_0} = \lim_{c\to 0}\frac{\eta\dot{\gamma}^2-\eta_0\dot{\gamma}^2}{c\eta_0\dot{\gamma}^2} = \lim_{c\to 0}\frac{\Delta\dot{w}}{\dot{w}_0 c} \tag{2-33}$$

其中，浓度 $c=\dfrac{N}{V}$，$\dot{w}_0=\eta_0\dot{\gamma}^2$ 为剪切场下单位体积纯溶剂的能量耗散速率，$\Delta\dot{w}=\eta\dot{\gamma}^2-\eta_0\dot{\gamma}^2$ 为因一条高分子链的加入而导致的能量耗散速率增量。该耗散增量由两部分组成：①高分子链对流场扰动而带来的耗散，记为 $\Delta\dot{w}_1$；②高分子链沿涡度方向旋转而带来的摩擦耗散，记为 $\Delta\dot{w}_2$，即 $\Delta\dot{w}=\Delta\dot{w}_1+\Delta\dot{w}_2$。由于这两种耗散都涉及近场和远场流体力学相互作用，在现有的柯克伍德 - 瑞斯曼理论 [75] 框架下都非常难以处理。因此，以平均场的方式，引入两个唯象函数用以描述多体流体力学相互作用：①携水函数 $\xi(r)$，代表伴随高分子链无规线团一起运动的溶剂比例；②泄水函数 $\kappa(r)$，代表链段与溶剂间的相对速率。同时，与齐姆模型 [78, 79] 引入前置平均近似类似，也假定高分子链无规线团的密度分布满足球对称性质，因此，$\xi(r)$ 与 $\kappa(r)$ 仅与高分子链无规线团的径向密度分布函数 $\rho(r)$ 相关。

为了获得 $\Delta\dot{w}_1$，需要考虑高分子链对流场的影响。根据爱因斯坦的扰动

耗散理论[69]，悬浮胶体粒子溶液中单位体积的能量耗散速率为

$$\dot{w}_{\mathrm{sph}} = 2.5\phi\eta_0\dot{\gamma}^2 \tag{2-34}$$

其中，ϕ为胶体粒子的总体积分数。因为上式与粒子的半径无关，所以可将上式推广到携带溶剂的高分子链无规线团。根据携水函数的物理意义，被高分子链无规线团携带溶剂的总体积 V_{s} 为[89, 90]

$$V_{\mathrm{s}} = \int [1 - v_{\mathrm{m}}\rho(r)]\xi(r)4\pi r^2 \mathrm{d}r \tag{2-35}$$

从而，单位体积的能量耗散速率为

$$\Delta\dot{w}_1 = \frac{2.5\eta_0\dot{\gamma}^2(Nv_{\mathrm{m}} + V_{\mathrm{s}})}{V} \tag{2-36}$$

其中，Nv_{m} 为所有链段的总占有体积。经过严格推导，可以得到特性黏度的一般表达式：

$$[\eta] = \frac{4\pi^2\sigma}{N}\int \rho(r)[\kappa(r)]^2 r^4 \mathrm{d}r + 2.5\left\{v_{\mathrm{m}} + \frac{1}{N}\int [1 - v_{\mathrm{m}}\rho(r)]\xi(r)4\pi r^2 \mathrm{d}r\right\} \tag{2-37}$$

传统高分子溶液理论着重的是如何处理高分子链与溶剂间的相互作用，并利用二体相互作用近似代替高分子链与溶剂间的相互作用。这种方式在处理超支化等复杂拓扑结构高分子时遇到无法逾越的困难。相比之下，利用平均场的方式，引入携水函数（drag function）$\xi(r)$ 与泄水函数（drainage function）$\kappa(r)$，能很好地避开这些问题。

为了加深对上式的理解，在具体计算式（2-37）中的特性黏度前，先分析以下三种极限情况：①在自由泄水近似下，$\xi(r) = 0$、$\kappa(r) = 1$，因为 $N \gg 1$，所以式（2-37）可简化为 $[\eta] = \pi\sigma R_{\mathrm{g}}^2 \propto N$，该结果与劳斯模型的结果和德拜的转动耗散理论的结果在形式上完全一致[70, 76]。②在完全携水条件下，$\xi(r) = 1$、$\kappa(r) = 0$，此时可将高分子链无规线团看成携带溶剂的等效半径为 R_η 的球，如果假定 R_η 为高分子链的流体力学半径，那么，$[\eta] = \dfrac{10\pi R_\eta^3}{3N}$，该结果与齐姆模型的结果在形式上完全一致[78]；如果令 $\Phi = \left(\dfrac{5\pi}{9\sqrt{6}}\right)\left(\dfrac{R_\eta}{R_{\mathrm{g}}}\right)^3$，则 $[\eta] = \dfrac{\Phi(R_{\mathrm{g}}\sqrt{6})^3}{N}$，这就是著名的福克斯－弗洛里方程[67]。③对于树枝形高

分子，如果采用分段近似处理（在 R_c 处截断），即 $r \leqslant R_c$ 时，$\xi(r)=1$、$\kappa(r)=0$，$r>R_c$ 时，$\xi(r)=0$、$\kappa(r)=1$，那么，可推出“二区域模型”的特性黏度公式 [111, 112]。由此可以看出，劳斯模型 [76]、齐姆模型 [78] 和“二区域模型”[111, 112] 等经典理论分别是该普适性特性黏度理论在自由泄水、非泄水和“非泄水-自由泄水二区域”等假定条件下的特例。值得补充的是，卢宇源、安立佳和王振纲等 [111, 112] 提出的树枝形高分子的“二区域模型”理论，不仅定量地预测了树枝形高分子特性黏度随“代数”变化的非单调关系，还阐述了树枝形高分子特性黏度反映其携带溶剂能力大小的物理本质；指出特性黏度极大值对应着该“代数”树枝形高分子具有最大的携带溶剂能力，这对树枝形高分子在药物和活性物质输运等领域应用具有重要的理论指导意义。

为了能够用一般表达式计算特性黏度，需要具体知道径向密度分布函数 $\rho(r)$、携水函数 $\xi(r)$ 和泄水函数 $\kappa(r)$ 的具体表达式。对于 $\rho(r)$，可以采用高斯云假定，即 $\rho(r)$ 满足高斯分布，也可以通过自洽场方法或蒙特卡罗模拟较精确地给出 $\rho(r)$[90]，那么后续的问题就是如何获得 $\xi(r)$、$\kappa(r)$ 和 $\rho(r)$ 之间的关系式。

根据 $\xi(r)$ 的物理意义，随着局域链段密度的增加，溶剂分子将更难“穿透”高分子链无规线团。假设每个链段的有效“捕获面积”为 $s=\pi(\sigma+a)^2$，其中，a 代表链段与溶剂之间相互作用的距离，其大小仅与溶液体系和温度相关，而与高分子链拓扑结构和分子量无关。严格推导可得 [90]

$$\xi(r)=1-\exp\left[-s\int_r^{\infty}\rho(r)\mathrm{d}r\right] \tag{2-38}$$

值得指出的是，在劳斯模型 [76] 和齐姆模型 [78] 中，溶剂被处理成连续性介质；而在部分穿透球模型中，溶剂被处理成离散性介质。

接下来分析泄水函数 $\kappa(r)$。在高分子稀溶液中，一部分溶剂随着高分子链无规线团一起运动，另一部分溶剂则相对高分子链段以一定的速度运动。两者之间因速度差而产生摩擦耗散。经严格推导，可得 [90]

$$\kappa(r)=\frac{1-\xi(r)}{1+\mu\int_{|\boldsymbol{r}'-\boldsymbol{r}|>2\sigma}\mathrm{d}\boldsymbol{r}'\rho(\boldsymbol{r}')\boldsymbol{T}(\boldsymbol{r},\boldsymbol{r}')} \tag{2-39}$$

其中，流体力学相互作用张量 $\boldsymbol{T}(\boldsymbol{r},\boldsymbol{r}')=\dfrac{1}{6\pi\eta_0|\boldsymbol{r}-\boldsymbol{r}'|}$ 为奥森二体流体力学相互作用张量 [68]。值得指出的是，齐姆模型 [78] 本质上也是一个部分穿透球模型，但是该模型只考虑了二体流体力学相互作用。因为在稀溶液中，高分子链中

链段间的流体力学相互作用非常强，在其扩张体积内链段与溶剂间的流体力学相互作用也非常强[66]。所以，有文献直接把齐姆模型[78]等效成了一个大小为高分子链无规线团扩张体积的固体球[66]。

对于超支化高分子，无规线团内部的链段密度较大，因此需要考虑链段间的屏蔽效应。为了便于计算，需采用精确度较高的 Edwards-Muthukumar 张量[113]（该张量能够近似地描述多体流体力学相互作用）：

$$\boldsymbol{T}(\boldsymbol{r},\boldsymbol{r}')=\frac{\exp(-|\boldsymbol{r}-\boldsymbol{r}'|/\lambda_{\mathrm{H}})}{6\pi\eta_0|\boldsymbol{r}-\boldsymbol{r}'|} \tag{2-40}$$

其中，b 为库恩（Kuhn）长度；λ_{H} 为流体动力学屏蔽长度。这样，通过引入平均场框架下的 $\xi(r)$ 和 $\kappa(r)$，有效地处理了多体流体力学相互作用和长程累积效应，从而巧妙地避开了截至目前数学和物理学仍无法处理的多体问题。

对于任意柔性高分子链，首先通过蒙特卡罗模拟计算出 $\rho(r)$；然后把 $\rho(r)$、$\xi(r)$ 和 $\kappa(r)$ 代入式（2-37），通过数值求解，便可以获得其相应的特性黏度。对于线形、星形到支化、超支化，甚至树枝形高分子，式（2-37）的计算结果与实验结果定量吻合。该理论能够同时定量预测线形、环形、星形、支化、超支化和树枝形等高分子的特性黏度[90]。

四、发展思路与目标

根据高分子流体动力学的研究历史和现状，对高分子稀溶液单链模型理论的发展做了深入的分析与思考，我们认为其近期发展应该集中在如下三个方面：一是把多体流体力学相互作用纳入现有的高分子理论框架中，基于部分穿透球模型或其他能够包含多体流体力学相互作用的新模型，建立新的概念和范式；二是利用现代计算机技术发展的优势，进一步开发或完善计算机模拟或数值计算方法，并将其广泛应用于多体流体力学相互作用效应显著的高分子体系中；三是受限条件或强外场条件下高分子链 - 溶剂间相互作用的处理和高分子链非平衡态性质的描述。这些问题一起构成了该领域发展的重要方向，同时也是呈现于未来高分子物理学的重大机遇与挑战。我国学者在该领域有较好的研究基础，希望通过对高分子稀溶液实验与理论研究的持续资助，经过 5～10 年的发展，取得 1～3 项突破性乃至教科书式的研究进展，形成较完整的理论体系。与此同时，扩大高分子稀溶液研究的范畴，加强高分子稀溶液理论与湍流理论、快速输运理论的结合，形成具有各自研究特色和密切协作的研究队伍，最终为整个流体动力学领域做出高分子学科应有的贡献。

五、短板与优势

高分子单链模型是高分子稀溶液理论研究的基本模型。对其进行深入的分析，不仅有助于解决高分子稀溶液体系中溶液黏度和分子链扩散等基本问题，还能够增进人们对高分子链结构与溶液性质间关联性的理解。基于经典连续性介质力学的流体动力学理论，可以定性甚至半定量地获得稀溶液的一些重要性质。然而，随着科学技术的发展，人们从分子水平上建立了许多描述高分子稀溶液性质的模型和理论，期望能够定量地描述高分子稀溶液的性质。从高分子学科建立之初，高分子单链动力学就成为高分子科学研究的核心内容之一。我国学者在其早期发展过程中，虽然也做出过诸多深入的思考与科研尝试，但是没有形成普遍公认的理论。在近十多年来，吴奇研究组、安立佳研究组和薛奇研究组等都做出过深入的研究，从不同的层面取得了较大的进展。但是，上述工作主要集中在平衡态和近平衡态层面，系统性的突破还有所欠缺，特别是对于强流场条件下高分子链构象与溶液性质之间的耦合关系方面，还有待深入研究。

（撰稿人：卢宇源，安立佳；中国科学院长春应用化学研究所）

第三节　高分子受限输运动力学

一、概述

长链高分子溶液在受限几何空间中流动时的动力学行为具有广泛的应用背景，如三次采油、涂覆和高分子的分离等。受限问题的来源是：当空间尺度与分子尺度相当时，高分子链的平衡构象将显著偏离本体行为，流动中在分子链尺度上会产生速度梯度的变化，导致流动中链构象和动力学行为的改变。同时，在受限条件下，边界条件将显得尤为重要。对于本体中的动力学行为，标度理论取得了巨大的成功[2]，同样的思路也用于研究受限条件下的构象和动力学行为，下面对高分子受限输运动力学的研究进展做简单的回顾。

(一)受限空间中高分子单链的动力学

当高分子链处于一个受限空间时，由于空间的限制和其与边界及链自身的相互作用，其可能的构象数目会显著降低，链的受限自由能则依赖于这些条件及受限空间的几何形状[114]。考虑高分子单链在受限空间中最简单的动力学模型是在具有中性（排斥）壁面的管道或狭缝中的行为[115]，链动力学行为完全由空间的各向异性决定。在弱受限区$l_p<D<R_g$（德热纳区，l_p为持续长度，D为空间尺寸，R_g为链回转半径），利用重整化自由能能够给出沿着管道或狭缝方向的链尺寸、有效弹性常数、松弛时间和扩散时间等参数与链长、受限空间尺寸的标度关系[116-118]，同时也能预测在一维管道和二维狭缝中发生蠕动（reptation），链松弛特征时间与链长分别满足3次方和2.5次方的标度关系[119]。虽然这些结果得到蒙特卡罗模拟结果的证实[120-122]，但是这些模拟获得的标度关系中可能存在有限尺寸效应[123]。受限程度更强时（$D<l_p$），德热纳区转变为奥代克区[124, 125]，自由能依赖于奥代克链段尺寸，内摩擦则完全由链与壁面的流体力学相互作用决定[126]，标度理论给出的松弛时间随受限空间尺寸的增加而增大[118, 127, 128]。

随机空间（如多孔介质）中的受限行为与在圆管或狭缝中有很大区别[129, 130]。首先，链均方回转半径同时依赖于链长和障碍物密度[131]，通常更密集的障碍物会导致线团收缩[132]；其次，扩散系数对链长和障碍物密度的依赖性存在争议，有的报道遵循蠕动动力学[133-135]，但也有报道[136]认为其可能与障碍物的排列和密度有关[137]，也能从随机空间对能量无序性的影响进行解释[138, 139]。虽然研究表明刚性强的链在多孔介质中将表现出蠕动行为[140]，但针对DNA分子的实验研究却不支持这个观点[141]。此外，环形链在多孔介质中的动力学行为也广受关注[142, 143]，一个重要的原因是，由于环形链没有末端，因此其不会发生蠕动[144]。

由于高分子能够可控地改变表面的性质，因此在吸附表面的链构象和动力学同样引起了广泛的关注。对于光滑表面，通常认为存在两个临界吸附转变，即使吸附分子链发生从三维到二维的构象转变[145]和从二维到冻结（玻璃态）的转变[146]。吸附链在表面的动力学行为表现出各向异性，在垂直于表面方向的松弛时间与链长无关，在平行表面方向则与二维链的行为类似[147]，而且随着吸附能的增加，链扩散系数减小[148, 149]。当表面存在一定粗糙度时，链扩散行为会显著偏离劳斯行为[150]，所谓的“转变点”出现在表面障碍的平均间距与二维链的末端距相当时。另一种表面受限是分子链处于液－液界面，但这方面的研究相对较少。对于多嵌段共聚物，链段长度和链长决定分子链选择性分布于界面的临界哈金斯相互作用参数，还决定了平面方向的回转半径和松弛时间[151, 152]。

在流动条件下，本体中存在的流体力学相互作用会被受限几何效应屏蔽[153, 156]。在弱受限区（$D>R_g$），壁面的存在会改变运动单元的轨迹，导致在壁面附近出现远大于链回转半径的排空层，这是跨越流线迁移的结果[157–159]，其中跨越流线的迁移也可能来源于不均匀流动中的布朗扩散；而当壁面上有接枝的分子链时，受限行为更加复杂[160, 161]。在中等受限区（$l_p<D<R_g$），模拟结果显示没有显著的迁移行为[157]。在随机空间中的流动更加复杂[162, 163]。由于可能存在静止区域（dead zone），并且可能依赖于流动的弹性不稳定性，分子链在不同区域运动时会表现出复杂的结构转变。例如，拉伸的分子链进入该区域时会转变为线团，而进入之后又会再次从线团转变为拉伸状态[164]。

（二）高分子单链的过孔输运动力学

在高分子单链过孔问题中，过孔时间与链长和驱动力的关系是核心问题之一，大量的研究工作都试图揭示足够长的链是否存在普适的标度关系[165–167]。按照是否受外力作用，高分子单链的过孔输运分为无偏过孔和受力过孔两种。就孔对高分子链的捕获[165]，基于自由链和吸附链配分函数的捕获概率依赖于浓度 c 和链长 N（即正比于 $cN^{-1.48}$），表明低浓度的长链极难捕获[168]。实际上，流体力学和电场梯度效应对捕获起重要作用[169–171]。由盐浓度引起的渗透流动也有显著影响[172, 173]，合适的盐浓度能够使捕获概率最大化[174]。通常假设在过孔过程中链保持近平衡状态[175]，过孔过程被认为是一个准一维的扩散问题，依赖于链坐标和时间的连续概率密度满足福克尔－普朗克方程（Fokker-Planck equation）[175–178]，发现平均过孔时间正比于 N^{α}，在劳斯极限和齐姆极限下，指数 α 分别为 3 和 2.5[175, 179]。针对这个问题，人们进行了大量的计算机模拟工作，采用蒙特卡罗[177, 180–184]、键涨落模型[185]、分子动力学[186–189]、朗之万动力学[190–193]和耗散粒子动力学[194]等方法分别对二维和三维过孔问题进行了研究，但对过孔过程的统计描述仍无统一的认识。一部分模拟结果表明，指数 α 接近 $1 + 2\nu$（ν 是弗洛里指数）[177, 185]，而也有一部分结果接近 $2 + \nu$[183, 184]。其中的原因可能是过孔时间与孔宽度[189, 195]、孔长度[181]、体系黏度[193, 196]相关。进一步分析表明，过孔时间的链长依赖性导致高分子链过孔动力学过程是一个反常扩散过程[177]。对于理想链（或在 θ 溶剂中），过孔过程满足菲克扩散，而在良溶剂中则是亚扩散。理论上可以采用分数阶福克尔－普朗克方程[197-199]、广义朗之万方程[200, 201]或分数阶布朗运动[202, 203]来描述。

在受力条件下，人们往往认为外力（f）会加速过孔过程，因此过孔时间正比于$N^{\alpha}f^{-\delta}$。在准平衡态下，将外力引入扩散方程得到两种极限情况[176, 204, 205]，弱驱动力下过孔时间与外力无关，过孔时间正比于N^2;在强驱动力下，过孔时间完全由外力决定，正比于$\frac{N}{f}$。研究表明，准平衡态近似过于简化，捕获和过孔都是非平衡过程[206]。Kantor和Kardar[207]通过标度分析认为，过孔时间对链长依赖的指数应该是$\alpha = 1 + \nu$，其后大量的研究都与该结果对比，只有小外力时的结果与此相符[208-210]，但是也有其他标度行为的报道。例如，Dubbeldam等[211]基于分数阶福克尔－普朗克方程提出，$\alpha = 1 + 2\nu - \gamma_1$（$\gamma_1$是临界构象指数，对于线形自回避链为0.68）; Vocks等[212]提出$\alpha = \frac{1+2\nu}{1+\nu}$; Menais[213]报道$\alpha = 2$。这些差别被认为与过孔速度有关[214]，小驱动力或高摩擦条件下的慢速过孔应满足$\alpha = 1 + \nu$，而快速过孔时满足Vocks等的结果[212]。多数研究的结果表明，过孔时间对于外力的依赖性与外力的倒数成正比，但也有研究表明[214]，当外力超过某个临界值后，过孔时间正比于$f^{-0.8}$。这些差异被认为与过孔过程中外力沿着链的传播有关[215-218]，因此链可以分为运动部分和平衡部分，过孔动力学则由运动部分的边界发展来决定，按照外力的强度可分为三个区域[215]，不同区域的标度指数δ不同[219, 220]。布朗动力学张力波及理论同样预测了随着驱动力的增加，标度指数δ从0.9变为1.0的过渡[221, 222]。另外，福克尔－普朗克方程是基于高分子链构象的准平衡假设，其成立条件与链长有关。最近基于粗粒化朗之万动力学和随机旋转动力学的研究表明，从准平衡态到非平衡态行为的转变发生在链长约1000个库恩链段[223]。

除了链长和驱动力外，过孔过程还受其他因素的影响。例如，①链刚性对过孔过程有影响，持续长度增加会导致过孔时间延长[224, 225]，刚性链的标度指数（$\alpha = 2$）高于柔性链的标度指数（$\alpha = 1.5$）[226]。②链构象同样影响过孔时间，对于降温过程中发生的无规线团－塌缩球转变的高分子链，模拟发现，平均过孔时间在无规线团－塌缩球转变温度附近最小[227]。③溶剂性质和流体力学效应对过孔过程也有影响，良溶剂中流体力学效应会减小拉伸链段的长度，降低摩擦系数，从而加速过孔过程；而在不良溶剂中流体力学效应几乎没有作用[228]。④链与孔道表面的相互作用同样有影响，在中等驱动力下，随着吸引相互作用强度的增加，长链过孔时间会非单调延长；而在强驱动力下，短链过孔时间几乎与链和孔到表面的作用无关[229]。⑤高分子链上的电荷及其分布对过孔时间有复杂的影响[230]。⑥链拓扑结构的影响则更复杂。对于打结链，存在一个临界力。当外力大于临界力时，结点会减缓过孔过程；而当外力小于临界力时，结点会阻塞孔[231]；当外力在临界力附近时，过孔的动力学过程与结点的大小和位置有很大关系，同时发现存在两种不同的过孔模式，与结的大小相比，过孔时间与结的通过速度关系更大[232]，而嵌套的环状分子又与打结链存在显著不同[233]。

二、关键科学问题

高分子链在受限状态下的构象和动力学行为的研究，是了解高分子分离、微纳尺度加工等应用的关键，随着对更复杂体系的关注，高分子受限输运动力学研究面临着新的挑战。关键科学问题如下。

（1）复杂几何受限如何影响高分子链的扩散与流动行为？受限程度、受限空间结构对不同尺度链动力学的影响是什么？受限空间动态变化对链运动模式和动力学是否存在影响？

（2）高分子链 - 壁面相互作用如何影响高分子链输运的过程？链 - 壁面相互作用是否能够实现对输运动力学的调控？

（3）链结构如何影响高分子链的受限输运行为？不同链拓扑结构在各种受限空间中的输运行为如何？不同链序列结构和链段柔顺性如何改变高分子链在具有相互作用受限空间中的动力学行为？

三、重要研究内容

虽然受限状态下高分子输运动力学的研究已经取得了很多重要的进展，特别是对标度规律的认识方面已经实现了理论、模拟和实验的统一，但是对更多与应用场合相关的因素带来了更高的复杂度。因此，该领域仍有大量重要的基本科学问题亟须解答。

（一）受限状态下的高分子单链输运动力学

受益于标度理论、模拟方法和单分子实验方法的发展，对高分子稀溶液在受限流动条件下单分子链动力学的理解有了巨大进步。对狭缝中的扩散等问题已经实现了模型和实验的定量吻合，但对很多具体行为（如跨越流线迁移）的描述还只能是半定量或定性的，对于受限条件下高分子单链流动行为实现定量预测仍存在很多挑战。可以在以下几个方面开展积极探索和创新：①不同受限状态（如德热纳区与奥代克区）之间转变的物理本质；②高分子稀溶液在复杂几何结构中的受限流动行为；③表面性质（如接枝链、粗糙度和相互作用等）对受限流动的影响规律；④外场（如电场等）对流动条件下单分子链受限动力学行为的影响。

（二）高分子单链的过孔动力学

大量的研究表明，高分子单链的过孔过程可能不存在简单普适的标度规律，过孔过程依赖于诸多细节，这给利用高分子过孔的潜在应用带来了更多调控空间。目前，对单链过孔的定量研究仍存在很多挑战，可以在以下几个方面开展积极探索和创新：①高分子单链过孔的平均时间或过孔时间分布与具体过孔条件的关系；②高分子链序列和拓扑结构对过孔的影响，包括局部的链柔顺性分布、电荷密度分布和打结链等；③流体力学相互作用对高分子链过孔的影响；④各种相互作用对过孔过程的影响，包括链内相互作用、链-孔道表面相互作用和反离子强度等；⑤高分子链过孔的多尺度模拟。

四、发展思路与目标

受限条件下的高分子链动力学是高分子物理的一个重要内容，简单受限条件下动力学行为的研究已取得了很大的进展，国内在这方面的研究也有较好的基础，特别是在计算机模拟方面，近年来取得了一些重要的成果。希望通过对受限条件下高分子链输运动力学研究的持续资助，经过5～10年的发展，实现以下目标：①在模拟新方法和新算法方面取得突破性研究进展；②注重理论和实验的结合，发展受限条件下高分子链输运基础理论的同时，在相关的应用研究中取得突破；③扩大研究规模，吸引和培养相关人才，形成具有各自研究特色和密切协作的研究队伍。

五、短板与优势

中国科学技术大学、中国科学院长春应用化学研究所、浙江大学、中国科学院化学研究所、南京大学、四川大学和东南大学等单位在单链受限动力学方面展开了广泛的研究，具有较好的研究基础。例如，孙昭艳等研究了狭缝中受限环状链的构象[234, 235]；石彤非等发展了分子动力学与格子玻尔兹曼相结合的方法[236, 237]，模拟研究了星形高分子链的过孔行为，发现过孔速度与臂长无关，而线性依赖于臂的数目[237]，并考察了纳米孔尺寸的影响[238]。罗开富等考察了链长与孔道长度对过孔过程的影响[239]，利用朗之万动力学研究了吸附效应对过孔过程的影响，发现在合适的吸附强度下存在最短的过孔时间[240]，还发现弯曲孔道能够降低过孔速度[241]；他们对孔两侧都存在拥堵空间的情况进行了系统研究[102, 242]，对于刚性链过孔后进入受限空间的问题，发现受限空间总会导致过孔速度变慢[243, 244]；对于过孔后存在吸附纳米粒子的情况，发现了过孔时间与持续长度的关系[245, 246]。罗孟波等利用蒙特卡罗模拟，研究了通过梯度孔道[247]、三明治结构复合孔道[227, 248, 249]的行为，发现改变链－孔道表面相互作用可以实现多过孔速度的调控[250]；他们还研究了单链过孔进入含有吸引相互作用纳米粒子的拥挤介质的动力学行为[251]和吸附行为对带电高分子链过孔行为的影响[230]。

总之，我国在高分子链受限输运动力学研究方面经过多年的发展，已经积累了扎实的研究基础和相当的研究实力，尤其在多尺度模拟方面的工作已经和国外同行相媲美，相对薄弱的是理论和实验研究，此外还需要在研究的系统性方面进一步加强。

（撰稿人：俞炜；上海交通大学）

本章参考文献

[1] Teraoka I. Polymer Solutions: An Introduction To Physical Properties. New York: John Wiley & Sons, 2002.

[2] de Gennes P G. Scaling Concepts in Polymer Physics. New York: Cornell University Press, 1979.

[3] Freed K F. Renormalization Group Theory of Macromolecules. New York: John Wiley & Sons, 1987.

[4] Manning G S. Limiting laws and counterion condensation in polyelectrolyte solutions. Ⅰ. Colligative properties. The Journal of Chemical Physics, 1969, 51: 924-933.

[5] de Luca E, Richards R W. Molecular characterization of a hyperbranched polyester. Ⅰ. Dilute solution properties. Journal of Polymer Science Part B: Polymer Physics, 2003, 41(12): 1339-1351.

[6] Timoshenko E G, Kuznetsov Y A. Equilibrium and kinetics at the coil-to-globule transition

of star and comb heteropolymers in infinitely dilute solutions. Colloids and Surfaces A: Physicochemical and Engineering Aspects, 2001, 190(1/2): 135-144.

[7] Landau D P, Binder K. A Guide to Monte Carlo Simulations in Statistical Physics. 4th ed. New York: Cambridge University Press, 2014.

[8] Di Cecca A, Freire J J. Monte Carlo simulation of star polymer systems with the bond fluctuation model. Macromolecules, 2002, 35(7): 2851-2858.

[9] Suzuki J, Takano A, Matsushita Y. Interactions between ring polymers in dilute solution studied by Monte Carlo simulation. The Journal of Chemical Physics, 2015, 142: 44904.

[10] Nardai M M, Zifferer G. Simulation of dilute solutions of linear and star-branched polymers by dissipative particle dynamics. The Journal of Chemical Physics, 2009, 131(12): 124903.

[11] Dias R S, Innerlohinger J, Glatter O, et al. Coil-globule transition of DNA molecules induced by cationic surfactants: a dynamic light scattering study. The Journal of Physical Chemistry B, 2005, 109: 10458-10463.

[12] Kypr J, Kejnovská I, Renčiuk D, et al. Circular dichroism and conformational polymorphism of DNA. Nucleic Acids Research, 2009, 37(6): 1713-1725.

[13] Mantelli S, Muller P, Harlepp S, et al. Conformational analysis and estimation of the persistence length of DNA using atomic force microscopy in solution. Soft Matter, 2011, 7: 3412-3416.

[14] Guéroult M, Boittin O, Mauffret O, et al. Mg^{2+} in the major groove modulates B-DNA structure and dynamics. Plos One, 2012, 7(7): e41704.

[15] Nepal M, Yaniv A, Shafran E, et al. Structure of DNA coils in dilute and semidilute solutions. Physical Review Letters, 2013, 110: 058102.

[16] Timoshenko E G, Kuznetsov Y A, Connolly R. Conformations of dendrimers in dilute solution. The Journal of Chemical Physics, 2002, 117: 9050-9062.

[17] Girbasova N, Aseyev V, Saratovsky S, et al. Conformations of highly charged dendronized polymers in aqueous solutions of varying ionic strength. Macromolecular Chemistry and Physics, 2003, 204: 2258-2264.

[18] Ryder J F, Yeomans J M. Shear thinning in dilute polymer solutions. The Journal of Chemical Physics, 2006, 125: 194906.

[19] Morris G A, Castile J, Smith A. Macromolecular conformation of chitosan in dilute solution: a new global hydrodynamic approach. Carbohydrate Polymers, 2009, 76: 616-621.

[20] Sedlák M. The ionic strength dependence of the structure and dynamics of polyelectrolyte solutions as seen by light scattering: the slow mode dilemma. The Journal of Chemical Physics, 1996, 105: 10123-10133.

[21] Böhme U, Scheler U. Hydrodynamic size and electrophoretic mobility of poly(styrene

sulfonate) versus molecular weight. Macromolecular Chemistry and Physics, 2007, 208: 2254-2257.

[22] Oostwal M G, Blees M H, de Bleijser J, et al. Chain self-diffusion in aqueous salt-free solutions of sodium poly(styrenesulfonate). Macromolecules, 1993, 26: 7300-7308.

[23] Sukhishvili S A, Chen Y, Müller J D, et al. Diffusion of a polymer 'pancake'. Nature, 2000, 406: 146.

[24] Liao Q, Dobrynin A V, Rubinstein M. Molecular dynamics simulations of polyelectrolyte solutions: nonuniform stretching of chains and scaling behavior. Macromolecules, 2003, 36: 3386-3398.

[25] Carrillo J M Y, Dobrynin A V. Detailed molecular dynamics simulations of a model NaPSS in water. The Journal of Physical Chemistry B, 2010, 114: 9391-9399.

[26] Cong R, Temyanko E, Russo P S, et al. Dynamics of poly(styrenesulfonate) sodium salt in aqueous solution. Macromolecules, 2006, 39: 731-739.

[27] Horkay F, Hecht A M, Rochas C, et al. Anomalous small angle X-ray scattering determination of ion distribution around a polyelectrolyte biopolymer in salt solution. The Journal of Chemical Physics, 2006, 125: 234904.

[28] Dubois E, Boué F. Conformation of poly(styrenesulfonate) polyions in the presence of multivalent ions: small-angle neutron scattering experiments. Macromolecules, 2001, 34: 3684-3697.

[29] Kundagrami A, Muthukumar M. Theory of competitive counterion adsorption on flexible polyelectrolytes: divalent salts. The Journal of Chemical Physics, 2008, 128: 244901.

[30] Hsiao P Y, Luijten E. Salt-induced collapse and reexpansion of highly charged flexible polyelectrolytes. Physical Review Letters, 2006, 97: 148301.

[31] Park S, Zhu X, Yethiraj A. Atomistic simulations of dilute polyelectrolyte solutions. The Journal of Physical Chemistry B, 2012, 116: 4319-4327.

[32] Uyaver S, Seidel C. Effect of varying salt concentration on the behavior of weak polyelectrolytes in a poor solvent. Macromolecules, 2009, 42: 1352-1361.

[33] Stockmayer W H. Problems of the statistical thermodynamics of dilute polymer solutions. Die Makromolekulare Chemie, 1960, 35: 54-74.

[34] Grosberg A Y, Khokhlov A R, de Gennes P G. Giant Molecules: Here, There, and Everywhere. 2nd ed. Singapore: World Scientific, 2011.

[35] de Gennes P G. Collapse of a polymer chain in poor solvents. Journal de Physique Lettres, 1975, 36: 55-57.

[36] Connolly R, Timoshenko E G, Kuznetsov Y A. Monte Carlo simulations of infinitely dilute solutions of amphiphilic diblock star copolymers. The Journal of Chemical Physics, 2003,

119: 8736-8746.

[37] Dasmahapatra A K, Reddy G D, Sanka V M. Collapse transition of branched polymers in dilute solutions: telechelic star vs. h-polymer. Macromolecular Symposia, 2015, 354: 207-220.

[38] Smith D E, Babcock H P, Chu S. Single-polymer dynamics in steady shear flow. Science, 1999, 283: 1724-1727.

[39] Aust C, Hess S, Kröger M. Rotation and deformation of a finitely extendable flexible polymer molecule in a steady shear flow. Macromolecules, 2002, 35: 8621-8630.

[40] Jose P P, Szamel G. Single-chain dynamics in a semidilute polymer solution under steady shear. The Journal of Chemical Physics, 2008, 128: 224910.

[41] Usta O B, Butler J E, Ladd A J C. Flow-induced migration of polymers in dilute solution. Physics of Fluids, 2006, 18: 031703.

[42] Zhou Y, Schroeder C M. Transient and average unsteady dynamics of single polymers in large-amplitude oscillatory extension. Macromolecules, 2016, 49: 8018-8030.

[43] Hsieh C C, Balducci A, Doyle P S. Ionic effects on the equilibrium dynamics of DNA confined in nanoslits. Nano Letters, 2008, 8: 1683-1688.

[44] Tang J, Levy S L, Trahan D W, et al. Revisiting the conformation and dynamics of DNA in slitlike confinement. Macromolecules, 2010, 43: 7368-7377.

[45] Hong F, Lu Y J, Li J F, et al. Revisiting of dimensional scaling of linear chains in dilute solutions. Polymer, 2010, 51: 1413-1417.

[46] Li L W, Lu Y Y, An L, et al. Experimental and theoretical studies of scaling of sizes and intrinsic viscosity of hyperbranched chains in good solvents. The Journal of Chemical Physics, 2013, 138(11): 114908.

[47] Fu C L, Ouyang W, Sun Z Y, et al. Influence of molecular topology on the static and dynamic properties of single polymer chain in solution. The Journal of Chemical Physics, 2007, 127: 044903.

[48] Fu C L, Sun Z Y, Li H F, et al. The further understanding of chain topology effect on the properties of single polymer in good solvent: special behaviors of single tadpole chain. Polymer, 2008, 49: 3832-3837.

[49] Wang M, Tian Y, Cui S W, et al. Effect of salt concentration on the conformation and friction behaviour of DNA. Colloids and Surfaces A: Physicochemical and Engineering Aspects, 2013, 436: 775-781.

[50] Wang M, Cui S W, Yu B, et al. Effect of chain length on the conformation and friction behaviour of DNA. Science China Technological Sciences, 2013, 56: 2927-2933.

[51] Xiao Y, Huang Z X, Wang S N. An elastic rod model to evaluate effects of ionic

concentration on equilibrium configuration of DNA in salt solution. Journal of Biological Physics, 2014, 40(2): 179-192.

[52] Ye J, Xu J, Hu J M, et al. Comparative study of temperature-induced association of cyclic and linear poly(*N*-isopropylacrylamide) chains in dilute solutions by laser light scattering and stopped-flow temperature jump. Macromolecules, 2008, 41(12): 4416-4422.

[53] Zhou K J, Lu Y J, Li J F, et al. The coil-to-globule-to-coil transition of linear polymer chains in dilute aqueous solutions: effect of intrachain hydrogen bonding. Macromolecules, 2008, 41(22): 8927-8931.

[54] Wang F, Shi Y, Luo S J, et al. Conformational transition of poly(*N*-isopropylacrylamide) single chains in its cononsolvency process: a study by fluorescence correlation spectroscopy and scaling analysis. Macromolecules, 2012, 45(22): 9196-9204.

[55] Shi Y, Yang J F, Zhao J, et al. Photo-controllable coil-to-globule transition of single polymer molecules. Polymer, 2016, 97: 309-313.

[56] Jia P X, Zhao J. Single chain contraction and re-expansion of polystyrene sulfonate: a study on its re-entrant condensation at single molecular level. The Journal of Chemical Physics, 2009, 131(23): 231103.

[57] Xu G J, Luo S J, Yang Q B, et al. Single chains of strong polyelectrolytes in aqueous solutions at extreme dilution: conformation and counterion distribution. The Journal of Chemical Physics, 2016, 1451(14): 44903.

[58] Chi P, Li B H, Shi A C. Conformation transitions of a polyelectrolyte chain: a replica-exchange Monte-Carlo study. Physical Review E, 2011, 84(2): 021804.

[59] Chi P, Wang Z, Yin Y H, et al. Finite-length effects on the coil-globule transition of a strongly charged polyelectrolyte chain in a salt-free solvent. Physical Review E, 2013, 87(4): 042608.

[60] Wang L, Wang Z, Jiang R, et al. Conformation transitions of a single polyelectrolyte chain in a poor solvent: a replica-exchange lattice Monte-Carlo study. Soft Matter, 2017, 13(11): 2216-2227.

[61] Tang H Z, Liao Q, Zhang P W. Conformation of polyelectrolytes in poor solvents: variational approach and quantitative comparison with scaling predictions. The Journal of Chemical Physics, 2014, 140(19): 194905.

[62] Liu L J, Chen W D, Chen J Z, et al. Tumbling dynamics of individual absorbed polymer chains in shear flow. Chinese Chemical Letters, 2014, 25: 670-672.

[63] Chen W D, Li Y P, Zhao H C, et al. Conformations and dynamics of single flexible ring polymers in simple shear flow. Polymer, 2015, 64: 93-99.

[64] Chen W D, Zhao H C, Liu L Q, et al. Effects of excluded volume and hydrodynamic

interaction on the deformation, orientation and motion of ring polymers in shear flow. Soft Matter, 2015, 11: 5265-5273.

[65] Flory P J. Principles of Polymer Chemistry. New York: Cornell University, 1953.

[66] Yamakawa H. Modern Theory of Polymer Solutions. New York: Harper and Row, 1971.

[67] Rubinstein M, Colby R H. Polymer Physics. New York: Oxford University Press, 2003.

[68] Doi M, Edwards S F. The Theory of Polymer Dynamics. New York: Oxford University Press, 1986.

[69] Einstein A. Berichtigung zu meiner arbeit: “eine neue bestimmung der moleküldimensionen”. Annalen der Physik, 1911, 339: 591-592.

[70] Debye P. The intrinsic viscosity of polymer. The Journal of Chemical Physics, 1946, 14: 636-639.

[71] Debye P, Bueche A M. Intrinsic viscosity, diffusion, and sedimentation rate of polymers in solution. The Journal of Chemical Physics, 1948, 16: 573-579.

[72] Debye P, Bueche F. Distribution of segments in a coiling polymer molecule. The Journal of Chemical Physics, 1952, 20: 1337-1338.

[73] Brinkman H C. A calculation of the viscosity and the sedimentation constant for solutions of large chain molecules taking into account the hampered flow of the solvent through these molecules. Physica, 1947, 13: 447-448.

[74] Brinkman H C. On the permeability of media consisting of closely packed porous particles. Applied Scientific Research, 1948, 1: 81-86.

[75] Kirkwood J G, Riseman J. The intrinsic viscosities and diffusion constants of flexible macromolecules in solution. The Journal of Chemical Physics, 1948, 16: 565-573.

[76] Rouse P E. A theory of the linear viscoelastic properties of dilute solutions of coiling polymers. The Journal of Chemical Physics, 1953, 21: 1272-1280.

[77] Zimm B H, Stockmayer W H. The dimensions of chain molecules containing branches and rings. The Journal of Chemical Physics, 1949, 17: 1301-1314.

[78] Zimm B H. Dynamics of polymer molecules in dilute solution-viscoelasticity, flow birefringence and dielectric loss. The Journal of Chemical Physics, 1956, 24: 269-278.

[79] Zimm B H, Roe G M, Epstein L F. Solution of a characteristic value problem from the theory of chain molecules. The Journal of Chemical Physics, 1956, 24: 279-280.

[80] Zimm B H, Kilb R W. Dynamics of branched polymer molecules in dilute solution. Journal of Polymer Science, 1959, 37: 19-42.

[81] Zimm B H. Chain molecule hydrodynamics by the Monte-Carlo method and the validity of the Kirkwood-Riseman approximation. Macromolecules, 1980, 13: 592-602.

[82] Schaefgen J R, Flory P J. Synthesis of multichain polymers and investigation of their

viscosities. Journal of the American Chemical Society, 1948, 70: 2709-2718.

[83] Flory P J. Spatial configuration of macromolecular chains. Science, 1975, 188: 1268-1276.

[84] Bloomfield V A. Hydrodynamic studies of structure of biological macromolecules. Science, 1968, 161: 1212-1219.

[85] Wiegel F, Mijnlieff P. Intrinsic viscosity and friction coefficient of permeable macromolecules in solution. Physica A: Statistical Mechanics and its Applications, 1977, 89: 385-396.

[86] Johannesson H, Schaub B. Intrinsic viscosity for a polymer chain with self-avoiding interactions. Physical Review A, 1987, 35: 3571-3574.

[87] Douglas J F, Roovers J, Freed K F. Characterization of branching architecture through universal ratios of polymer-solution properties. Macromolecules, 1990, 23: 4168-4180.

[88] de la Torre J G, Echenique G D, Ortega A. Improved calculation of rotational diffusion and intrinsic viscosity of bead models for macromolecules and nanoparticles. Journal of Physical Chemistry B, 2007, 111: 955-961.

[89] Lu Y Y, Shi T F, An L J, et al. Intrinsic viscosity of polymers: from linear chains to dendrimers. Europhysics Letters, 2012, 97(6): 64003.

[90] Lu Y Y, An L J, Wang Z G. Intrinsic viscosity of polymers: general theory based on a partially permeable sphere model. Macromolecules, 2013, 46: 5731-5740.

[91] Wang Z H, Zhai Q L, Chen W, et al. Mechanism of nonmonotonic increase in polymer size: comparison between linear and ring chains at high shear rates. Macromolecules, 2019, 52(21): 8144-8154.

[92] Hansen J P, McDonald I R. Theory of Simple Liquids. Amsterdam: Elsevier, 1990.

[93] Langevin P. Sur la théorie du mouvement Brownian. C R Acad Sci (Paris), 1908, 146: 530-533.

[94] Bueche F. Viscosity, self-diffusion, and allied effects in solid polymers. The Journal of Chemical Physics, 1952, 20: 1959-1964.

[95] Ferry J D, Landel R F, Williams M L. Extensions of the Rouse theory of viscoelastic properties to undiluted linear polymers. Journal of Applied Physics, 1955, 26: 359-362.

[96] Fatkullin N, Shakirov T, Balakirev N. Why does the Rouse model fairly describe the dynamic characteristics of polymer melts at molecular masses below critical mass? Polymer Science Series A, 2010, 52: 72-81.

[97] Hsü Y, Schümmer P. Quantitative description of rheological properties of dilute polymer solutions. Rheologica Acta, 1983, 22: 348-353.

[98] Freire J J, de la Torre J G. Quasielastic scattering from polymers in solution. A simple application of the Rouse-Zimm model. Chemical Physics, 1980, 49: 139-146.

[99] Fesciyan S, Jhon M S, Dahler J S. Effects of memory on the coherent scattering function

for the Rouse-Zimm model of dilute polymer solutions. Journal of Polymer Science Part B: Polymer Physics, 1980, 18: 2077-2082.

[100] Wang S Q, Freed K F. Renormalization group theory of the Rouse-Zimm model of polymer dynamics to second order in ε. Ⅱ. Dynamic intrinsic viscosity of gaussian chains. The Journal of Chemical Physics, 1987, 86: 3021-3031.

[101] de Gennes P G. Dynamics of entangled polymer solutions. Ⅰ. The Rouse model. Macromolecules, 1976, 9: 587-593.

[102] Chen Q, Tudryn G J, Colby R H. Ionomer dynamics and the sticky Rouse model. Journal of Rheology, 2013, 57: 1441-1462.

[103] Maes C, Thomas S R. From Langevin to generalized Langevin equations for the nonequilibrium Rouse model. Physical Review E, 2013, 87: 022145.

[104] Rotne J, Prager S. Variational treatment of hydrodynamic interaction in polymers. The Journal of Chemical Physics, 1969, 50: 4831-4837.

[105] Kirkwood J G. The general theory of irreversible processes in solutions of macromolecules. Journal of Polymer Science, 1954, 12: 1-14.

[106] Oono Y, Kohmoto M. Renormalization group theory of transport properties of polymer solutions. Ⅰ. Dilute solutions. The Journal of Chemical Physics, 1983, 78: 520-528.

[107] Vögtle F, Gestermann S, Hesse R, et al. Functional Dendrimers. Progress in Polymer Science, 2000, 25: 987-1041.

[108] Tomalia D A, Fréchet J M. Discovery of dendrimers and dendritic polymers: a brief historical perspective. Journal of Polymer Science Part A: Polymer Chemistry, 2002, 40: 2719-2728.

[109] Gillies E R, Frechet J M. Dendrimers and dendritic polymers in drug delivery. Drug Discovery Today, 2005, 10: 35-43.

[110] Guan Z. Control of polymer topology through transition-metal catalysis: synthesis of hyperbranched polymers by cobalt-mediated free radical polymerization. Journal of the American Chemical Society, 2002, 124: 5616-5617.

[111] Lu Y Y, Shi T F, An L J, et al. A simple model for the anomalous intrinsic viscosity of dendrimers. Soft Matter, 2010, 6(12): 2619-2622.

[112] Lu Y Y, Shi T F, An L J. Theoretical study of anomalous intrinsic viscosity for dendrimers. Acta Polymerica Sinica, 2011, 6(12): 1060-1067.

[113] Edwards S F, Muthukumar M. Brownian dynamics of polymer solutions. Macromolecules, 1984, 17: 586-596.

[114] Muthukumar M. Polymers under confinement. Advances in Chemical Physics, 2012, 149: 129-196.

[115] Bochard F, de Gennes P G. Dynamics of confined polymer chains. The Journal of Chemical Physics, 1977, 67: 52-56.

[116] Jun S, Thirumalai D, Ha B Y. Compression and stretching of a self-avoiding chain in cylindrical nanopores. Physical Review Letters, 2008, 101: 138101.

[117] Jung Y Y, Suckjoon J, Ha B Y. Self-avoiding polymer trapped inside a cylindrical pore: Flory free energy and unexpected dynamics. Physical Review E, 2009, 79(6): 061902.

[118] Tegenfeldt J O, Prinz C, Cao H, et al. The dynamics of genomic-length DNA molecules in 100-nm channels. Proceedings of the National Academy of Sciences, 2004, 101: 10979-10983.

[119] Milchev A, Binder K. Dynamics of polymer chains confined in slit-like pores. Journal de Physique Ⅱ, 1996, 6: 21-31.

[120] Kremer K, Binder K. Dynamics of polymer chains confined into tubes: scaling theory and Monte Carlo simulations. The Journal of Chemical Physics, 1984, 81: 6381-6394.

[121] Cui T, Ding J D, Chen J Z Y. Dynamics of a self-avoiding polymer chain in slit, tube, and cube confinements. Physical Review E, 2008, 78(6): 061802.

[122] Kalb J, Chakraborty B. Single polymer confinement in a tube: correlation between structure and dynamics. The Journal of Chemical Physics, 2009, 130(2): 025103.

[123] Arnold A, Bozorgui B, Frenkel D, et al. Unexpected relaxation dynamics of a self-avoiding polymer in cylindrical confinement. The Journal of Chemical Physics, 2007, 127(16): 164903.

[124] Dijkstra M, Frenkel D, Lekkerkerker H N W. Confinement free energy of semiflexible polymers. Physica A: Statistical Mechanics and its Applications, 1993, 193(3/4): 374-393.

[125] Reisner W, Morton K J, Riehn R, et al. Statics and dynamics of single DNA molecules confined in nanochannels. Physical Review Letters, 2005, 94(19): 196101.

[126] Morse D C. Viscoelasticity of concentrated isotropic solutions of semiflexible polymers. 1. Model and stress tensor. Macromolecules, 1998, 31: 7030-7043.

[127] Bonthuis D J, Meyer C, Stein D, et al. Conformation and dynamics of DNA confined in slitlike nanofluidic channels. Physical Review Letters, 2008, 101: 108303.

[128] Lin P K, Lin K H, Fu C C, et al. One-dimensional dynamics and transport of DNA molecules in a quasi-two-dimensional nanoslit. Macromolecules, 2009, 42: 1770-1774.

[129] Teraoka I. Polymer solutions in confining geometries. Progress in Polymer Science, 1996, 21: 89-149.

[130] Milchev A. Single-polymer dynamics under constraints: scaling theory and computer experiment. Journal of Physics: Condensed Matter, 2011, 23: 103101.

[131] Muthukumar M. Localization of a polymeric manifold in quenched random media. The

Journal of Chemical Physics, 1989, 90: 4594-4603.

[132] Briber R M, Liu X, Bauer B J. The collapse of free polymer chains in a network. Science, 1995, 268: 395-397.

[133] Muthukumar M, Baumgaertner A. Effects of entropic barriers on polymer dynamics. Macromolecules, 1989, 22: 1937-1941.

[134] Muthukumar M, Baumgaertner A. Diffusion of a polymer chain in random media. Macromolecules, 1989, 22: 1941-1946.

[135] Lumpkin O. Diffusion of a reptating polymer interacting with a random matrix. Physical Review E, 1993, 48(3): 1910-1915.

[136] Phillies G D J. Dynamics of polymers in concentrated solutions: the universal scaling equation derived. Macromolecules, 1987, 20: 558-564.

[137] Yamakov V, Milchev A. Diffusion of a polymer chain in porous media. Physical Review E, 1997, 55: 1704-1712.

[138] Migliorini G, Rostiashvili V G, Vilgis T A. Polymer chain in a quenched random medium: slow dynamics and ergodicity breaking. The European Physical Journal B: Condensed Matter and Complex Systems, 2003, 33(1): 61-73.

[139] Rostiashvili V G, Vilgis T A. Localization and freezing of a Gaussian chain in a quenched random potential. The Journal of Chemical Physics, 2004, 120(15): 7194-7205.

[140] Nam G, Johner A, Lee N K. Reptation of a semiflexible polymer through porous media. The Journal of Chemical Physics, 2010, 133(4): 044908.

[141] Nykypanchuk D, Strey H H, Hoagland D A. Brownian motion of DNA confined within a two-dimensional array. Science, 2002, 297: 987-990.

[142] Rubinstein M. Dynamics of ring polymers in the presence of fixed obstacles. Physical Review Letters, 1986, 57: 3023-3026.

[143] Nechaev S K, Semenov A N, Koleva M K. Dynamics of a polymer chain in an array of obstacles. Physica A: Statistical Mechanics and its Applications, 1987, 140: 506-520.

[144] Kapnistos M, Lang M, Vlassopoulos D, et al. Unexpected power-law stress relaxation of entangled ring polymers. Nature Materials, 2008, 7: 997-1002.

[145] Eisenriegler E, Kremer K, Binder K. Adsorption of polymer chains at surfaces: scaling and Monte Carlo analyses. The Journal of Chemical Physics, 1982, 77: 6296-6320.

[146] Lai P Y. Statics and dynamics of a polymer chain adsorbed on a surface: Monte Carlo simulation using the bond-fluctuation model. Physical Review E, 1994, 49: 5420-5430.

[147] Descas R, Sommer J U, Blumen A. Dynamical scaling of single chains on adsorbing substrates: diffusion processes. The Journal of Chemical Physics, 2005, 122: 134903.

[148] Milchev A, Binder K. Static and dynamic properties of adsorbed chains at surfaces: Monte

Carlo simulation of a bead-spring model. Macromolecules, 1996, 29: 343-354.

[149] Yang H, Lu Z Y, Li Z S, et al. A molecular-dynamics simulation study of diffusion of a single model carbonic chain on a graphite (001) surface. Journal of Molecular Modeling, 2006, 12: 432-435.

[150] Sukhishvili S A, Chen Y, Müller J D, et al. Surface diffusion of poly(ethylene glycol). Macromolecules, 2002, 35: 1776-1784.

[151] Corsi A, Milchev A, Rostiashvili V G, et al. Localization of a multiblock copolymer at a selective interface: scaling predictions and Monte Carlo verification. The Journal of Chemical Physics, 2005, 122: 094907.

[152] Corsi A, Milchev A, Rostiashvili V G et al. Field-driven translocation of regular block copolymers through a selective liquid-liquid interface. Macromolecules, 2006, 39: 7115-7124.

[153] Chen Y L, Graham M D, de Pablo J J, et al. Conformation and dynamics of single DNA molecules in parallel-plate slit microchannels. Physical Review E, 2004, 70: 060901.

[154] Jendrejack R M, Dimalanta E T, Schwartz D C, et al. DNA dynamics in a microchannel. Physical Review Letters, 2003, 91: 038102.

[155] Tlusty T. Screening by symmetry of long-range hydrodynamic interactions of polymers confined in sheets. Macromolecules, 2006, 39: 3927-3930.

[156] Graham M D. Fluid dynamics of dissolved polymer molecules in confined geometries. Annual Review of Fluid Mechanics, 2011, 43: 273-298.

[157] Jendrejack R M, Schwartz D C, Pablo J J D, et al. Shear-induced migration in flowing polymer solutions: simulation of long-chain DNA in microchannels. The Journal of Chemical Physics, 2004, 120: 2513-2529.

[158] Saintillan D, Shaqfeh E, Darve E. Effect of flexibility on the shear-induced migration of short-chain polymers in parabolic channel flow. Journal of Fluid Mechanics, 2006, 557: 297-306.

[159] Park J, Bricker J M, Butler J E. Cross-stream migration in dilute solutions of rigid polymers undergoing rectilinear flow near a wall. Physical Review E, 2007, 76: 040801.

[160] Beck V A, Shaqfeh E S G. Ergodicity breaking and conformational hysteresis in the dynamics of a polymer tethered at a surface stagnation point. The Journal of Chemical Physics, 2006, 124: 094902.

[161] Zhang Y, de Pablo J J, Graham M D. Multiple free energy minima in systems of confined tethered polymers-toward soft nanomechanical bistable elements. Soft Matter, 2009, 5: 3694-3700.

[162] Del Bonis-O'Donnell J T, Reisner W, Stein D. Pressure-driven DNA transport across an

artificial nanotopography. New Journal of Physics, 2009, 11: 075032.

[163] Hernández-Ortiz J, Ma H, de Pablo J, et al. Concentration distributions during flow of confined flowing polymer solutions at finite concentration: slit and grooved channel. Korea-Australia Rheology Journal, 2008, 20: 143-152.

[164] Kawale D, Bouwman G, Sachdev S, et al. Polymer conformation during flow in porous media. Soft Matter, 2017, 13: 8745-8755.

[165] Panja D, Barkema G T, Kolomeisky A B. Through the eye of the needle: recent advances in understanding biopolymer translocation. Journal of Physics: Condensed Matter, 2013, 25: 413101.

[166] Palyulin V V, Ala-Nissila T, Metzler R. Polymer translocation: the first two decades and the recent diversification. Soft Matter, 2014, 10: 9016-9037.

[167] Sakaue T. Dynamics of polymer translocation: a short review with an introduction of weakly-driven regime. Polymers, 2016, 8: 424.

[168] Milchev A, Binder K, Bhattacharya A. Polymer translocation through a nanopore induced by adsorption: Monte Carlo simulation of a coarse-grained model. The Journal of Chemical Physics, 2004, 121: 6042-6051.

[169] Muthukumar M. Theory of capture rate in polymer translocation. The Journal of Chemical Physics, 2010, 132(19): 195101.

[170] Grosberg A Y, Rabin Y. DNA capture into a nanopore: interplay of diffusion and electrohydrodynamics. The Journal of Chemical Physics, 2010, 133(16): 165102.

[171] Rowghanian P, Grosberg A Y. Force-driven polymer translocation through a nanopore: an old problem revisited. The Journal of Physical Chemistry B, 2011, 115(48): 14127-14135.

[172] Wanunu M, Morrison W, Rabin Y, et al. Electrostatic focusing of unlabelled DNA into nanoscale pores using a salt gradient. Nature Nanotechnology, 2010, 5(2): 160-165.

[173] Hatlo M M, Panja D, van Roij R. Translocation of DNA molecules through nanopores with salt gradients: the role of osmotic flow. Physical Review Letters, 2011, 107: 068101.

[174] Buyukdagli S, Ala-Nissila T. Controlling polymer capture and translocation by electrostatic polymer-pore interactions. The Journal of Chemical Physics, 2017, 147: 114904.

[175] Sung W, Park P J. Polymer translocation through a pore in a membrane. Physical Review Letters, 1996, 77: 783-786.

[176] Muthukuma M. Polymer translocation through a hole. The Journal of Chemical Physics, 1999, 111: 10371-10374.

[177] Chuang J, Kantor Y, Kardar M. Anomalous dynamics of translocation. Physical Review E, 2001, 65: 011802.

[178] Metzler R, Luo K. Polymer translocation through nanopores: parking lot problems, scaling

laws and their breakdown. The European Physical Journal Special Topics, 2010, 189: 119-134.

[179] Park P J, Sung W. Polymer translocation induced by adsorption. The Journal of Chemical Physics, 1998, 108: 3013-3018.

[180] Luo K, Ala-Nissila T, Ying S C. Polymer translocation through a nanopore: a two-dimensional Monte Carlo study. The Journal of Chemical Physics, 2006, 124: 034714.

[181] Wolterink J K, Barkema G T, Panja D. Passage times for unbiased polymer translocation through a narrow pore. Physical Review Letters, 2006, 96: 208301.

[182] Dubbeldam J L A, Milchev A, Rostiashvili V G, et al. Polymer translocation through a nanopore: a showcase of anomalous diffusion. Physical Review E, 2007, 76: 010801.

[183] Panja D, Barkema G T, Ball R C. Anomalous dynamics of unbiased polymer translocation through a narrow pore. Journal of Physics: Condensed Matter, 2007, 19: 432202.

[184] Panja D, Barkema G T, Ball R C. Polymer translocation out of planar confinements. Journal of Physics: Condensed Matter, 2008, 20: 075101.

[185] Panja D, Barkema G T. Simulations of two-dimensional unbiased polymer translocation using the bond fluctuation model. The Journal of Chemical Physics, 2010, 132: 014902.

[186] Wei D, Yang W, Jin X, et al. Unforced translocation of a polymer chain through a nanopore: the solvent effect. The Journal of Chemical Physics, 2007, 126: 204901.

[187] Luo K, Ollila S T T, Huopaniemi I, et al. Dynamical scaling exponents for polymer translocation through a nanopore. Physical Review E, 2008, 78: 050901.

[188] Guillouzic S, Slater G W. Polymer translocation in the presence of excluded volume and explicit hydrodynamic interactions. Physics Letters, 2006, 359 (4): 261-264.

[189] Gauthier M G, Slater G W. Molecular dynamics simulation of a polymer chain translocating through a nanoscopic pore. The European Physical Journal E, 2008, 25: 17-23.

[190] Mondaini F, Moriconi L. Markovian description of unbiased polymer translocation. Physics Letters A, 2012, 376: 2903-2907.

[191] Huopaniemi I, Luo K, Ala-Nissila T, et al. Langevin dynamics simulations of polymer translocation through nanopores. The Journal of Chemical Physics, 2006, 125: 124901.

[192] Lehtola V V, Linna R P, Kaski K. Unforced polymer translocation compared to the forced case. Physical Review E, 2010, 81: 031803.

[193] de Haan H W, Slater G W. Memory effects during the unbiased translocation of a polymer through a nanopore. The Journal of Chemical Physics, 2012, 136: 154903.

[194] Kapahnke F, Schmidt U, Heermann D W, et al. Polymer translocation through a nanopore: the effect of solvent conditions. The Journal of Chemical Physics, 2010, 132: 164904.

[195] Gauthier M G, Slater G W. Nondriven polymer translocation through a nanopore:

computational evidence that the escape and relaxation processes are coupled. Physical Review E, 2009, 79: 021802.

[196] de Haan H W, Slater G W. Using an incremental mean first passage approach to explore the viscosity dependent dynamics of the unbiased translocation of a polymer through a nanopore. The Journal of Chemical Physics, 2012, 136: 204902.

[197] Metzler R, Barkai E, Klafter J. Anomalous diffusion and relaxation close to thermal equilibrium: a fractional Fokker-Planck equation approach. Physical Review Letters, 1999, 82: 3563-3567.

[198] Metzler R, Klafter J. The random walk's guide to anomalous diffusion: a fractional dynamics approach. Physics Reports, 2000, 339: 1-77.

[199] Metzler R, Klafter J. When translocation dynamics becomes anomalous. Biophysical Journal, 2003, 85: 2776-2779.

[200] Panja D. Generalized Langevin equation formulation for anomalous polymer dynamics. Journal of Statistical Mechanics: Theory and Experiment, 2010, 2010(2): L02001.

[201] Panja D. Anomalous polymer dynamics is non-Markovian: Memory effects and the generalized Langevin equation formulation. Journal of Statistical Mechanics: Theory and Experiment, 2010, 2010(6): P06011.

[202] Dubbeldam J L A, Rostiashvili V G, Milchev A, et al. Fractional Brownian motion approach to polymer translocation: the governing equation of motion. Physical Review E, 2011, 83: 011802.

[203] Panja D. Probabilistic phase space trajectory description for anomalous polymer dynamics. Journal of Physics: Condensed Matter, 2011, 23: 105103.

[204] Lubensky D K, Nelson D R. Driven polymer translocation through a narrow pore. Biophysical Journal, 1999, 77: 1824-1838.

[205] Slonkina E, Kolomeisky A B. Polymer translocation through a long nanopore. The Journal of Chemical Physics, 2003, 118: 7112-7118.

[206] Vollmer S C, Haan H W D. Translocation is a nonequilibrium process at all stages: simulating the capture and translocation of a polymer by a nanopore. The Journal of Chemical Physics, 2016, 145: 154902.

[207] Kantor Y, Kardar M. Anomalous dynamics of forced translocation. Physical Review E, 2004, 69: 021806.

[208] Gauthier M G, Slater G W. A Monte Carlo algorithm to study polymer translocation through nanopores. Ⅰ. Theory and numerical approach. The Journal of Chemical Physics, 2008, 128: 065103.

[209] Bonthuis D J, Zhang J, Hornblower B, et al. Self-energy-limited ion transport in

subnanometer channels. Physical Review Letters, 2006, 97: 128104.

[210] Grosberg A Y, Nechaev S, Tamm M, et al. How long does it take to pull an ideal polymer into a small hole? Physical Review Letters, 2006, 96: 228105.

[211] Dubbeldam J L A, Milchev A, Rostiashvili V G, et al. Driven polymer translocation through a nanopore: a manifestation of anomalous diffusion. Europhysics Letters, 2007, 79: 18002.

[212] Vocks H, Panja D, Barkema G T, et al. Pore-blockade times for field-driven polymer translocation. Journal of Physics: Condensed Matter, 2008, 20: 095224.

[213] Menais T. Polymer translocation under a pulling force: scaling arguments and threshold forces. Physical Review E, 2018, 97: 022501.

[214] Luo K, Ala-Nissila T, Ying S C, et al. Driven polymer translocation through nanopores: slow-vs.-fast dynamics. Europhysics Letters, 2009, 88: 68006.

[215] Saito T, Sakaue T. Dynamical diagram and scaling in polymer driven translocation. The European Physical Journal E, 2011, 34: 135.

[216] Sakaue T. Nonequilibrium dynamics of polymer translocation and straightening. Physical Review E, 2007, 76: 021803.

[217] Suhonen P M, Piili J, Linna R P. Quantification of tension to explain bias dependence of driven polymer translocation dynamics. Physical Review E, 2017, 96: 062401.

[218] Sean D, Slater G W. Highly driven polymer translocation from a cylindrical cavity with a finite length. The Journal of Chemical Physics, 2017, 146: 054903.

[219] Rowghanian P, Grosberg A Y. Electrophoretic capture of a DNA chain into a nanopore. Physical Review E, 2013, 87: 042722.

[220] Dubbeldam J L A, Rostiashvili V G, Milchev A, et al. Forced translocation of a polymer: dynamical scaling versus molecular dynamics simulation. Physical Review E, 2012, 85: 041801.

[221] Ikonen T, Bhattacharya A, Ala-Nissila T, et al. Influence of non-universal effects on dynamical scaling in driven polymer translocation. The Journal of Chemical Physics, 2012, 137: 085101.

[222] Ikonen T, Bhattacharya A, Ala-Nissila T, et al. Influence of pore friction on the universal aspects of driven polymer translocation. Europhysics Letters, 2013, 103: 38001.

[223] Katkar H H, Muthukumar M. Role of non-equilibrium conformations on driven polymer translocation. The Journal of Chemical Physics, 2018, 148: 024903.

[224] Adhikari R, Bhattacharya A. Driven translocation of a semi-flexible chain through a nanopore: a Brownian dynamics simulation study in two dimensions. The Journal of Chemical Physics, 2013, 138: 204909.

[225] Bhattacharya A. Translocation dynamics of a semiflexible chain under a bias: comparison

with tension propagation theory. Polymer Science Series C, 2013, 55: 60-69.

[226] Sarabadani J, Ikonen T, Mökkönen H, et al. Driven translocation of a semi-flexible polymer through a nanopore. Scientific Reports, 2017, 7: 7423.

[227] Luo M B, Tsehay D A, Sun L Z. Temperature dependence of the translocation time of polymer through repulsive nanopores. The Journal of Chemical Physics, 2017, 147: 034901.

[228] Moisio J E, Piili J, Linna R P. Driven polymer translocation in good and bad solvent: effects of hydrodynamics and tension propagation. Physical Review E, 2016, 94: 022501.

[229] Ghosh B, Chaudhury S. Influence of the location of attractive polymer-pore interactions on translocation dynamics. The Journal of Physical Chemistry B, 2018, 122: 360-368.

[230] Wu F, Yang X, Luo M B. Theoretical study on the translocation of partially charged polymers through nanopore. Journal of Polymer Science Part B: Polymer Physics, 2017, 55(13): 1017-1025.

[231] Narsimhan V, Renner C B, Doyle P S. Translocation dynamics of knotted polymers under a constant or periodic external field. Soft Matter, 2016, 12: 5041-5049.

[232] Suma A, Micheletti C. Pore translocation of knotted DNA rings. Proceedings of the National Academy of Sciences, 2017, 114: E2991-E2997.

[233] Caraglio M, Orlandini E, Whittington S G. Driven translocation of linked ring polymers through a pore. Macromolecules, 2017, 50: 9437-9444.

[234] Fu C L, Sun Z Y, An L J. The properties of a single polymer chain in solvent confined in a slit: a molecular dynamics simulation. Chinese Journal of Polymer Science, 2013, 31: 388-398.

[235] Li B, Sun Z Y, An L J, et al. Influence of topology on the free energy and metric properties of an ideal ring polymer confined in a slit. Macromolecules, 2015, 48: 8675-8680.

[236] Ding M M, Duan X Z, Shi T F. Flow-induced translocation of star polymers through a nanopore. Soft Matter, 2016, 12(11): 2851-2857.

[237] Ding M M, Chen Q Y, Duan X Z, et al. Flow-induced polymer translocation through a nanopore from a confining nanotube. The Journal of Chemical Physics, 2016, 144(17): 174903.

[238] Chen Q Y, Zhang L L, Ding M M, et al. Effects of nanopore size on the flow-induced star polymer translocation. The European Physical Journal E, 2016, 39: 109.

[239] Yong H S, Wang Y L, Yuan S C, et al. Driven polymer translocation through a cylindrical nanochannel: interplay between the channel length and the chain length. Soft Matter, 2012, 8(9): 2769-2774.

[240] Zhao X Y, Yu W C, Luo K F. Surface-adsorption-induced polymer translocation through a

nanopore: effects of the adsorption strength and the surface corrugation. Physical Review E, 2015, 92(2): 022603.

[241] Wang J F, Wang Y L, Luo K F. Dynamics of polymer translocation through kinked nanopores. The Journal of Chemical Physics, 2015, 142(8): 084901.

[242] Zhang K H, Luo K F. Dynamics of polymer translocation into a circular nanocontainer through a nanopore. The Journal of Chemical Physics, 2012, 136(18): 185103.

[243] Zhang K H, Luo K F. Dynamics of polymer translocation into an anisotropic confinement. Soft Matter, 2013, 9: 2069-2075.

[244] Zhang K H, Luo K F. Polymer translocation into a confined space: influence of the chain stiffness and the shape of the confinement. The Journal of Chemical Physics, 2014, 140: 094902.

[245] Yu W C, Ma Y D, Luo K F. Translocation of stiff polymers through a nanopore driven by binding particles. The Journal of Chemical Physics, 2012, 137(24): 244905.

[246] Yu W C, Luo K F. Polymer translocation through a nanopore driven by binding particles: influence of chain rigidity. Physical Review E, 2014, 90: 042708.

[247] Zhang S, Wang C, Sun L Z, et al. Polymer translocation through a gradient channel. The Journal of Chemical Physics, 2013, 139(4): 044902.

[248] Wang C, Chen Y C, Sun L Z, et al. Simulation on the translocation of polymer through compound channels. The Journal of Chemical Physics, 2013, 138: 044903.

[249] Wang C, Chen Y C, Wu F, et al. Simulation on the translocation of homopolymers through sandwich-like compound channels. The Journal of Chemical Physics, 2015, 143: 234902.

[250] Cao W P, Wang C, Sun L Z, et al. Effects of an attractive wall on the translocation of polymer under driving. Journal of Physics: Condensed Matter, 2012, 24: 325104.

[251] Cao W P, Ren Q B, Luo M B. Translocation of polymers into crowded media with dynamic attractive nanoparticles. Physical Review E, 2015, 92: 012603.

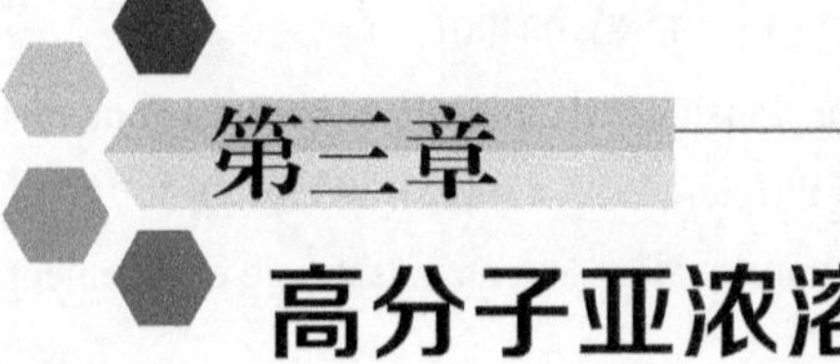

第三章 高分子亚浓溶液

第一节　亚浓溶液的扩散与松弛动力学

一、概述

高分子溶液可以根据浓度分为稀溶液、亚浓溶液及浓溶液三个区域[1]。在稀溶液中，高分子链彼此孤立，分子间无相互作用;当浓度大于重叠浓度时，高分子溶液进入亚浓溶液区，此时高分子链出现相互重叠；若浓度继续增加至临界浓度时，高分子链间相互穿插，形成浓溶液，并表现出与高分子熔体类似的动力学行为。对于稀溶液或浓溶液，可以采用平均场理论对其单链或多链体系的动力学行为进行处理。但是，因为高分子亚浓溶液具有很大的链段浓度涨落，所以不能直接用平均场理论进行处理。目前，对于电中性的柔性高分子链亚浓溶液主要基于 Blob 模型处理分析其动力学行为[1–5]。对于非缠结亚浓溶液，在长度尺度小于流体力学屏蔽长度时，其动力学行为与稀溶液中的类似，需要考虑流体力学相互作用及排除体积效应，链段动力学可用齐姆模型进行描述；在长度尺度大于流体力学屏蔽长度时，流体力学相互作用和排除体积效应被屏蔽，整链动力学可由劳斯模型描述。然而，对于缠结亚浓溶液，当长度尺度小于管径或时间尺度短于缠结特征时间时，其动力学行为与非缠结亚浓溶液一致；当长度尺度大于管径或时间长于缠结特征时间时，分子链间的拓扑约束将起主导作用，则需用管子模型来描述其动力学行为。

高分子亚浓溶液的扩散与松弛动力学在高分子科学的实验、理论和模拟研究中受到广泛关注。研究发现，高分子亚浓溶液的动力学明显依赖于其自身的性质，如半柔性高分子与柔性高分子亚浓溶液的松弛动力学在几个单体尺度内就有较大区别[6]。因此，针对研究目标选择具有不同特性的高分子链和不同类别的研究方法就显得尤为重要。例如，生物大分子肌动蛋白和DNA等相对于人工合成的高分子具有单分散性好、易染色、结构变化多和可调分子量范围广等优点[7-14]，常被作为半柔性高分子链亚浓溶液动力学研究的模型体系。再如，由于存在静电相互作用，带电高分子亚浓溶液的动力学行为与电中性高分子有很大不同[15-21]，因此成为亚浓溶液介电松弛行为的研究对象[22]。人们在过去的几十年内发展了许多新型实验研究方法，如可用于测量高分子扩散与松弛动力学的动态光散射、将高分子亚浓溶液动力学与流变学行为相关联的剪切流变，以及针对介电松弛行为研究的介电松弛谱等。此外，微流体技术的发展为分子层面研究高分子动力学提供了可能，而基于荧光显微镜技术的单分子研究又使得单个高分子链在平衡和非平衡条件下的扩散、松弛和分子拉伸等动力学行为研究成为现实。例如，Zettl等[23]近期应用荧光相关光谱和动态光散射对聚苯乙烯亚浓溶液中高分子链自扩散及协同扩散行为进行了全面的研究，在缠结亚浓区观测到由自扩散和由协同扩散主导的慢、快两个衰减模式，并发现协同扩散模式起源于高分子链间形成的瞬时缠结网络的有效长程相互作用。综上所述，得益于实验科学家开展的对亚浓溶液扩散与松弛动力学行为的多层次、多尺度、多方位研究，亚浓溶液的微观结构、动力学与流变性质之间的关系得以逐步认识。与此同时，随着计算机技术的进步，各种模拟方法［如分子动力学（Molecular Dynamics，MD）[24]、平滑轮廓法（Smoothed Profile Method，SPM）[25]、格子玻尔兹曼方法[26]、多粒子碰撞（Multi-Particle Collision, MPC）[27]及布朗动力学（Brownian Dynamics，BD）[28-31]等］已成功用于高分子亚浓溶液的动力学研究。例如，Carrillo和Dobrynin[32]利用MD研究了带电高分子亚浓溶液体系，发现反离子凝聚对高分子静电诱导持续长度有重要影响。

在高分子链自身性质中，除前面提及的刚柔性和带电性外，分子拓扑结构也对其亚浓溶液的扩散与松弛动力学有重要影响。Robertson和Smith[33]利用荧光标记法系统地测量了良溶剂中线形和环形DNA分子混合溶液的自扩散系数，并比较了在不同链长和浓度下探针分子和基体分子拓扑结构对探针运动的影响。他们发现，对于短链DNA，扩散系数与拓扑结构基本无关，均符合劳斯模型预测的标度；而对于长链DNA，其运动则受到拓扑结构强烈的影响。Iyer 等[34]用标度律分别分析了良溶剂和 θ 溶剂中，环形链亚浓溶液的松弛时间和扩散系数与链长及浓度的标度关系，并采用蒙特卡罗方法对良溶剂条件下的亚浓溶液体系进行了模拟。他们发现，环形链通常具有与线形链体系一致的扩散系数－浓度标度关系；但是，对于浓度较大的大环高分子溶液，链段重叠会增强排除体积效应，进而削弱扩散系数对浓度和分子量的依赖关系。由此可知，在不同链长、浓度及溶剂等条件下，高分子链的拓扑结构对其亚浓溶液动力学的影响极其复杂。因此，揭示拓扑结构对缠结高分子亚浓溶液动力学行为的影响机制就显得尤为重要。近年来，Chapman 等[35]采用荧光标记法和键涨落模型模拟法（bond-fluctuation model simulation），对良溶剂中线形－环形 DNA 混合亚浓溶液的扩散系数与分子拓扑结构和分子链间缠结的关系进行了定量研究，发现线形链的扩散系数与混合体系中线形链分数有非单调的依赖关系，并将其机制归结为由环形链被穿插而导致扩散减慢所造成的“二阶效应”（second-order effect）。该结果解决了高分子物理研究中的一些争论，并且可以指导新型可调具有特殊流变性质的生物大分子材料设计。除了环形高分子外，星形多臂高分子也是拓扑结构研究的热点之一。Wang 等[36]以疏水胆烷（cholane）为核心、以聚乙二醇［poly(ethylene glycol)，PEG］为臂，合成了四臂星形高分子 $CA(EG_n)_4$，并用脉冲梯度自旋回波核磁共振谱（pulsed-gradient spin-echo NMR spectroscopy）对 $CA(EG_n)_4$ 在水溶液和聚乙烯醇（polyvinyl alcohol，PVA）凝胶中的扩散行为进行了研究。他们发现，在亚浓溶液区，$CA(EG_n)_4$ 两亲性导致的分子聚集会使得 $CA(EG_n)_4$ 的自扩散系数小于线形 PEG 分子；而且，在非平衡态下，具有复杂拓扑结构的高分子链的动力学行为则较线形高分子更复杂。Singh 等[37]用多粒子碰撞动力学（MPCD）和分子动力学（MD）耦合方法，对星形高分子构成的超软胶体亚浓溶液在平衡态和非平衡态下的扩散、松弛和流变性质及其与浓度的关系进行了研究，发现分子臂的松弛时间和质心扩散皆呈各向异性。虽然上述结果丰富了对不同拓扑结构高分子链在亚浓溶液中的扩散与松弛行为的认识，但是仍不足以揭示其背后的影响机制。

研究纳米粒子在高分子亚溶液中的迁移性（mobility），在石油开采和高分子纳米复合材料制造等应用领域及生命科学研究方面都具有重要意义。Michelman-Ribeiro 等[38]采用荧光相关光谱，对水溶性探针粒子在聚乙烯醇亚浓水溶液中的平动扩散进行研究，总结了探针粒子扩散系数与高分子浓度间的指数关系及溶剂性质对指数和粒子大小对前置因子的影响规律。Khorasani 等[39]用光学显微镜和粒子示踪算法（particle tracking algorithms），对亲水聚苯乙烯纳米粒子在高分子量聚丙烯酰胺的亚浓水溶液中的迁移性进行了研究；他们发现，纳米粒子尺寸介于热团尺寸和高分子链末端距之间时，粒子运动与高分子链松弛存在耦合；纳米粒子在较小时间尺度内的运动为次级扩散，在较大时间尺度则为菲克扩散，且两者间转变的时间尺度随浓度的增加而增大。Poling-Skutvik 等[40]通过研究不同大小的聚苯乙烯纳米粒子运动，指出粒子运动与高分子链松弛只存在部分耦合。进一步，Poling-Skutvik 等[41]研究了粒子间的长程相互作用及其对粒子与高分子链间耦合效应的影响规律，发现小时间尺度下粒子与高分子链间的耦合及大时间尺度下粒子间相互作用都对粒子的运动产生影响，前者导致了粒子的次级扩散运动，后者导致了德热纳窄化（narrowing）。可以看出，虽然目前研究已对纳米粒子在高分子亚浓溶液中的扩散行为进行了探讨，但是对其复杂动力学行为及各种因素（如纳米粒子形状、大小及与分子链间相互作用）的影响规律的认识还远未达到清晰透彻的程度。

作为亚浓溶液动力学的重要影响因素，外场作用也受到人们的长期关注。例如，Chu 等[9, 42]在 21 世纪初对流场下亚浓溶液宏观流变行为与微观动力学之间的关系进行了大量研究。Shaqfeh 等[11]直接观察了强缠结 DNA 亚浓溶液在启动剪切、稳态剪切和剪切停止等流场条件下的运动行为。他们发现，在快速剪切停止后，链松弛时间首先会随浓度的增加而延长，在浓度增至较大值后出现了快、慢两个不同的松弛模式。Liu 等[10]对半柔性 DNA 和柔性高分子量聚丙烯酰胺（PAM）的亚浓溶液分别进行了拉伸松弛及应力松弛实验，以测量其最长松弛时间，发现亚浓溶液的最长松弛时间与浓度的标度指数将因浓度不同分别出现对应非缠结及缠结亚浓区的两个不同值。Huber 等[43]用荧光标记，直接观测到外加剪切场下肌动蛋白单纤在其亚浓溶液中翻滚运动会受邻近链间的相互作用而大幅减慢，同时其微观取向分布与宏观剪切变稀行为具有直接关联。Hsiao 等[44]用单分子荧光技术，研究了 λ- 噬菌体 DNA 溶液在高速拉伸后松弛、瞬时拉伸和稳态拉伸等条件下的动力学行为，也得到亚浓溶液中高分子链最长松弛时间与浓度的幂律标度指数。除上述浓度的影响外，动力学响应的各向异性也是人们关注的重点。Huang 等[27, 45]结合 MD 和 MPCD 两种模拟方法，对亚浓溶液中高分子链在剪切场下的翻滚运动及高分子链取向行为进行了研究，发现链在不同方向上具有不同的松弛行为和松弛时间，并且在高剪切速率下，不同方向上的松弛时间对剪切速率的依赖均表现为幂律关系（指数为 −2/3）。此外，Hsiao 等[44]的单分子动力学模拟结果也表明，随着魏森贝格（Weissenberg）数的增加，高分子链拉伸度及线团－拉伸构象转变在不同浓度下的区别将逐渐减小。Sasmal 等 [46] 采用 BD 模拟方法，对亚浓溶液中单个 DNA 分子在平面拉伸流中不同魏森贝格数和汉基（Hencky）应变下的动力学行为进行模拟，所得结果与 Hsiao 等 [44] 的单分子动力学实验结果定量相同。除了线形链外，人们也对高分子刷等在流场下的动力学行为开展了研究。例如，Galuschko 等 [47] 用 MD 模拟方法和标度理论，研究了短链高分子刷在良溶剂中摩擦性能与剪切作用的关系，并在亚浓区中发现了宏观输运性质对魏森贝格数的依赖关系由线性区向非牛顿区的转变。

二、关键科学问题

由于高分子溶液的扩散与松弛动力学的影响因素多、影响机制复杂，且亚浓溶液存在很大的链段浓度涨落，因此研究难度颇大。当前，人们在新型检测、分析技术开发及理论模型改善等方面进行了大量的工作，对具有不同特性的高分子亚浓溶液体系开展了广泛的研究，但目前尚有大量的科学问题亟待回答，关键的科学问题主要集中在以下四个方面。

（1）高分子亚浓溶液在不同长度和时间尺度下扩散与松弛模式的物理本源。高分子溶液中自扩散与协同扩散之间的相互作用是其动力学研究中的关键问题之一，但这些作用与实验研究发现的快、慢松弛模式之间的联系目前仍无定论，有待深入研究。

（2）结构、性质不同的高分子亚浓溶液扩散与松弛行为的异同及其背后的影响机制。大量研究表明，高分子亚浓溶液的动力学明显依赖于其自身的拓扑结构、柔性和带电性等固有性质，但其作用机制尚待阐明。

（3）外场作用对高分子亚浓溶液松弛行为的影响机制。在实际应用中，高分子亚浓溶液常常处于复杂的多种外场（如拉伸场和剪切场等）作用下。虽然高分子亚浓溶液的松弛动力学行为与所处的外场紧密相关，但是目前尚无可以在分子层面上描述非平衡条件下松弛动力学的理论。

（4）高分子亚浓溶液中纳米粒子运动与高分子链间的耦合关系。研究纳米粒子在高分子亚浓溶液中的扩散行为，有助于加深对胶体粒子/高分子溶液及生物大分子/高分子溶液等在工业、生命科学领域具有重要意义体系的认识。

三、重要研究内容

围绕高分子亚浓溶液扩散与松弛动力学的关键科学问题，结合目前该领域的发展状况及国内的研究基础，建议应着重开展以下五个方面的研究。①揭示不同情况下链扩散与松弛模式的物理本源。对于电中性的柔性高分子亚浓溶液的动力学行为，目前实验研究已取得了许多重要进展，但仍有大量结果无法用现有的理论模型进行描述。因此，应结合实验数据建立、完善理论模型，以揭示不同时间尺度、空间尺度下扩散与松弛模式的物理本源。②明晰带电高分子亚浓溶液中持续长度与相关长度的关系。目前，对带电高分子亚浓溶液的理解主要基于“持续长度正比于相关长度”这个假定。虽然从该假设出发能对亚浓溶液的多种性质进行预测，但需要明确该假定的合理性和适用范围。③明确不同拓扑结构高分子亚浓溶液的链扩散与松弛行为。高分子链拓扑结构对其亚浓溶液动力学行为有重要的影响，除了当前已开展的多臂星形、H形和梳形等不同拓扑高分子亚浓溶液体系研究外，还应包括高接枝密度链、多级支化链和悬挂末端（dangling ends）等具有更复杂拓扑结构且应用前景巨大的亚浓溶液体系。④揭示非平衡条件下的松弛动力学。高分子亚浓溶液常常处于复杂外场作用下，并表现出不同的松弛动力学行为，但目前尚不能从分子层面对其进行完整的解释和准确的预测。⑤理解纳米粒子在高分子亚浓溶液中的动力学行为，全面考查粒子与高分子链之间的耦合作用及粒子间的相互作用对粒子运动过程的影响机制。

四、发展思路与目标

高分子亚浓溶液是高分子科学与工程乃至生命科学研究领域的重点体系，但其研究却一直受制于微观结构与相互作用的复杂性及检测手段的局限性。因此，建议从研究方法开发、理论模型建立及实际应用三个方向同步开展研究。①开发先进实验表征技术、发展先进分析方法。实验观察分析手段的进步是推动高分子亚浓溶液动力学研究发展最直接的助力，将帮助人们更加全面、深入和精确地认识这一复杂问题。②建立新理论、发展新模型。通过理论、模拟与实验的合作研究，将扩散与松弛行为的研究由不带电的线形高斯链逐步扩展到带电体系、半刚性链及不同拓扑结构的复杂体系，丰富和完善对高分子亚浓溶液动力学行为的认识。③针对高分子亚浓溶液在加工、应用领域的重要地位，通过选取具有良好研究基础且应用前景广阔的高分子亚浓溶液体系（如纤维素溶液体系、纳米粒子/高分子复合溶液体系等）或选取与我国亟待攻克的核心材料体系（如光刻技术相关体系等）作为重点研发对象。

五、短板与优势

我国在高分子亚浓溶液的扩散和松弛动力学研究方面起步较晚，但是通过发展先进的静/动态散射技术、介电谱仪及流变学实验表征技术，已在扩散与松弛模式分析、半柔性高分子亚浓溶液动力学研究和聚电解质亚浓溶液的介电松弛行为等方面做出了许多具有国际影响的原创性工作，具体如下。

（一）柔性高分子链松弛模式研究

采用静/动态激光光散射，研究了快、慢两种松弛模式的物理本源，明确了温度、盐和溶剂效应对松弛模式的影响规律和作用机制。其中最具代表性的工作是吴奇等对高分子溶液的动力学行为，尤其是对链的慢松弛行为进行了大量系统深入的研究；他们考查了交联化[48]、溶剂效应[49]、带电[50]、溶液浓度和凝胶化[51]等多种影响因素，并将慢松弛行为的物理本源归结于链间相互作用对运动的阻碍，推翻了关于慢松弛模式源于蠕动的推测[52, 53]，为长期以来的争论画上了句号；他们与韩志超等合作开展了聚异丙基丙烯酰胺链在亚浓水溶液中松弛模式的研究[54]，验证了慢松弛模式的物理本源。此外，张广照等通过研究异丙基丙烯酰胺/氧化乙烯接枝共聚物水溶液的动力学行为，再次澄清了快、慢松弛模式的物理本质，即慢松弛模式与链间聚集体相关[55]，并明确了溶剂效应对松弛模式的影响[56]。与此同时，他们还将动态光散射技术用于研究高分子胶束在高分子亚浓溶液中的扩散行为，发现形成胶束的高分子链与溶液中高分子链是否交叠或缠结对胶束在溶液中的扩散模式有非常显著的影响[57]。杨成等采用激光光散射技术研究了支链淀粉水溶液的动力学行为，分别比较了长、短两种支链淀粉在稀溶液区和亚浓溶液区的运动、扩散和松弛模式[58]。朱庆增等观测到乙二醇/乳酸嵌段共聚物在四氢呋喃亚浓溶液中的快、慢两种松弛模式，并发现这两种模式分别对应单链扩散和聚集体扩散[59]。

（二）半柔性高分子亚浓溶液动力学研究

纤维素作为半柔性链的典型代表，开展其亚浓溶液动力学研究不仅具有重要的科学意义，也可为其溶液加工中优化溶剂分子设计提供参考。我国学者通过流变学研究，建立了松弛时间与浓度的标度律，明确了溶剂效应、缠结作用对纤维素的扩散或松弛行为的影响。例如，张玉梅等分别对纤维素的氯化（1-丁基-3-甲基咪唑）溶液和丙烯腈/衣康酸共聚物的氯化（1-丁基 -3-

甲基咪唑）溶液进行了研究，发现松弛时间与浓度在不同区域内（交叠浓度之下、交叠浓度和缠结浓度之间及缠结浓度之上）具有不同的标度律，并符合中性高分子在 θ 溶剂中的理论预测 [60, 61]。刘琛阳和张军等 [62] 合作研究了纤维素的离子液体溶液中添加二甲基亚砜共溶剂后的溶液流变行为，得到松弛时间与浓度的关系，发现离子液体-二甲基亚砜混合溶剂对纤维素表现出类 θ 溶剂的性质。程博闻等发现，对于 1-烯丙基-3-甲基咪唑甲酸盐溶剂体系，纤维素的松弛时间与浓度的标度律在其亚浓缠结区内偏离了理论预测，他们把这一差异归结为缠结作用阻碍了纤维素的扩散 [63]；其后，他们选择氯代 1-烯丙基-3-甲基咪唑/二甲基亚砜作为溶剂，发现改变共溶剂中二甲基亚砜的含量对解缠结松弛时间和缠结点间链段松弛时间的影响几乎同步 [64]。

（三）聚电解质亚浓溶液的介电松弛行为

研究聚电解质亚浓溶液的动力学行为，对理解生命现象及拓展其工业应用领域都具有重大意义。我国学者借助介电谱分析方法，通过研究介电松弛行为，建立了聚电解质亚浓溶液松弛时间与链长、浓度及温度的依赖关系，明确了介电松弛机制。例如，赵孔双等研究了不同浓度、不同温度下壳聚糖无盐水溶液的介电松弛行为，发现壳聚糖亚浓溶液的两种介电松弛机制分别对应凝聚抗衡离子和自由抗衡离子的涨落 [65]，而且松弛时间和壳聚糖浓度依赖关系的研究结果与理论预测相符。同时，他们还对聚二烯丙基二甲基氯化铵水溶液进行了研究，也发现了由自由抗衡离子涨落导致的介电松弛行为，并对松弛时间与浓度、温度的依赖关系进行了系统的研究 [66]。

应该指出的是，我国在高分子亚浓溶液动力学领域国际领先的理论模拟研究成果还比较少，特别是在开拓新的理论模型方面与国际同行差距明显，理论和模拟研究力量有待加强。

（撰稿人：郭洪霞；中国科学院化学研究所）

第二节　临界现象与标度理论

一、概述

对于高分子溶液体系，浓度在临界交叠浓度 C^* 之下的部分被称为稀溶液，而浓度超过临界交叠浓度 C^{*} 后，即进入亚浓溶液区。当浓度持续增加，大于亚浓溶液的上限 C^{**} 时，溶液即进入浓溶液区。因此，高分子溶液体系可粗略地分为稀溶液、亚浓溶液、浓溶液三个区间。纵观高分子物理的发展历程可以发现，人们在稀溶液和浓溶液（或者熔体）这两种极端情况的理论描述方面取得了较大的突破，如针对稀溶液的齐姆模型和针对浓溶液或熔体体系的管子模型及其改进模型[5]。但是，对于亚浓溶液这个过渡区间，熟悉高分子物理的学者可以很明显地发现成熟理论的缺失。当然，这并不是由科学家的疏忽造成的，而是由亚浓区间的特殊性导致的：在稀溶液或浓溶液极限中，微观动力学行为主要由单一机制主导（分别是流体力学作用及链间相互作用），可以采用简练的数学语言描述出来。而在亚浓溶液区间，上述两种乃至其他机制相互耦合影响、动态关联，共同决定了体系的动力学行为。显然用数学的方法描述这一环境是非常困难的。亚浓溶液作为连接稀溶液和浓溶液两种极端情况的桥梁，其浓度通常横跨几个数量级，覆盖了绝大部分的浓度区间，是一类非常重要的体系。为了描述该类体系，科学家做了诸多尝试，如标度理论（scaling theory）及 Blob 模型的引入就在一定程度上填补了理论的空白。然而不可否认的是，与齐姆模型及管子模型所给出的清晰物理图像相比，对亚浓区间的理论描述仍然是一个极具挑战性的科学问题，尤其是近年来科学家重点关注的带电体系和刚性体系。另外，高分子所参与的众多过程（如合成、加工和生物体内 DNA 的复制及游离等）都与亚浓区间高分子链的结构和动力学行为息息相关。因此，该领域的相关研究具有重大科学意义和应用价值。

对于亚浓区间的最初认识来源于对线形高分子亚浓溶液体系的解析，通过标度理论和 Blob 模型的引入，构建起亚浓溶液平衡态结构和动力学的基本框架[5]。然而需要注意的是，高分子科学发展到今天，其所承载的内容早已超越了传统的柔性线形高分子体系的范畴。近几十年来，在传统的柔性线形高分子体系之外，刚性高分子、非线形高分子和带电高分子等体系因其本身在生物及化工等领域的重要应用而引起广泛的关注，进而催生了众多先进的技术手段，荧光标记技术就是其中的典型代表[67]。下面将对当前的主要研究进展做简要回顾。

（一）线形高分子亚浓溶液

标度理论的引入使我们初步了解了对线形高分子亚浓溶液平衡态结构和动力学行为。在良溶剂中，临界交叠浓度 $C^{*} \approx M^{-4/5}$。这表明，分子量越大，

C^*越小[5]，渗透压Π符合 des Cloizeaux 定律，即$\Pi \sim C^{9/4}$。该关系与平均场预测的$\Pi \sim C^2$是不同的，两者之间的差别意味着有关联效应。在亚浓溶液中，高分子链是相互交叠的，看起来类似于具有平均网眼尺寸ξ的网络（ξ称为相关长度）。在处理该类体系时，标度理论实际上包含两个基本假定。首先，尺寸为ξ的网络结构只取决于浓度，而与聚合度无关，即链尺寸比网眼尺寸大得多；其次，当浓度等于C^*时，高分子链虽然彼此接触，但还未相互贯穿，网眼尺寸ξ与一个高分子链的尺寸R_g大小必定相当。由此得到标度关系$\xi \sim C^{-3/4}$。另外，亚浓溶液中还存在另一个长度尺度，称为流体力学屏蔽长度ξ_h[5]。小于ξ_h时，流体力学相互作用起主导作用，链动力学由齐姆模型描述；大于ξ_h时，流体力学相互作用被周围分子链所屏蔽，链动力学由劳斯模型描述。流体力学屏蔽长度ξ_h与相关长度ξ成正比，因此在相关长度以下，齐姆模型适用于描述分子链的松弛；而在相关长度以上，劳斯模型更加合适。在非缠结亚浓溶液中，黏度随浓度增加而增大，而且长时间的松弛模式为劳斯形式，高分子的增比黏度与分子量呈线性关系。基于这些事实，Rubinstein 和 Colby[5] 通过标度理论计算发现，在θ溶剂中，增比黏度随浓度的平方增加，而在良溶剂中，增比黏度随浓度的弱幂次增加，标度指数约为 1.3。对于长链高分子，在浓度较高时会发生缠结。Raspaud 等[68] 率先开展了缠结亚浓溶液标度理论的研究，提出了临界缠结浓度C_e的概念，用于表示分子链开始缠结的浓度。他们发现，当浓度大于C_e时，溶液的零切黏度与浓度的 3.4 次幂成正比。Larson 等[69] 的实验表明，高分子在良溶剂中的增比黏度与浓度的 3.1 次幂成正比。在高于C_e的亚浓溶液区，他们发现还存在另外一个特征浓度——临界溶胀浓度C_s。当浓度大于C_s时，即使在良溶剂中，高分子链在各个尺度上都是无规行走构象，符合 Colby-Rubinstein 描述的高分子构象在θ溶剂中的标度律，其流变学性质的标度行为与熔体是一致的。

另外，Blob 模型[70] 也是理论研究亚浓溶液的有力工具。即使对于非线性流变行为，该模型也具有重要参考价值。Colby 等[71] 在劳斯模型的基础上引入平卡斯（Pincus）的 Blob 模型。计算发现，非缠结亚浓溶液的剪切黏度随剪切率的 -1/2 次幂下降，该指数与浓度和聚合度无关。需要注意的是，Blob 模型应用到非平衡态体系时会受到很大限制，Blob 模型只适合分子链较长的非缠结亚浓溶液的剪切变稀初期行为，对短链或强剪切条件是不适用的。Pan 等[72] 提出，平卡斯的 Blob 是由更小的“Blob”组成的，用小“Blob”间的关联确定流场下链的松弛时间，发现在高剪切速率区域，剪切变稀行为也具有普适性规律。实际上，实验中获得的亚浓溶液剪切变稀的幂指

数在 -0.3～-0.85 这个非常宽泛区间内，模拟上也获得类似的结果。这些研究显示，亚浓溶液的非线性流变性质不仅依赖于浓度和剪切强度，而且与链的运动规律、拉伸程度、解缠结等因素密切相关。亚浓溶液涵盖了分子链间相互作用从无到有、从弱到强的广阔的参数空间，标度理论等只能解释部分实验结果，对于多数实验现象（特别是非平衡态行为）无能为力，这主要是由关键微观物理信息的缺乏所致。近年来，得益于单分子技术、实时观测技术和计算机模拟技术的发展，人们对高分子链性质的认识有了质的飞跃。实验上，Chu 等[73-76]利用荧光标记技术，直接观测线形高分子单链在剪切场下的构象变化和动力学行为时发现，由于剪切的作用，线形高分子链发生有规律的构象变化（即拉伸 - 回缩 - 再拉伸），并称该变化为 Tumbling 运动[66]。随后大量的实验和模拟表明这种运动是非周期性的。目前相关研究还只限于非缠结高分子溶液，对于缠结高分子还缺乏相应的探索，有待技术上的进步。此外，如何从理论上解释这些动力学行为也是亟待解决的难题。

（二）刚性高分子亚浓溶液

作为与柔性高分子相对应的另一个典型体系——刚性高分子（也被称为棒状高分子），其相关研究对于解析这一大类体系的结构、动力学及流变行为至关重要。棒状高分子的亚浓溶液性质与柔性高分子存在巨大差异。Kiss 等[77]首先发现了负法向应力现象，即在特定的浓度下，棒状高分子溶液体系的第一法向应力 - 剪切速率曲线在中等剪切强度时表现为负值。这个现象颠覆了剪切场下高分子溶液只会表现出正的法向应力（表现为挤出胀大或爬杆现象）的观点。Onogi 等[78]报道了另一个棒状高分子特有的、重要的流变行为，即在一定的条件下，棒状高分子溶液的剪切黏度 - 剪切速率曲线呈现明显的三段行为——黏度随着剪切速率的增加依次表现为剪切变稀 - 平台 - 剪切变稀。这与人们熟知的柔性高分子体系的平台 - 剪切变稀的两段行为不同。随后，大量实验结果证明这两种流变行为具有普遍性[79, 80]。实际上，棒状高分子的流变行为极其复杂，受到溶质种类、溶质尺寸分散性、溶液浓度和温度等条件的影响，有的体系能同时观测到负应力和三段剪切行为[81]，而有的体系只能看到其中一种行为[82]，还有的体系两者皆无，而类似于柔性高分子。近年来，Dogic 等[80]建立了一个噬菌体的模型体系，施加剪切之后，这个体系表现出三段黏度行为，但中间段并不是平台区，而是一个剪切增稠区。针对三段黏度行为，Onogi 等[78]提出了一种结构上相对应的三段机制，分别为聚集多畴（piled polydomain）、离散多畴（dispersed polydomain）和均一单畴（continuous monodomain），来解释该现象。Hashimoto 等[83]对该观点提出了质疑，表示观测不到所谓的三个结构机制；Burghardt 等[81]也指出，聚集多畴不是导致第一段剪切变稀的主要原因。对于负第一法向应力的现象，Kiss 和 Porter[77]认为，在垂直于流场方向的平面内，出现该结构是主要原因；而 Burghardt 等[81]则认为，分子取向起决定作用。虽然 Larson 等[84, 85]从理论的角度，通过求解刚性棒体系的运动方程，得到负的法向应力，并指出负应力的出现与棒的取向状态及有序度的变化有关，但是该理论模型无法预测三段剪切行为，而且模型中完全忽略了棒取向状态的空间非均匀性，这与真实的多畴体系相违背。另外，亚浓溶液中的棒状高分子也可以发生缠结。Granick 等[86]发现，缠结的肌动蛋白在扩散时表现出强的动力学关联性。此外，棒状高分子也可以作为探针，探测柔性高分子亚浓溶液中的缠结管道，为管子模型提供直接的证据支持。事实上，因为棒状探针会改变“管子”的形态，所以还需要计算机模拟或新的实验技术来获得更加精确的“管子”信息。

（三）非线形高分子亚浓溶液

除了传统的线形高分子链之外，其他拓扑结构的高分子链体系也广泛存在，对非线形高分子链体系的相关研究具有重要的意义。其中，星形高分子（支化高分子链）和环形高分子（无末端高分子链）两类体系非常具有代表性，我们将对这两类体系分别予以介绍。

1. 多臂星形高分子单链

Daoud 等[87]提出其性质可以分为三个不同区域：靠近核心区域的链段性质与在熔体中类似，称为浓溶液区；靠近自由末端区域的链段性质与在稀溶液中类似，称为稀溶液区；而中间区域称为亚浓溶液区。然而，在亚浓溶液区，这种链段分布的不均匀性对建立相应的 Blob 模型带来了很大的挑战。由于网眼尺寸的不均匀性，人们难以确定星形链的相关长度。Blob 的大小不但与浓度相关，也依赖于星形链硬核的位置，导致相关标度理论研究的匮乏。实际上，多臂星形链在其内部形成了其他链无法穿透的“硬核”，因此链段在其亚浓溶液中的分布是不均匀的。多臂星形高分子链兼具了“链”和“球”的双重特性，也被形象地称为“软胶体球”[88, 89]。随着臂数的增加，星形高分子逐渐从线形链过渡到胶体球，分子链的堆积逐渐近程有序，除传统的分子链末端松弛之外，还需引入局域结构松弛机制，相应的宏观性质也会发生显著的变化。星形高分子链从柔性链到软胶体球的转变首先表现在流变性质上。Padding 等 [90] 首先研究了溶液中非缠结多臂高分子链的启动剪切行为，通过分析应力贡献来源发现星形链硬核之间的相互作用导致应力过冲的峰值位置明显前移。Vlassopoulos 等 [91] 研究了亚浓溶液在稳态下的剪切变稀行为，发现牛顿平台在浓度仅数倍于临界交叠浓度时已经低于可探测的剪切范围。即使考虑到浓度增加导致的平台位置前移，该结果也明显超出预期，但是这种反常流变行为的物理根源仍然不清楚。在缠结多臂星形链体系中，除了局域结构松弛和分子链松弛两种机制外，缠结网络的存在也使得微观动力学和流变行为变得更加复杂。Pakula 等 [88] 的研究表明，多臂体系反常流变行为的根源很可能对应着一种比分子链松弛更慢的动力学机制——局域结构松弛。上述进展固然令人鼓舞，但是还不足以完整地描述亚浓溶液的线性流变行为的物理图像，而且其非线性流变行为研究更具挑战性。

2. 环形高分子链

环形高分子链区别于其他类型高分子链的关键特征是没有末端。这个特征直接影响了环形高分子链的构象和动力学性质，也为突破现有理论的局限性提供了新的机遇 [92-94]。众所周知，管子模型是目前解决缠结问题最有效的理论模型。无论是研究线形链，还是星形链、梳形链等支化链，管子模型一个最基本的假定是分子链有自由末端，而把没有末端的环形高分子链排除在外 [95-97]。大量的实验和模拟工作表明，环形链之间也是存在缠结的。然而，环形高分子链没有末端，管子模型所描述的基于自由末端的所有松弛模式已不可能发生，因此环形高分子链之间的拓扑约束已超出了目前管子模型对缠结的认知 [93, 98]。环形链的独特性首先体现在缠结对分子链构象的影响。对于线形链熔体或浓溶液，无论是处于非缠结区域还是处于缠结区域，其构象都符合无规行走链，即缠结并不会影响链构象。人们最初认为环形链的构象也应该遵循这个规律，可以看作由两个无规行走线形链的简单拼接 [99]。然而随后的理论工作和计算机模拟研究表明，缠结的环形链呈现双折叠（double fold）构象 [100, 101]。并且还有研究发现，在更高的分子量区间内，环形高分子呈现“塌缩”的构象，表现为其均方回转半径与分子量依赖关系的标度指数是 2/3，小于线形链的 1.0[98, 101]。与线形链等具有自由末端的体系所呈现的极为舒展的构象相比，环形链紧密堆积的结构特点使得利用传统“管子”概念描述链间的拓扑约束变得十分困难；同样，德热纳等提出的“蠕动”概念也不适于描述环形链的运动方式。环形链的独特构象态对管长涨落和约束释放效应等管子模型的重要修正来说更构成了强劲的挑战。目前对环形链结构和动力学的初步认识还不足以孕育出类似管子模型的微观理论模型。值得注意的是，实验上制备纯的、不打结的和不连环（non-concatenated）的环形高分子链还存在较大困难，这给亚浓溶液流变性质的研究带来了极大的困扰。流变学家认为，环形高分子链流变的实验研究受到两个因素的明显影响：一是打结（knot），二是线形链的残留。由于打结会显著减小链尺寸，因此较早的实验研究认为打结是导致环形链与线形链显著性质差异的重要因素[102]。但是 Vlassopoulos 等[103]却认为，打结不会明显影响环形链的动力学，因为从局域折叠的角度来看，"结"的存在并不会减缓链沿着回路的滑动，对应力松弛的影响应该是有限的。分子链在流场下会发生形变，而打结会限制环形链的形变，因此链打结对流变行为的影响还是一个尚待解决的问题。与链打结相比，线形链的残留对流变性质的影响更加明显。实验研究表明，较纯的环形高分子链体系中加入极少量的线形链，应力松弛模量就发生显著的改变[102, 104]。而这个变化的物理根源很可能是线形链穿过环形链促进了缠结网络的进一步形成。事实上，环形链可以穿过环形链（环穿环），也可能影响溶液的流变性质。但是，人们还无法从实验上识别"线穿环"和"环穿环"。

（四）聚电解质亚浓溶液

随着高分子科学研究的逐渐深入，与生物学相结合以期能够解析重要的生命过程成为一个新的学术使命。而在完成这一目标的过程中，聚电解质（polyelectrolyte）的相关研究是非常重要的一环。聚电解质是由共价键连接、带有可电离基团的高分子链[105, 106]。这类高分子链整体上是电中性的，带有抗衡离子，聚电解质在极性溶剂中会发生电离，使高分子链带上电荷[19]。链上带正或负电荷的聚电解质分别称为聚阳离子或聚阴离子，带电粒子间的长程静电相互作用影响甚至决定了聚电解质的溶液性质[19]。聚电解质分子链的尺寸与溶剂的极性密切相关[107]。如果聚电解质溶解在一般的非离子化溶剂中，不会发生电离，链构象性质与中性高分子链一致；但如果聚电解质溶解在离子化溶剂中，则发生电离，链构象会由于分子链内同种电荷的强烈排斥作用而发生剧烈变化[108-113]。分子链构象变化影响溶液的性质，主要体现在有别于中性高分子链的宏观性质，如黏度的浓度依赖性等[114, 115]。即使在稀溶液中，由于长程静电相互作用，聚电解质链间也存在着强关联。长程关联给光散射、X 射线及中子散射等实验数据物理含义的解读带来了巨大的挑战[116-122]。

聚电解质链上的电荷不是固定的，随着链构象的改变不断调整[108, 110, 111, 113]。

聚电解质链构象与链浓度[109, 123]、盐浓度[124–126]、离子价态[125–127]、介电常数[107]和温度[126, 128]等因素相关。在浓度较低时，离子化产生的反离子会远离高分子链而向纯溶剂区扩散，反离子的离去导致高分子链有效电荷数量增多，静电排斥力增大，链构象更加舒展。浓度增加会抑制反离子扩散，高分子链周围存在大量的反离子，降低了净电荷数，引起分子链的塌缩[108, 110, 112, 113]。聚电解质溶液中掺杂盐（即小分子的强电解质），可抑制反离子的扩散，使聚电解质的构象形态与中性高分子的一致。这是调节溶液性质的重要手段之一[109, 114, 118, 120, 127]。通常溶剂被假定为连续、均一、各向同性的介质，因此在经典线性理论中，一般假定体系具有均一的介电常数。介电常数是决定电荷间静电相互作用强度的重要因素之一。Manning[129]就指出，反离子会凝聚在聚电解质链上，反离子的凝聚会导致链构象的剧烈变化，线形聚电解质在较强的静电相互作用下会发生棒状到无规线团的转变，而随着作用的增强，反离子会进一步凝聚，分子链继续塌缩，最终形成较致密的线团[108, 110, 112]。真实聚电解质溶液中，介电性并不是绝对均一的。近年来的研究表明，介电非均一性对链的构象转变有重要的影响[107, 130]。温度体现了分子热运动的剧烈程度，影响溶剂的性质。在不良溶剂中，聚电解质链同时受到链内电荷间长程静电排斥作用和溶剂分子与链段间短程排斥作用。在两者共同作用下，线形长链会形成特殊的串珠状（pearl-necklace）结构。这一点已经被理论和模拟所证实[131–134]。目前，线形聚电解质在无盐溶剂中的构象转变已经得到比较充分的认识。与中性高分子链类似，聚电解质存在着不同的拓扑链结构，它们的构象转变机制还需要进一步研究[113, 135–137]。

与中性高分子一样，聚电解质溶液的临界交叠浓度 C^* 取决于分子链开始贯穿的临界尺寸。由于聚电解质链的尺寸依赖于浓度和反离子的分布，定量化临界交叠浓度要比中性高分子困难。与中性高分子类似，临界交叠浓度依然可以表达为分子量和均方回转半径的函数[138, 139]。由于均方回转半径难以测量，通常以分子链最大拉伸状态下的轮廓长度代替。显然，即使高分子链上的带电基团使分子链伸展，分子链的热运动也不可能使其完全伸展成棒状。因此，该方法比较粗糙，得到的临界交叠浓度与真实值误差较大。在临界交叠浓度以下，无盐聚电解质溶液分为两个不同的区域，即类气体（gas-like）区和类液体（liquid-like）区[140]。在类气体区（$0<C<C_k$），聚电解质的浓度极稀，链间的静电相互作用可以忽略，无盐溶液中聚电解质链的相关长度 ξ 满足关系式 $\xi \sim C^{-1/3}$。在类液体区（$C_k<C<C^*$），分子链由于静电相互作用而彼此相关，但并没有交叠，相关长度与浓度满足 $\xi \sim C^{-1/2}$。聚电解质浓度

大于交叠浓度（$C^{*}<C<C^{**}$），相关长度依然保持 $\xi \sim C^{-1/2}$ 的标度行为，这在一定程度上导致无盐溶液的 C^{*} 无法准确测定。聚电解质浓度大于 C^{**}，意味着体系进入浓溶液区，ξ 随 $C^{-1/4}$ 下降，直至进入熔体区，ξ 不再与浓度相关。

只有在高盐体系中，稀溶液到亚浓溶液的过渡行为才能利用光散射手段比较准确测定，明显特征是聚电解质的扩散系数在稀溶液区对浓度的依赖较弱，与分子量相关。但在亚浓溶液区，聚电解质的扩散系数对浓度有更强的依赖性，且与分子量无关。但对于无盐溶液体系，聚电解质的扩散系数无法反映稀溶液到亚浓溶液的过渡行为。虽然聚电解质的稀溶液到亚浓溶液转变的研究取得了一定的进展，但是要精准确定该转变还存在较大的困难。迄今，人们对于聚电解质亚浓溶液的动力学还缺乏相应的认识。

目前聚电解质亚浓溶液的理论和模拟研究也取得了重要进展。Dobrynin 等 [138] 利用标度理论，给出了溶解在不同性质溶剂中的聚电解质分别处于稀溶液、亚浓非缠结溶液与亚浓缠结溶液的标度关系。由于盐离子可以有效影响聚电解质的构象和松弛动力学，有盐和无盐溶液的标度行为存在显著差异。通过模拟研究，人们对反离子或盐离子在聚电解质链上的凝聚对链构象和动力学的影响机制已经有了相当的认识 [108, 110, 112, 113, 141, 142]。基于无规相近似的方法，Muthukumar[143] 对无盐聚电解质溶液的临界现象和对应的标度行为给出了清晰的描述。最近，利用自洽场理论，人们在聚电解质亚浓溶液研究上取得了重大突破，进一步理解了介电非均一性 [144, 145]。目前大部分线形聚电解质的平衡态性质已经得到较充分的研究，全面理解长程静电相互作用的影响机制，还需要研究其他链构型及它们在非平衡态的结构与动力学行为 [115, 146, 147]。对聚电解质亚浓溶液的研究，能够增加人们对其工业应用的物理基础知识储备，同时增加对 DNA 等生物大分子的认知。

二、关键科学问题

（一）亚浓溶液中高分子链缠结的微观本质

与稀溶液和浓溶液（或者熔体）区间内清晰的链动力学物理图像相比，亚浓溶液区间内高分子链的动力学行为尚缺乏明确的理论描述（标度理论和 Blob 理论偏重结构行为的描述）。因此，在从稀溶液到浓溶液的过渡过程中，高分子链间相互作用的本质是什么？主导机制与齐姆模型及管子模型有什么异同？在流体力学作用和链间拓扑约束共同发挥作用的环境下是否存在一个普适的理论？此外，亚浓区间内影响宏观流变行为的微观机制是什么？与浓溶液及熔体有何异同？上述问题正是高分子溶液亚浓区间内亟待解决的最基本也是最重要的科学问题。

（二）非柔性及非线形高分子亚浓溶液链间相互作用的微观机制

非柔性高分子链及非线形高分子链体系要比线形链体系复杂得多，很难基于现有模型描述。从稀溶液过渡到浓溶液的过程中，非柔性链及非线形链相互叠加、相互贯穿的方式是什么？影响这些行为的关键因素是什么？链拓扑结构和动力学对浓度的依赖关系符合什么规律？溶剂是如何影响高分子链性质的？如何建立普适性的理论模型？这些都是当前高分子亚浓溶液领域理论研究面临的重大问题。

（三）静电相互作用对聚电解质亚浓溶液性质影响的微观机制

静电相互作用是决定聚电解质亚浓溶液区别于中性高分子亚浓溶液的关键所在。影响静电相互作用的因素众多，如浓度、盐浓度、离子价态、介电常数和温度等，而这些因素往往相互耦合，给认识静电相互作用影响聚电解质的微观机制带来了巨大的挑战。

三、重要研究内容

（一）缠结网络的识别与探测

缠结赋予了高分子体系独特的力学性能，影响着高分子结晶、玻璃化转变等基本物理过程。缠结网络的识别与探测对理解缠结的微观本质至关重要，也对理论研究具有指导意义。亚浓溶液中高分子链相关长度较大，因此可以通过纳米粒子等“探针”探测。但需要注意，探针会影响网络结构，因而需要其他辅助手段消除影响。计算机模拟是认识缠结网络的重要手段，但受制于高分子链长的松弛时间，尚无法满足理论上对链长的要求（如理论上通常假定链长无穷大）。由于模拟采用的链长相对较短，缠结点数有限，缠结效应并不明显。因此，建立新的计算方法和模型是当前的研究重点。

（二）刚性高分子亚浓溶液

由于刚性高分子链各向异性的特点，其溶液性质与柔性高分子溶液有显著差异，刚性链间的取向相互作用和动力学强关联都是其他高分子链所不具备的。随着浓度的增加，刚性高分子链发生相转变，从各向同性相到向列相再到近晶相等有序相，其临界现象明显。刚性高分子复杂的相行为和动态响应是理解其亚浓溶液独特流变行为微观机制的关键，也是高分子流变学领域的重大问题。

（三）非线形高分子亚浓溶液

亚浓溶液的性质与高分子链拓扑结构密切相关。与线形高分子链不同，环形高分子链没有末端，被认为是认识缠结本质、超越现有理论局限的理想模型体系。在不同链长和浓度条件下，需系统地研究环形高分子链相互重叠和贯穿的方式，建立相应的解析表达式，进一步构建本构方程。

星形高分子被认为是认识从柔性高分子链过渡到软胶体球的理想模型体系。多臂星形高分子在较高浓度下会形成近程有序的结构，引入新的松弛模式，可用来调控宏观流变性能。在溶液中，星形高分子的链段分布是不均匀的，随着浓度的变化而改变（特别是在亚浓溶液区域），具有高度的复杂性，使得相应理论的建立和结构与性能关系的研究非常具有挑战性。

（四）聚电解质亚浓溶液

长程静电相互作用影响甚至决定了聚电解质的链构象，随着浓度的增加，静电屏蔽导致链构象和链间相互作用发生巨大的变化。在流场等外场作用下，聚电解质链发生拉伸和取向，反离子会被剥离主链。这种外场与静电相互作用的耦合可能是聚电解质复杂非线性流变行为的来源。由于聚电解质亚浓溶液区横跨了大约 4 个数量级，影响因素众多，其临界现象和标度行为的复杂程度是中性高分子亚浓溶液无法比拟的。在亚浓溶液中，对聚电解质动力学行为的理解远落后于对其结构的了解。在中性高分子体系中，长程流体力学相互作用对高分子动力学行为有重要的影响。而对于聚电解质亚浓溶液，静电和流体力学的相互作用耦合使得其动力学行为变得更加困难。

四、发展思路与目标

高分子亚浓溶液的临界现象和标度理论研究一直是高分子物理研究的前沿，该领域有一些重大的科学问题有待攻克。自 20 世纪 70 年代以来，以线形高分子为代表，高分子亚浓溶液的基础研究在国际上取得重大进展，相比之下，我国的相关研究严重滞后。目前，随着我国高分子工业的蓬勃发展，绿色环保新型高分子材料需求强劲，新加工成型技术难题亟待攻克，其市场需求为高分子亚浓溶液基础理论研究带来了契机。近年来，多个研究组开展了高分子亚浓溶液的研究，取得了多项重要的成果。为了提高我国高分子学科基础理论研究水平，解决重大的基础科学问题，应该加大对高分子亚浓溶液动力学研究方向的资助力度，鼓励攻克重大基础理论问题。

通过对高分子亚浓溶液动力学基础理论研究的重点支持，经过5～10年的努力，集中力量解决若干重要的基础理论问题，在线形高分子、环形高分子、星形高分子、刚性高分子和聚电解质等研究上取得重大突破；建立先进的高分子亚浓溶液实验、理论和计算机模拟研究平台，充分利用超级计算机研究高分子链缠结等重大问题；培养一批高分子亚浓溶液动力学基础研究人才团队，建立有国际影响力的基础研究中心。

五、短板与优势

我国在高分子稀溶液和熔体研究方面具有良好的基础，并取得了许多重要的研究成果。相比之下，在高分子亚浓溶液性质，特别是高分子亚浓溶液动力学的研究方面工作较少。近些年，随着国内科研队伍的壮大和国家对科研投入的增加，对高分子亚浓溶液的研究蓬勃发展，取得了一系列重要进展，在某些方面处于国际领先水平，为我国高分子亚浓溶液的进一步发展打下了坚实的基础。如吴奇等[148]利用动态荧光散射方法，研究了聚苯乙烯-甲苯体系，发现聚苯乙烯平动扩散系数与浓度的关系曲线中有一转折点；他们还用动态荧光散射方法，研究了星形聚苯乙烯高分子亚浓溶液中慢松弛问题[51]。魏进家等[149]对中等浓度表面活性剂的流变性质进行了系统的实验研究。蒲万芬等[150]采用水自由基聚合技术，研究了两性超支化高分子稀溶液和亚浓溶液对剪切、温度、盐及pH等因素的响应行为。赵南蓉和侯中怀等[151]合作利用多粒子碰撞动力学模拟方法，研究了流体力学相互作用对亚浓高分子溶液中纳米粒子扩散的影响。魏兵等[152]合成了凝胶状梳状疏水缔合高分子，并对其淡水和盐水亚浓溶液的流变性质进行了分析，他们在盐溶液中设计了剪切增稠的高分子体系。总之，我国在高分子亚浓溶液性质研究方面，经过不懈的努力和发展，已经打下了扎实的研究基础，为研究团队之间相互合作创造了条件，为我国科学家进一步创新发展高分子亚浓溶液研究提供了平台。

我国科学家近年来在聚电解质稀溶液的构象和动力学行为的研究方面取得了许多重要的成就。在此基础上，人们进一步拓展研究工作至高分子亚浓溶液，获得了许多具有国际影响的原创性科技成果。林金福等[153]通过实验研究了聚苯乙烯磺酸钠在亚浓溶液中的电导率；他们还研究了聚苯乙烯磺酸钠在亚浓溶液中的链构象，阐明了链构象对亚浓水溶液中聚苯乙烯磺酸钠的磺化和抗衡离子解离度的依赖性[154]。林炳承等[155]利用实验研究了DNA片段在高分子溶液全浓度区间的电泳迁移行为。童朝辉等[156]通过理论方法研究了弱聚电解质亚浓溶液中带电粒子间有效相互作用及偶极子间的有效相互作用问题。石彤非等[157]利用蒙特卡罗模拟方法，研究了三嵌段遥爪聚电解质亚浓溶液体系的溶胶－凝胶转变。赵南蓉等[158]将模耦合理论框架拓展至聚电解质溶液中纳米粒子的扩散研究，计算了不同尺寸的纳米粒子在不同浓度下的扩散系数。瞿立建等[159]通过理论方法发展了聚电解质纳米凝胶在稀/亚浓溶液中的标度关系。总之，我国在聚电解质亚浓溶液的构象性质和动力学行为研究方面已经有了足够的积累和高水平的研究实力，不同的研究团队各具特色、各有所长，研究团队间可以互补合作、协同发展，这将促进我国聚电解质亚浓溶液研究的进一步发展。

我国在高分子纳米复合材料的研究方面具有良好的基础，但在高分子/纳米粒子亚浓溶液研究方面的工作还比较有限。近年来，在发展高分子纳米复合材料的国际背景下，我国在高分子/纳米粒子亚浓溶液的理论模拟和实验研究方面发展迅速，出现了一批优秀的研究成果，并在该领域取得重要进展。王琦等[160]实验研究了聚乳酸（polylactic acid，PLA）亚浓溶液中纳米胶囊复合纳米纤维的形态和性质。密建国等[161]利用动力学密度泛函理论方法，研究了固体表面上亚浓溶液中高分子介导的纳米粒子沉积问题，从微观层面提出了在受限条件下，亚浓溶液中高分子－颗粒悬浮液的结构和功能关系的新见解。赵南蓉等[162]初步建立了基于模耦合理论计算纳米粒子在高分子亚浓溶液中长时扩散系数的算法，根据涨落耗散定理计算了扩散系数。曹学正和吴晨旭等[163]合作利用分子动力学模拟方法，研究了亚浓高分子溶液中纳米粒子的分散和聚集行为。吴晨旭等[164]利用分子动力学模拟方法，研究了受限亚浓高分子溶液中纳米粒子的结晶行为。总之，我国在高分子/纳米粒子亚浓溶液的研究方面紧跟国际步伐，经过近年的发展和积累，已经具备了扎实的研究基础和雄厚的研究水平，部分研究团队的总体实力已达到国际水平。

同时，也要清醒地看到我国的短板。虽然在某些研究热点上取得了足以与国际同行媲美的研究成果，但是在整个高分子亚浓溶液流体动力学研究范畴内，仍然远落后于美国、日本、欧洲等国家或地区，尤其缺乏原创性、系统性的理论研究。当前国内学者所取得的研究进展更多地体现在某些孤立的研究热点上，呈现出“碎片化”的趋势。因此，亟须通过顶层设计，整合一支相对稳定的高水平基础研究队伍，通过5～10年的努力，在高分子亚浓溶液动力学基础理论研究方面取得突破。

（撰稿人：陈继忠；中国科学院长春应用化学研究所）

本章参考文献

[1] Doi M, Edwards S F. The Theory of Polymer Dynamics. New York: Oxford University Press, 1988.

[2] de Gennes P G. Scaling Concepts in Polymer Physics. New York: Cornell University Press, 1979.

[3] Brown W, Nicolai T. Static and dynamic behavior of semidilute polymer solutions. Colloid and Polymer Science, 1990, 268: 977-990.

[4] Jain A, Dünweg B, Prakash J R. Dynamic crossover scaling in polymer solutions. Physical Review Letters, 2012, 109: 088302.

[5] Rubinstein M, Colby R H. Polymer Physics. New York: Oxford University Press, 2003.

[6] Schaefer D, Joanny J, Pincus P. Dynamics of semiflexible polymers in solution. Macromolecules, 1980, 13: 1280-1289.

[7] Käs J, Strey H, Tang J, et al. F-actin, a model polymer for semiflexible chains in dilute, semidilute, and liquid crystalline solutions. Biophysical Journal, 1996, 70: 609-625.

[8] Smith D E, Perkins T T, Chu S. Self-diffusion of an entangled DNA molecule by reptation. Physical Review Letters, 1995, 75: 4146.

[9] Hur J S, Shaqfeh E S, Babcock H P, et al. Dynamics of dilute and semidilute DNA solutions in the start-up of shear flow. Journal of Rheology, 2001, 45: 421-450.

[10] Liu Y, Jun Y, Steinberg V. Concentration dependence of the longest relaxation times of dilute and semi-dilute polymer solutions. Journal of Rheology, 2009, 53: 1069-1085.

[11] Teixeira R E, Dambal A K, Richter D H, et al. The individualistic dynamics of entangled DNA in solution. Macromolecules, 2007, 40: 2461-2476.

[12] Smith D E, Perkins T T, Chu S. Dynamical scaling of DNA diffusion coefficients. Macromolecules, 1996, 29: 1372-1373.

[13] Pecora R. DNA: a model compound for solution studies of macromolecules. Science, 1991, 251: 893-898.

[14] Regan K, Ricketts S, Robertson-Anderson R M. DNA as a model for probing polymer

entanglements: circular polymers and non-classical dynamics. Polymers, 2016, 8: 336.

[15] de Gennes P G, Pincus P, Velasco R, et al. Remarks on polyelectrolyte conformation. Journal de Physique, 1976, 37: 1461-1473.

[16] Hara M. Polyelectrolytes: Science and Technology. New York: CRC Press, 1992.

[17] Rubinstein M, Colby R H, Dobrynin A V. Dynamics of semidilute polyelectrolyte solutions. Physical Review Letters, 1994, 73: 2776.

[18] Barrat J, Joanny J. Theory of polyelectrolyte solutions. Advances in Chemical Physics, 1996, 94: 1-66.

[19] Dobrynin A V, Rubinstein M. Theory of polyelectrolytes in solutions and at surfaces. Progress in Polymer Science, 2005, 30: 1049-1118.

[20] Colby R H. Structure and linear viscoelasticity of flexible polymer solutions: comparison of polyelectrolyte and neutral polymer solutions. Rheologica Acta, 2010, 49: 425-442.

[21] Akyol E, Kirboga S, Öner M. Polyelectrolytes: Science and Application. In Polyelectrolytes. Springer, 2014: 87-112.

[22] Vuletić T, Babić S D, Ivek T, et al. Structure and dynamics of hyaluronic acid semidilute solutions: a dielectric spectroscopy study. Physical Review E, 2010, 82: 011922.

[23] Zettl U, Hoffmann S T, Koberling F, et al. Self-diffusion and cooperative diffusion in semidilute polymer solutions as measured by fluorescence correlation spectroscopy. Macromolecules, 2009, 42: 9537-9547.

[24] Ahlrichs P, Everaers R, Dünweg B. Screening of hydrodynamic interactions in semidilute polymer solutions: a computer simulation study. Physical Review E, 2001, 64: 040501.

[25] Kobayashi H, Yamamoto R. Tumbling motion of a single chain in shear flow: a crossover from Brownian to non-Brownian behavior. Physical Review E, 2010, 81: 041807.

[26] Zhang Y, Donev A, Weisgraber T, et al. Tethered DNA dynamics in shear flow. The Journal of Chemical Physics, 2009, 130: 234902.

[27] Huang C C, Sutmann G, Gompper G, et al. Tumbling of polymers in semidilute solution under shear flow. Europhysics Letters, 2011, 93: 54004.

[28] Stoltz C, de Pablo J J, Graham M D. Concentration dependence of shear and extensional rheology of polymer solutions: Brownian dynamics simulations. Journal of Rheology, 2006, 50: 137-167.

[29] Huang C C, Winkler R G, Sutmann G, et al. Semidilute polymer solutions at equilibrium and under shear flow. Macromolecules, 2010, 43: 10107-10116.

[30] Jain A, Sunthar P, Dünweg B, et al. Optimization of a Brownian-dynamics algorithm for semidilute polymer solutions. Physical Review E, 2012, 85: 066703.

[31] Saadat A, Khomami B. Matrix-free Brownian dynamics simulation technique for semidilute

polymeric solutions. Physical Review E, 2015, 92: 033307.

[32] Carrillo J M Y, Dobrynin A V. Polyelectrolytes in salt solutions: molecular dynamics simulations. Macromolecules, 2011, 44: 5798-5816.

[33] Robertson R M, Smith D E. Self-diffusion of entangled linear and circular DNA molecules: dependence on length and concentration. Macromolecules, 2007, 40: 3373-3377.

[34] Iyer B V, Shanbhag S, Juvekar V A, et al. Self-diffusion coefficient of ring polymers in semidilute solution. Journal of Polymer Science Part B: Polymer Physics, 2008, 46: 2370-2379.

[35] Chapman C D, Shanbhag S, Smith D E, et al. Complex effects of molecular topology on diffusion in entangled biopolymer blends. Soft Matter, 2012, 8: 9177-9182.

[36] Wang Y, Therien-Aubin H, Baille W, et al. Effect of molecular architecture on the self-diffusion of polymers in aqueous systems: a comparison of linear, star, and dendritic poly (ethylene glycol)s. Polymer, 2010, 51: 2345-2350.

[37] Singh S P, Chatterji A, Gompper G, et al. Dynamical and rheological properties of ultrasoft colloids under shear flow. Macromolecules, 2013, 46: 8026-8036.

[38] Michelman-Ribeiro A, Horkay F, Nossal R, et al. Probe diffusion in aqueous poly(vinyl alcohol) solutions studied by fluorescence correlation spectroscopy. Biomacromolecules, 2007, 8: 1595-1600.

[39] Khorasani F B, Poling-Skutvik R, Krishnamoorti R, et al. Mobility of nanoparticles in semidilute polyelectrolyte solutions. Macromolecules, 2014, 47: 5328-5333.

[40] Poling-Skutvik R, Krishnamoorti R, Conrad J C. Size-dependent dynamics of nanoparticles in unentangled polyelectrolyte solutions. ACS Macro Letters, 2015, 4: 1169-1173.

[41] Poling-Skutvik R, Mongcopa K I S, Faraone A, et al. Structure and dynamics of interacting nanoparticles in semidilute polymer solutions. Macromolecules, 2016, 49: 6568-6577.

[42] Babcock H P, Smith D E, Hur J S, et al. Relating the microscopic and macroscopic response of a polymeric fluid in a shearing flow. Physical Review Letters, 2000, 85: 2018-2021.

[43] Huber B, Harasim M, Wunderlich B, et al. Microscopic origin of the non-Newtonian viscosity of semiflexible polymer solutions in the semidilute regime. ACS Macro Letters, 2014, 3: 136-140.

[44] Hsiao K W, Sasmal C, Ravi Prakash J, et al. Direct observation of DNA dynamics in semidilute solutions in extensional flow. Journal of Rheology, 2017, 61: 151-167.

[45] Huang C C, Gompper G, Winkler R G. Non-equilibrium relaxation and tumbling times of polymers in semidilute solution. Journal of Physics: Condensed Matter, 2012, 24: 284131.

[46] Sasmal C, Hsiao K W, Schroeder C M, et al. Parameter-free prediction of DNA dynamics in planar extensional flow of semidilute solutions. Journal of Rheology, 2017, 61: 169-186.

[47] Galuschko A, Spirin L, Kreer T, et al. Frictional forces between strongly compressed, nonentangled polymer brushes: molecular dynamics simulations and scaling theory. Langmuir, 2010, 26: 6418-6429.

[48] Ngai T, Wu C. Effect of cross-linking on dynamics of semidilute copolymer solutions: poly(methyl methacrylate-*co*-7-acryloyloxy-4-methylcoumarin) in chloroform. Macromolecules, 2003, 36: 848-854.

[49] Li J F, Li W, Huo H, et al. Reexamination of the slow mode in semidilute polymer solutions: the effect of solvent quality. Macromolecules, 2008, 41(3): 901-911.

[50] Zhou K J, Li J F, Lu Y J, et al. Re-examination of dynamics of polyeletrolytes in salt-free dilute solutions by designing and using a novel neutral-charged-neutral reversible polymer. Macromolecules, 2009, 42(18): 7146-7154.

[51] Wu C, Ngai T. Reexamination of slow relaxation of polymer chains in sol-gel transition. Polymer, 2004, 45: 1739-1742.

[52] Wang J Q, Wu C. Reexamination of the origin of slow relaxation in semidilute polymer solutions-reptation related or not? Macromolecules, 2016, 49: 3184-3191.

[53] Li J F, Ngai T, Wu C. The slow relaxation mode: from solutions to gel networks. Polymer Journal, 2010, 42: 609-625.

[54] Yuan G C, Wang X H, Han C C, et al. Reexamination of slow dynamics in semidilute solutions: temperature and salt effects on semidilute poly(*N*-isopropylacrylamide) aqueous solutions. Macromolecules, 2006, 39(18): 6207-6209.

[55] Chen H W, Ye X D, Zhang G Z, et al. Dynamics of thermoresponsive PNIPAM-*g*-PEO copolymer chains in semi-dilute solution. Polymer, 2006, 47(25): 8367-8373.

[56] Li J F, Lu Y J, Zhang G Z, et al. A slow relaxation mode of polymer chains in a semidilute solution. Chinese Journal of Polymer Science, 2008, 26: 465-473.

[57] Chen H W, Lu Y J, Shen L, et al. Diffusion of hairy polymeric micelles in a homopolymer solution. Polymer, 2008, 49(8): 2095-2098.

[58] Yong C, Meng B, Liu X Y, et al. Dynamics of amylopectin in semidilute aqueous solution. Polymer, 2006, 47(23): 8044-8052.

[59] Yao B J, Zhu Q Z, Liu H, et al. Conformation and aggregation behavior of poly(ethylene glycol)-*b*-poly(lactic acid) amphiphilic copolymer chains in dilute/semidilute THF solutions. Journal of Applied, 2012, 125: E223-E230.

[60] Chen X, Zhang Y M, Wang H P, et al. Solution rheology of cellulose in 1-butyl-3-methyl imidazolium chloride. Journal of Rheology, 2011, 55: 485-494.

[61] Zhu X J, Chen X, Saba H, et al. Linear viscoelasticity of poly(acrylonitrile-*co*-itaconic acid)/1-butyl-3-methylimidazolium chloride extended from dilute to concentrated solutions.

European Polymer Journal, 2012, 48: 597-603.

[62] Lv Y, Wu J, Zhang J, et al. Rheological properties of cellulose/ionic liquid/dimethylsulfoxide (DMSO) solutions. Polymer, 2012, 53: 2524-2531.

[63] Lu F, Wang L, Ji X, et al. Flow behavior and linear viscoelasticity of cellulose 1-allyl-3-methylimidazolium formate solutions. Carbohydrate Polymers, 2014, 99: 132-139.

[64] Wang L, Gao L, Cheng B, et al. Rheological behaviors of cellulose in 1-ethyl-3-methylimidazolium chloride/dimethylsulfoxide. Carbohydrate Polymers, 2014, 110: 292-297.

[65] Lian Y W, Zhao K S, Yang L K. Dielectric analysis of poly(diallyldimethylammonium chloride) aqueous solution coupled with scaling approach. Physical Chemistry Chemical Physics, 2010, 12: 6732-6741.

[66] Liu C Y, Zhao K S. Dielectric relaxations in chitosan solution with varying concentration and temperature: analysis coupled with a scaling approach and thermodynamical functions. Soft Matter, 2010, 6: 2742-2750.

[67] Smith D E, Babcock H P, Chu S. Single-polymer dynamics in steady shear flow. Science, 1999, 283: 1724-1727.

[68] Raspaud E, Lairez D, Adam M. On the number of Blobs per entanglement in semidilute and good solvent solution: melt influence. Macromolecules, 1995, 28: 927-933.

[69] Heo Y, Larson R G. The scaling of zero-shear viscosities of semidilute polymer solutions with concentration. Journal of Rheology, 2005, 49: 1117-1128.

[70] Daoud M, Cotton J P, Farnoux B, et al. Solutions of flexible polymers. Neutron experiments and interpretation. Macromolecules, 1975, 8: 804-818.

[71] Colby R H, Boris D C, Krause W E, et al. Shear thinning of unentangled flexible polymer liquids. Rheologica Acta, 2007, 46: 569-575.

[72] Pan S, Nguyen D A, Dünweg B, et al. Shear thinning in dilute and semidilute solutions of polystyrene and DNA. Journal of Rheology, 2018, 62: 845-867.

[73] Schroeder C M, Teixeira R E, Shaqfeh E S G, et al. Characteristic periodic motion of polymers in shear flow. Physical Review Letters, 2005, 95: 018301.

[74] Gerashchenko S, Steinberg V. Statistics of tumbling of a single polymer molecule in shear flow. Physical Review Letters, 2006, 96: 038304.

[75] Delgado-Buscalioni R. Cyclic motion of a grafted polymer under shear flow. Physical Review Letters, 2006, 96: 088303.

[76] Bair S, McCabe C, Cummings P T. Comparison of nonequilibrium molecular dynamics with experimental measurements in the nonlinear shear-thinning regime. Physical Review Letters, 2002, 88: 058302.

[77] Kiss G, Porter R S. Rheology of concentrated solutions of poly(γ-benzyl-glutamate). Journal of Polymer Science Part B: Polymer Physics, 1996, 34: 2271-2289.

[78] Onogi S, Asada T. Rheology and rheo-optics of polymer liquid crystals//Astarita G, Marrucci G, Nicolais L. Rheology. Boston: Springer, 1980.

[79] Walker L, Wagner N. Rheology of region Ⅰ flow in a lyotropic liquid-crystal polymer: the effects of defect texture. Journal of Rheology, 1994, 38: 1525-1547.

[80] Lettinga M P, Dogic Z, Wang H, et al. Flow behavior of colloidal rodlike viruses in the nematic phase. Langmuir, 2005, 21: 8048-8057.

[81] Ugaz V M, Cinader D K, Burghardt W R. Origins of region Ⅰ shear thinning in model lyotropic liquid crystalline polymers. Macromolecules, 1997, 30: 1527-1530.

[82] Tao Y G, den Otter W K, Briels W J. Shear viscosities and normal stress differences of rigid liquid-crystalline polymers. Macromolecules, 2006, 39: 5939-5945.

[83] Ernst B, Navard P, Hashimoto T, et al. Shear flow of liquid-crystalline polymer solutions as investigated by small-angle light-scattering techniques. Macromolecules, 1990, 23: 1370-1374.

[84] Marrucci G, Maffettone P L. A description of the liquid-crystalline phase of rodlike polymers at high shear rates. Macromolecule, 1989, 22: 4076-4082.

[85] Larson R G. Arrested tumbling in shearing flows of liquid-crystal polymers. Macromolecules, 1990, 23: 3983-3992.

[86] Tsang B, Dell Z E, Jiang L, et al. Dynamic cross-correlations between entangled biofilaments as they diffuse. Proceedings of the National Academy of Sciences, 2017, 114: 3322-3327.

[87] Daoud M, Cotton J P. Star shaped polymers: a model for the conformation and its concentration dependence. Journal de Physique, 1982, 43: 531-538.

[88] Pakula T, Vlassopoulos D, Fytas G, et al. Structure and dynamics of melts of multiarm polymer stars. Macromolecules, 1998, 31: 8931-8940.

[89] Xu X L, Chen J Z, An L J. Simulation studies on architecture dependence of unentangled polymer melts. The Journal of Chemical Physics, 2015, 142(7): 074903.

[90] Padding J T, van Ruymbeke E, Vlassopoulos D, et al. Computer simulation of the rheology of concentrated star polymer suspensions. Rheologica Acta, 2010, 49: 473-484.

[91] Erwin B M, Cloitre M, Gauthier M, et al. Dynamics and rheology of colloidal star polymers. Soft Matter, 2010, 6: 2825-2833.

[92] Rosa A, Everaers R. Ring polymers in the melt state: the physics of crumpling. Physical Review Letters, 2014, 112: 118302.

[93] Yan Z C, Costanzo S, Jeong Y, et al. Linear and nonlinear shear rheology of a marginally entangled ring polymer. Macromolecules, 2016, 49: 1444-1453.

[94] Hur K, Winkler R G, Yoon D Y. Comparison of ring and linear polyethylene from molecular dynamics simulations. Macromolecules, 2006, 39: 3975-3977.

[95] Marrucci G. Dynamics of entanglements: a nonlinear model consistent with the Cox-Merz rule. Journal of Non-Newtonian Fluid Mechanics, 1996, 62: 279-289.

[96] McLeish T C B. Tube theory of entangled polymer dynamics. Advances in Physics, 2002, 51: 1379-1527.

[97] Mead D W, Larson R G, Doi M. A molecular theory for fast flows of entangled polymers. Macromolecules, 1998, 31: 7895-7914.

[98] Halverson J D, Lee W B, Grest G S, et al. Molecular dynamics simulation study of nonconcatenated ring polymers in a melt. Ⅱ. Dynamics. The Journal of Chemical Physics, 2011, 134: 204905.

[99] Klein J. Dynamics of entangled linear, branched, and cyclic polymers. Macromolecules, 1986, 19: 105-118.

[100] Rubinstein M. Dynamics of ring polymers in the presence of fixed obstacles. Physical Review Letters, 1986, 57: 3023-3026.

[101] Ge T, Panyukov S, Rubinstein M. Self-similar conformations and dynamics in entangled melts and solutions of nonconcatenated ring polymers. Macromolecules, 2016, 49: 708-722.

[102] Roovers J. Viscoelastic properties of polybutadiene rings. Macromolecules, 1988, 21: 1517-1521.

[103] Kapnistos M, Lang M, Vlassopoulos D, et al. Unexpected power-law stress relaxation of entangled ring polymers. Nature Materials, 2008, 7: 997-1002.

[104] Robertson R M, Smith D E. Strong effects of molecular topology on diffusion of entangled DNA molecules. Proceedings of the National Academy of Sciences, 2007, 104: 4824-4827.

[105] Oosawa F. Polyelectrolytes. New York: Marcel Dekker, 1971.

[106] Förster S, Schmidt M. Polyelectrolytes in solution. In Physical Properties of Polymers. Berlin: Springer. Advances in Polymer Science, 1995, 120: 51-133.

[107] Nakamura I, Wang Z G. Effects of dielectric inhomogeneity in polyelectrolyte solutions. Soft Matter, 2013, 9: 5686-5690.

[108] Winkler R G, Gold M, Reineker P. Collapse of polyelectrolyte macromolecules by counterion condensation and ion pair formation: a molecular dynamics simulation study. Physical Review Letters, 1998, 80: 3731-3734.

[109] Chang R, Yethiraj A. Brownian dynamics simulations of salt-free polyelectrolyte solutions. The Journal of Chemical Physics, 2002, 116: 5284-5298.

[110] Liu S, Muthukumar M. Langevin dynamics simulation of counterion distribution around

isolated flexible polyelectrolyte chains. The Journal of Chemical Physics, 2002, 116: 9975-9982.

[111] Frank S, Winkler R G. Mesoscale hydrodynamic simulation of short polyelectrolytes in electric fields. The Journal of Chemical Physics, 2009, 131: 234905.

[112] Liu L, Chen J, Chen W, et al. Diffusion behavior of polyelectrolytes in dilute solution: coupling effects of hydrodynamic and Coulomb interactions. Science China Chemistry, 2014, 57: 1048-1052.

[113] Liu L, Chen W, Chen J. Shape and diffusion of circular polyelectrolytes in salt-free dilute solutions and comparison with linear polyelectrolytes. Macromolecules, 2017, 50: 6659-6667.

[114] Wyatt N B, Liberatore M W. The effect of counterion size and valency on the increase in viscosity in polyelectrolyte solutions. Soft Matter, 2010, 6: 3346-3352.

[115] Stoltz C, Pablo J J D, Graham M D. Simulation of nonlinear shear rheology of dilute salt-free polyelectrolyte solutions. The Journal of Chemical Physics, 2007, 126: 124906.

[116] Drifford M, Dalbiez J P. Light scattering by dilute solutions of salt-free polyelectrolytes. The Journal of Physical Chemistry, 1984, 88: 5368-5375.

[117] Nishida K, Kaji K, Kanaya T. Charge density dependence of correlation length due to electrostatic repulsion in polyelectrolyte solutions. Macromolecules, 1995, 28: 2472-2475.

[118] Ermi B D, Amis E J. Influence of backbone solvation on small angle neutron scattering from polyelectrolyte solutions. Macromolecules, 1997, 30: 6937-6942.

[119] Nishida K, Kaji K, Kanaya T. High concentration crossovers of polyelectrolyte solutions. The Journal of Chemical Physics, 2001, 114: 8671-8677.

[120] Nishida K, Kaji K, Kanaya T, et al. Added salt effect on the intermolecular correlation in flexible polyelectrolyte solutions: small-angle scattering study. Macromolecules, 2002, 35: 4084-4089.

[121] Prabhu V M, Muthukumar M, Wignall G D, et al. Dimensions of polyelectrolyte chains and concentration fluctuations in semidilute solutions of sodium-poly(styrene sulfonate) as measured by small-angle neutron scattering. Polymer, 2001, 42: 8935-8946.

[122] Prabhu V M, Muthukumar M, Wignall G D, et al. Polyelectrolyte chain dimensions and concentration fluctuations near phase boundaries. The Journal of Chemical Physics, 2003, 119: 4085-4098.

[123] Liu S, Ghosh K, Muthukumar M. Polyelectrolyte solutions with added salt: a simulation study. The Journal of Chemical Physics, 2003, 119: 1813-1823.

[124] Wei Y F, Hsiao P Y. Role of chain stiffness on the conformation of single polyelectrolytes in salt solutions. The Journal of Chemical Physics, 2007, 127: 064901.

[125] Hsiao P Y. Linear polyelectrolytes in tetravalent salt solutions. The Journal of Chemical Physics, 2006, 124: 044904.

[126] Kłos J, Pakula T. Monte Carlo simulations of a polyelectrolyte chain with added salt: effect of temperature and salt valence. The Journal of Chemical Physics, 2005, 123: 024903.

[127] Chang R, Yethiraj A. Brownian dynamics simulations of polyelectrolyte solutions with divalent counterions. The Journal of Chemical Physics, 2003, 118: 11315-11325.

[128] Jesudason C G, Lyubartsev A P, Laaksonen A. Conformational characteristics of single flexible polyelectrolyte chain. The European Physical Journal E, 2009, 30: 341-350.

[129] Manning G S. Limiting laws and counterion condensation in polyelectrolyte solutions. Ⅰ. Colligative properties. The Journal of Chemical Physics, 1969, 51: 924-933.

[130] Liu L, Nakamura I. Solvation energy of ions in polymers: effects of chain length and connectivity on saturated dipoles near ions. The Journal of Physical Chemistry B, 2017, 121: 3142-3150.

[131] Solis F J, de la Cruz M O. Variational approach to necklace formation in polyelectrolytes. Macromolecules, 1998, 31: 5502-5506.

[132] Migliorini G, Lee N, Rostiashvili V, et al. Polyelectrolyte chains in poor solvent. A variational description of necklace formation. The European Physical Journal E, 2001, 6: 259-270.

[133] Chang R, Yethiraj A. Dilute solutions of strongly charged flexible polyelectrolytes in poor solvents: molecular dynamics simulations with explicit solvent. Macromolecules, 2006, 39: 821-828.

[134] Jayasree K, Ranjith P, Rao M, et al. Equilibrium properties of a grafted polyelectrolyte with explicit counterions. The Journal of Chemical Physics, 2009, 130: 094901.

[135] Kłos J S, Sommer J U. Simulations of terminally charged dendrimers with flexible spacer chains and explicit counterions. Macromolecules, 2010, 43: 4418-4427.

[136] Lyulin S V, Vattulainen I, Gurtovenko A A. Complexes comprised of charged dendrimers, linear polyelectrolytes, and counterions: insight through coarse-grained molecular dynamics simulations. Macromolecules, 2008, 41: 4961-4968.

[137] Majtyka M, Kłos J. Monte Carlo simulations of a charged dendrimer with explicit counterions and salt ions. Physical Chemistry Chemical Physics, 2007, 9: 2284-2292.

[138] Dobrynin A V, Colby R H, Rubinstein M. Scaling theory of polyelectrolyte solutions. Macromolecules, 1995, 28: 1859-1871.

[139] Boris D C, Colby R H. Rheology of sulfonated polystyrene solutions. Macromolecules, 1998, 31: 5746-5755.

[140] Muthukumar M. Electrostatic correlations in polyelectrolyte solutions. Polymer Science

Series A, 2016, 58: 852-863.

[141] Loh P, Deen G R, Vollmer D, et al. Collapse of linear polyelectrolyte chains in a poor solvent: When does a collapsing polyelectrolyte collect its counterions? Macromolecules, 2008, 41: 9352-9358.

[142] Lo T S, Khusid B, Koplik J. Dynamical clustering of counterions on flexible polyelectrolytes. Physical Review Letters, 2008, 100: 128301.

[143] Muthukumar M. Dynamics of polyelectrolyte solutions. The Journal of Chemical Physics, 1997, 107: 2619-2635.

[144] Shen K, Wang Z G. Electrostatic correlations and the polyelectrolyte self energy. The Journal of Chemical Physics, 2017, 146: 084901.

[145] Shen K, Wang Z G. Polyelectrolyte chain structure and solution phase behavior. Macromolecules, 2018, 51: 1706-1717.

[146] Jayasree K, Manna R K, Banerjee D, et al. Dynamics of a polyelectrolyte in simple shear flow. The Journal of Chemical Physics, 2013, 139: 224902.

[147] Nedelcu S, Sommer J U. Simulations of polyelectrolyte dynamics in an externally applied electric field in confined geometry. The Journal of Chemical Physics, 2010, 133: 244902.

[148] Wu C. Light-scattering evidence of a "critical" concentration for polymer coil shrinking in dilute solution. Journal of Polymer Science Part B: Polymer Physics, 1994, 32: 1503-1509.

[149] Ma N, Wei J J. Experimental study on rheological properties of semidilute surfactant solutions. Journal of Xi'an Jiaotong University, 2012, 46: 30-34.

[150] Pu W F, Liu R, Li B, et al. Amphoteric hyperbranched polymers with multistimuli-responsive behavior in the application of polymer flooding. RSC Advances, 2015, 5: 88002-88013.

[151] Chen A P, Zhao N R, Hou Z H. The effect of hydrodynamic interactions on nanoparticle diffusion in polymer solutions: a multiparticle collision dynamics study. Soft Matter, 2017, 13: 8625-8635.

[152] Pu W, Jiang F, Wei B, et al. A gel-like comb micro-block hydrophobic associating polymer: synthesis, solution property and the sol-gel transition at semi-dilute region. Macromolecular Research, 2017, 25: 151-157.

[153] Lin K F, Yang S N, Cheng H L, et al. Influence of aggregation and dialysis on conductivity of salt-free polyelectrolyte solution in the dilute/semidilute region. Macromolecules, 1999, 32: 4602-4607.

[154] Lin K F, Cheng H L, Cheng Y H. Dependence of chain conformation on degree of sulfonation and counterion dissociation of sodium poly(styrene sulfonate) in semidilute aqueous solution. Polymer, 2004, 45: 2387-2392.

[155] 靳艳，林炳承，冯应升 . 脱氧核糖核酸分子在高分子溶液 3 个不同浓度区间的电泳迁移行为 . 色谱，2001, 19: 60-63.

[156] Tong C H. The finite size effect of monomer units on the electrostatics of polyelectrolyte solutions. The Journal of Chemical Physics, 2010, 132: 074904.

[157] Zhang R, Shi T F, Li H F, et al. Effect of the concentration on sol-gel transition of telechelic polyelectrolytes. The Journal of Chemical Physics, 2011, 134: 034903.

[158] Dong Y H, Chen A P, Zhao N N. Nanrong diffusion coefficient of nanoparticles in semidilute polyelectrolyte solutions based on mode coupling theory. Chemical Journal of Chinese Universities, 2015, 36: 2251-2255.

[159] Qu L J. Scaling theory of polyelectrolyte nanogels. Communications in Theoretical Physics, 2017, 68: 250-254.

[160] Chien H S, Wang C. Morphology, microstructure, and electrical properties of poly(D, L-lactic acid)/carbon nanocapsule composite nanofibers. Journal of Applied Polymer Science, 2013, 128: 958-969.

[161] Zhao Q L, Wang X D, Zhang C, et al. Role of polymer conformation and hydrodynamics on nanoparticle deposits on a substrate. The Journal of Physical Chemistry C, 2014, 118: 26808-26815.

[162] Dong Y H, Feng X Q, Zhao N N, et al. Diffusion of nanoparticles in semidilute polymer solutions: a mode-coupling theory study. The Journal of Chemical Physics, 2015, 143: 024903.

[163] Cao X Z, Merlitz H, Wu C X, et al. A theoretical study of dispersion-to-aggregation of nanoparticles in adsorbing polymers using molecular dynamics simulations. Nanoscale, 2016, 8: 6964-6968.

[164] Cao X Z, Merlitz H, Wu C X, et al. Polymer-induced inverse-temperature crystallization of nanoparticles on a substrate. ACS Nano, 2013, 7: 9920-9926.

第四章 高分子浓溶液与熔体

第一节　线性流变学

一、概述

通过已知的分子序列结构、分子量分布等信息，预测分子动力学行为、凝聚态结构和材料的黏弹性质，是高分子流变学研究始终追求的目标。这个目标对于高分子浓溶液和熔体显得尤为重要，对流变性质的深入理解是高分子物理乃至软物质科学不断深入发展的需要，同时也对明晰高分子加工中多尺度结构的演化具有非常重要的实际意义。

线性流变学是指材料在受到足够小的形变或足够慢的形变时，所表现出的流变学行为[1]。在流变学实验研究中，通常可以施加阶跃应变（也称为应力松弛）、阶跃剪切速率（也称为启动流动）、阶跃应力（也称为蠕变）和动态应变（或应力）等方式来产生流动，而更复杂的流动方式也可以看作这四种标准剪切流动方式的组合[2]。当施加的信号足够小时，材料的响应信号与所施加的信号成正比，由此定义的材料函数（包括松弛模量、应力增长因子、蠕变柔量和动态模量等）与输入信号的大小无关，只是时间或者角频率的函数，因此称其为线性黏弹性函数。由于线性黏弹性函数体现了材料在准静态条件下对外界力学刺激的响应，只与材料的平衡态结构相关，因此线性流变学经常被用于研究材料的平衡态结构及相关的动力学问题。关于不同材料的线性黏弹性研究已有百余年的历史，早期的研究往往通过建立唯象力学模型来描述线性流变行为，而从分子层面的研究，在过去五十多年中已经取得了巨大进展，以管子模型为基础的分子理论能够较好地描述典型柔性链高分子体系的线性黏弹性[1]。以下对线性流变学的基本方法和典型体系的研究进展做简单的回顾。

（一）玻尔兹曼叠加原理与时温叠加原理

实验中可用任意一种标准剪切流动方法来研究线性黏弹行为。由于不同实验方法对应的均为材料的平衡态结构，因此用不同实验方法所得到的线性流变行为实际上是等价的。不同线性黏弹性函数之间的关系可以通过玻尔兹曼叠加原理来表示，即作用在材料上的输入信号与输出信号之间的线性叠加原理，也就是说：当输入信号都处于线性区时，响应信号是所有输入信号独立作用在样品上得到的响应信号的线性加和[3]。利用玻尔兹曼叠加原理，可以实现不同线性黏弹性函数之间的相互转换，如通常可以将蠕变柔量转化为动态模量以研究长时间尺度材料的响应[4]。

时温叠加原理（time-temperature-superposition，TTS）体现了不同温度下材料的线性黏弹性响应之间的关系。大量的研究发现，不同温度下线性黏弹性的差异可以简单地表现在材料的表观松弛行为，即温度升高，材料微观运动速度加快，导致表观的松弛行为加快。因此，不同温度下的线性黏弹性函数（如松弛模量、蠕变柔量和动态模量等）可以通过参考温度下的线性流变学性质和一个时间（或频率）平移因子来确定。平移因子表示实验温度与参考温度下表观松弛动力学行为的差异，它依赖于温度，可以用威廉姆斯－兰代尔－法瑞方程（Williams-Landel-Ferry equation，WLF 方程）或阿伦尼乌斯方程（Arrhenius equation）来描述[4]。时温叠加原理往往只有在材料的松弛行为由一种机制主导（如高分子浓溶液和熔体中的分子链松弛）时成立，因此时温叠加原理是否成立，可以用于判断材料中是否存在（或出现）多种不同的松弛机制，进而研究材料中不同温度下的结构演变[5]。对于时温叠加原理成立的体系（热流变简单体系），通过时温叠加原理还可以拓宽实验研究的时间尺度范围[4]。

（二）均聚线形高分子

高分子浓溶液或熔体具有多尺度的松弛行为，其线性黏弹行为与分子链结构有密切关系。通过线性流变学确定的特征黏弹性函数与分子链结构的关系对于柔性高分子链体系具有普适性，如平台模量 G_N 与缠结点间的平均分子量 M_e 成反比 [4]。在管子模型中，G_N 还与“管子”直径的三次方成反比 [6]；末端松弛时间 τ_w 和零剪切黏度 η_0 都是重均分子量 M_w 的幂律函数，缠结高分子熔体中的幂律指数为 3.4～3.6，而非缠结体系的幂律指数为 1.0[4]；在高度缠结的体系中，稳态剪切柔量 J_s 与分子量基本无关，而依赖于分子量分布 [4]。在动态模量主曲线中，可以确定特征松弛时间，如末端松弛时间 τ_w、劳斯松弛时间 τ_R、缠结链段松弛时间 τ_e 和单体松弛时间 τ_o 等 [7]，利用这些特征松弛时间与应变速率的乘积（魏森贝格数）可用于判断流场中高分子链的拉伸或取向状态 [8, 9]；上述松弛时间的相互比值也可以判断缠结链段的长度和缠结的程度 [7]。这些特征线性黏弹性参数与分子链参数（分子量、分子量分布和堆积长度等）的标度关系成为检验分子链运动机制的重要实验证据 [10]。从管子模型发展的链蠕动（reptation）、轮廓长度涨落（contour length fluctuation）效应、约束释放（constraint release）效应和链回缩（retraction）等机制已经能够较好地解释实验中观察到的各种标度行为 [7, 11, 12]，也可以较好地预测不同拓扑结构高分子链（如星形、梳形和 H 形等）的运动行为 [13]。

高分子熔体的动态模量与角频率的关系能够反映各个时间（空间）尺度的松弛行为，对于均聚线形高分子，与其分子量与分子量分布存在定量的关系。从定性角度，利用范格谱－帕尔曼（van Gurp-Palmen，vGP）图（相位角－复数模量），可以定性判断单峰分布体系的分子量分布 [14, 15]，结合分子动力学理论，还能够半定量确定支化分子的拓扑结构 [16, 17]。利用双重蠕动模型 [18–24]、时间依赖扩散蠕动模型 [25–27] 等理论，通过求解积分方程或直接拟合动态模量，就能够从线性流变性质定量得到柔性高分子的分子量分布。与凝胶渗透色谱（gel permeation chromatography，GPC）、光散射等确定分子量分布的方法相比，流变学方法具有更高的灵敏度，而且不需要溶剂，能够作为确定特殊高分子体系（如难于溶解的高分子等）分子量分布的有效手段。

（三）无规共聚物

无规共聚物的分子动力学行为与均聚物相似，但其特征线性黏弹行为（如平台模量、零剪切黏度等）与共聚单体的组成有关。研究最多的是乙烯/α–烯烃无规共聚物，发现平台模量 G_N 随着 α–烯烃 [28, 29]（如 α–辛烯、α–已烯 [29] 或 α–丁烯 [29, 30]）含量的增加而减小，可以定性地用“骨架等效”模型解释，平台模量的下降程度对于较大的共聚单体更显著 [29]，该“骨架等效”模型实际上适用于所有聚烯烃 [31]；定量描述上，以每个主链化学键平均分子量 m_b

分段的经验幂律模型能够更好地描述平台模量 G_N 和无扰链尺寸 $\frac{\langle R^2\rangle_0}{M}$ 与 m_b 的关系[31]，也可以根据链堆积模型用特征比 C_∞ 来关联平台模量[32]。共聚单体的加入，使得零剪切黏度 η_0 与重均分子量 M_w 的标度关系偏离均聚物，但与归一化分子量 $\frac{M_w}{m_b}$[30] 或 $\frac{M_w}{M_e}$[33] 仍满足指数为 3.3 的标度关系。然而也有报道指出，无规共聚物的零剪切黏度与分子量的关系和线形均聚聚乙烯的相同[34]。长度为 M_e 的缠结链段的劳斯松弛时间与单体摩擦系数 ζ 同样随着单体含量的增加而单调增加，表明分子链运动随着短链支化程度的增加而减缓[30]，而共聚单体的大小（从丙烯到己烯）并不重要。黏流活化能随侧链含量的增加而线性增加[35]，同样表明共聚单体会影响分子链的运动能力。侧链含量同时依赖于共聚单体的含量与长度，在无规共聚酯中，可观察到黏流活化能与共聚单体含量的线性关系[36]。在丙烯/α-烯烃无规共聚物中，黏流活化能同样随共聚单体（C_6、C_{18}）含量的增加而增加，但短链共聚单体的影响要显著高于长链共聚单体[37]，这与乙烯/α-烯烃无规共聚物黏流活化能和共聚单体种类基本无关不同[38]。

（四）嵌段共聚物

嵌段共聚物中，由于不同嵌段之间相容性的差异，会发生微相分离，线性流变学常用于研究其相分离行为。最常用的方法是，线性黏弹性的温度依赖性[39]，通过时温叠加失效可以确定有序-无序转变（order-disorder transition，ODT）温度[40]，储能模量[41, 42]、韩图（Han plot）（G'-G''）[43]、科尔－科尔图（Cole-Cole plot）（η'-η''）[44] 等多种方法都被用于判断时温叠加是否失效。准确的 ODT 温度可以通过动态模量的温度依赖性确定，通过储能模量的急剧下降[45, 46]或急剧上升[47, 48]，来确定上临界共溶 ODT 或下临界共溶 ODT，也可用于同时具有上临界共溶 ODT 和下临界共溶 ODT 的嵌段共聚物的相转变研究[49]。对于多分散多嵌段共聚物，其微相分离过程中的模量不发生剧变[44, 50]，很难通过模量的变化来确定其相转变温度。二维力学相关谱方法（2D-MCS）中的异步相关强度与温度关系的转变点能够准确地确定相转变温度[44]。

微相分离对线性黏弹性的影响只表现在长时间的松弛过程（或低频区），在高频区和平台区的有序和无序状态差别很小[40]。在无序状态下的低频末端行为是典型的黏弹性流体（$G'\sim\omega^2$，$G''\sim\omega$，ω 为角频率），其零剪切黏度与分子量依然满足幂律关系。对于苯乙烯－异戊二烯两嵌段共聚物（SI），在临界分子量以上，幂律指数为 4.69[51]，但对于多分散烯烃嵌段共聚物（OBC）[44] 和左旋乳酸－右旋乳酸嵌段共聚物（PLLA-*b*-PDLA）[52]，其幂律指数为 3.3～3.5。引起这种差异的原因并不清楚，有可能与具有不同单体摩擦系数嵌段的连接有关。

在 ODT 温度附近，显著的浓度涨落导致末端松弛时间延长，但仍表现为黏弹性流体的行为 [53-56]，通过低频区增强的模量可以确定旋节线（spinodal）温度和涨落的特征长度。在有序区，低频的黏弹特性依赖于相形态。对于两嵌段共聚物的层状相，储能模量和损耗模量表现出几乎相同的频率依赖性（G'-G''-$\omega^{1/2}$）[43, 57]，这也得到理论的证实 [58-60]；对于三嵌段或多嵌段共聚物的层状相，由于不同分子链的嵌段贯穿于各层中，表现出类固体的行为 G'-ω^0[61]。对于立方相，体心立方（BCC）球状或双连续螺旋（gyroid）结构均表现出类固体的黏弹行为 G'-ω^0，表明其流变行为是由这些相的三维类晶体结构决定的 [62]，储能模量的平台值与相区间距（或相区尺寸）的三次方成反比 [63, 64]。对于六角堆积柱状相有 G'-G''-$\omega^{1/3}$[64]，而理论预测的标度指数为 1/4[58]。这些黏弹特征不仅可以用于研究 ODT，还可以研究有序－有序转变（order-order transition，OOT）[57]。

（五）相容共混物

对于分子水平相容的共混体系，则需要建立多尺度动力学行为与共混物组成、温度的关系，不仅要考虑各尺度的分子链运动，而且要引入共混体系中分子链运动的相互影响（依赖于相互作用、浓度和温度等因素）。对于动态对称共混体系（如组分玻璃化转变温度接近的共混体系），其动力学行为与单一组分高分子的行为类似。对于动态不对称体系，代表性的特征（动态不均一性）包括：出现两个玻璃化转变温度 [65] 和松弛过程变宽 [66-69]。分子层面的解释都是基于组分浓度的空间不均一性这个假设 [70-72]，而且不均一性的程度与所采用的参考体积密切相关。分子链间效应（即存在浓度涨落）[73-75] 和链内效应（链的连接性）[66, 76, 77] 都能够解释局部浓度的改变，不同的是，浓度涨落可以描述松弛谱的变宽 [78]，但无法预测相容共混物中存在的两个不同的松弛过程，而且所采用的相关半径（约 10nm）远大于库恩长度；链内效应采用的参考体积半径通常为库恩长度 [66]，空间不均一性来自参考体积内目标链的自浓度 ϕ_{self}，可以较好地解释相容共混物的两个玻璃化转变过程 [66]，但无法解释松弛过程的变宽；二者的结合能够在一定程度上弥补各自的不足 [79-82]。另外，由于两组分松弛时间对温度的依赖性存在巨大差别，当温度降低到高玻璃化转变温度（T_g）组分的 T_g 附近时，高 T_g 组分将处于几乎冻结的状态（类凝胶状态），此时两组分分子链运动将不再是协同运动，而是低 T_g 组分分子链在几乎固定的网络中进行受限运动，其链段松弛对温度的依赖性将从较高温度的威廉姆斯－兰代尔－法瑞方程描述，改变为低温下的阿伦尼乌斯方程描述[69, 83-85]，甚至未缠结、低 T_g 组分的末端松弛过程会表现出类似缠结动力学的行为[86-88]。这种受限行为在高 T_g 组分含量高时更显著，甚至在高于高 T_g 组分玻璃化转变温度时就能够发生[89, 90]。

线性流变性质中，TTS 受到高度关注。早期曾用 TTS 是否失效来判断共混体系的相容性[91-95]，现在已经证明即使是分子水平相容的体系，也可能出现 TTS 失效[96-98]，而且其与体系的动态不对称性、分子量及分子链间相互作用有关。浓度涨落模型可以部分解释 TTS 失效的原因，它将 TTS 失效归结于浓度涨落与组分黏弹性的温度依赖性差异[78]，但无法解释动态不对称性的作用，而且由于采用了过大的参考体积，其有效性受到质疑。自浓度模型也无法将所预测的动态不均一性与 TTS 失效进行关联。热流变复杂性还体现在不同温度下特征流变参数对组成的依赖性有很大的不同，例如，零剪切黏度（或特征松弛时间）对共混物组成的关系可以表现为（对数）线性加和[99]、正偏差[100]、负偏差[101]，甚至更复杂的依赖性[102]，而且对于同一个体系，在不同温度下，偏差行为都可能发生改变，目前基于自浓度的模型只能定性地解释各种行为的出现[102]。

（六）动态聚合物

缔合分子含有能够缔合的单元（基团或链段），其结构和动力学行为取决于缔合单元在分子链上的分布、浓度和缔合强度等因素[103-105]。缔合相互作用包括疏水作用、氢键、离子键和配位相互作用等，其强度低于共价键，在受热或外界刺激作用下可能发生动态缔合和解离，产生的“活性”链（链段或聚集体）的长度、分布和尺寸取决于缔合单元的分布、温度和外界刺激的强弱及时间等因素。缔合反应的平衡常数、缔合与解缔合动力学、缔合单元浓度及温度等因素都对体系的结构、动力学和流变性质有影响，缔合点（sticky point）的位置、数目及相对链运动尺度的反应速率等都将导致复杂的流变学响应[106]。

在溶液中，当分子链中只有一个缔合单元时，缔合单元在临界缔合浓度（或温度）以上能够自组装形成聚集体（球状胶束或蠕虫状胶束），其流变行为主要由聚集体决定。例如，浓度足够高时，球状胶束直接的排斥相互作用会导致拥堵，使其表现出类固体行为[107-110]。当分子链中有超过两个缔合单元时（如遥爪缔合高分子等），同一根链上的缔合单元组装在同一个聚集体时该链形成环状构象，其也可以在不同聚集体之间形成桥接链，缔合的可逆性导致聚集体随着浓度的增加而长大，最终形成贯穿体系的瞬态网络。瞬态网络的线性黏弹性是由桥接链的数目和寿命决定的[111-113]，弹性松弛时间由聚集单元脱离聚集体的时间决定。如果该时间与链的构象松弛时间差别很大，则聚集体的松弛表现为单麦克斯韦过程[114, 115]，否则就会表现出宽的松弛时间分布[116]。随着浓度的升高（浓溶液或熔体）及缔合点的增加，末端松弛会比单麦克斯韦松弛更宽[117]。通常认为，多个缔合点的累计（或协同）解离造成了松弛变宽[118-120]，用缔合（Sticky）链模型（修正的劳斯模型[120, 121]或修正的蠕动模型[122, 123]）可以较好地解释这类现象，但只能适用于缔合点间链段松弛远快于缔合的解离速度，因此整个体系的松弛只依赖于每根链上缔合点的数目及缔合点的寿命，而与链段松弛无关。当缔合点的寿命与链段松弛时间接近时，缔合/解缔合反应与链段构象发生耦合，而使动力学过程变得更复杂，目前仅仅针对头－头耦合的未缠结链行为有初步研究[124]。

缔合体系的复杂之处还在于，缔合基团还可能通过堆叠等方式生成团簇[125, 126]，甚至相分离[127-130]，这使得体系的力学性能（如网络强度）不完全取决于缔合相互作用的强度，而与团簇的形成直接相关[131, 132]。此外，缔合体系还表现出复杂的时温叠加效应，时温叠加成立[133]或失效[103, 134]均有报道，也有报道称时温叠加仅适用于 G'[135, 136] 或 G''[131]。平移因子的温度依赖性也与对应的共价键体系有很大的差别[137, 138]。

（七）熔体受限动力学与流变学

高分子在受限状态下的结构和动力学行为广受关注，特别是在高分子纳米复合材料中。当高分子链处于不同维度[139-145]、不同程度及在不同相互作用下[146, 147]的受限状态时，分子链构象和不同尺度的链动力学都表现出与本体的明显不同[148, 149]。

在受限条件下，高分子链的构象发生变化。例如，当壁面尺寸远大于链的线团尺寸时，高分子链的均方回转半径 R_g 会减小[150]，而在垂直于边界方向上的非高斯构象统计使得链松弛和应力松弛都表现出各向异性，而且无法用经典的劳斯模型描述[151]。在高分子纳米复合体系中，受限效应对均方回转半径的影响主要体现在均方回转半径与纳米粒子半径的关系上，当均方回转半径大于粒子半径时，链的均方回转半径会增大[152, 153]，反之则几乎不受影响[154, 155]。在受限条件下，高分子链构象的变化直接影响高分子链的动力学行为，在众多影响因素中，研究发现，高分子链与壁面的相互作用非常关键。一方面，对于高分子薄膜，吸引相互作用导致薄膜厚度降低，使玻璃化转变温度上升[156, 157]，从而减缓分子链的运动；而排斥相互作用会降低玻璃化转变温度[158, 159]，使分子运动加速。另一方面，对于高分子薄膜，如果薄膜厚度与高分子链的线团尺度相当，则链缠结密度会大幅度减小[160-163]，而且在靠近高分子链－壁面的界面动力学行为存在显著的不均一性[164-166]，特别是吸引相互作用导致缠结密度减小[150, 163-165]，而排斥相互作用导致缠结密度增大[167]。在高分子纳米复合材料中，球形粒子－高分子链间存在非吸引相互作用时[168, 169]，表现出缠结密度减小；在吸引相互作用[170]和各向异性粒子填充体系中[171, 172]发现缠结密度增大。对于多组分体系，基于流变性质判断缠结密度变化具有较大的不确定性。

受限状态对玻璃化转变温度和缠结行为的影响直接导致链运动行为的改变。由于受限和吸附的相互影响[173]，链段尺度的动力学行为会在受限条件下加快[174]、减缓[175]或不受影响[144, 145]。在高分子纳米复合体系中，通常在中性和弱相互作用下，当纳米粒子小于缠结网络尺度时，纳米粒子的限制会降低单体摩擦，增强链段运动；而当纳米粒子大于缠结网络尺度时，链段松弛几乎不受影响[169]；当纳米粒子和高分子链之间存在吸引相互作用时，在纳米粒子附近可能会形成玻璃化层[176-178]，也可能仅仅是动力学减缓[179]，但也有报道指出，链段动力学不受影响[180]。在受限条件下，整条链运动会减缓[181, 182]，表明整条链的行为不是组成链段的简单加和[158, 183]。此外，受限条件下的链段和整条链松弛过程都会变宽，对于高分子量样品，在链段松弛和整条链松弛之间可能会出现由于链段吸附/脱附产生的松弛过程[143, 144]，而且吸附可以在不存在明显受限时产生影响[145]。虽然发现，当高分子链与壁面相互作用足够强时，受限状态下玻璃化转变温度的变化比缠结的改变对高分子链扩散的影响更显著[184]。但在高分子纳米复合材料中，无论是硬的中性纳米粒子[184, 185]、具有吸引相互作用的硬球[185, 186]，还是具有排斥作用的软球[187]，高分子链的扩散系数只与受限条件（粒子表面间距与链均方回转半径的比值）相关，而与粒子大小和高分子链的分子量无关。这些行为可以定性或半定量地用熵位垒模型[188, 189]或排除体积模型[190]描述。

高分子纳米复合体系的一个极端例子是，纳米粒子表面接枝高分子链的核壳纳米粒子形成自悬浮的熔体[191]，纳米粒子核对接枝高分子链有强烈的空间限制作用，导致长波密度涨落被抑制[192, 193]，使纳米粒子均匀分布于空间[194]。这类材料的储能模量比损耗模量高约1个量级，并且对角频率的依赖性都满足相同的标度关系，这是典型的软玻璃态物质的特征[195]。此外，纳米粒子自悬浮体系表现出独特的热致拥堵（thermal jamming）现象[196]，随着温度的上升，粒子动力学和应力松弛减缓[197, 198]，运动协同性增加[199-201]。

二、关键科学问题

（一）耦合化学反应的分子动力学及线性流变学

分子链中共价键和非共价键相互作用的破坏和重组会造成高分子链长、链长分布、链拓扑结构甚至网络结构的变化，这在高分子熔体的反应加工和超分子体系中非常常见。分子链的断裂或重组会影响链的运动模式和动力学行为，直接反映在体系的表观流变性质上。作为研究反应动力学和分子动力学的重要手段，线性流变学展现出与化学反应和分子链运动相关的复杂特征，揭示了化学反应动力学和分子动力学相互耦合的动力学行为，其与线性流变学的定量关系是其中的关键科学问题。

（二）相转变与线性流变学

高分子在熔体状态下发生的相转变包括（微）相分离、结晶等。当嵌段共聚物中的一个或多个嵌段可以结晶时，微相分离和结晶可能会同时或先后发生，存在相互竞争和相互影响。相分离和结晶会产生更大尺度的结构，伴随着更长时间尺度的松弛过程，由于流变性质对大尺度结构的高度敏感性，大量的研究都尝试采用线性流变学方法表征相转变过程，然而由于不同相结构与线性流变学之间的定量关系不明确，多数研究依然停留在定性表征的层面。建立分子链结构、（微）相分离结构、晶体结构与流变性质的定量关系是其中的关键科学问题。

（三）熔体的受限动力学与线性流变学

具有不同相互作用的受限体系中，几何受限与相互作用决定了高分子链在受限空间的构象，不同受限行为导致了包含高分子链运动在内的复杂多尺度动力学行为，这对于认识高分子熔体处于受限状态下的线性流变行为至关重要。特别是，揭示多种尺度（如受限尺寸、高分子链的均方回转半径、管子半径和纳米复合体系中的纳米粒子大小等）之间的相互约束对链段、缠结、链扩散及粒子扩散的影响，澄清结构和动力学行为的空间不均一性产生的本质，实现多层次结构、多尺度动力学行为和线性流变行为之间的定量关联。

三、重要研究内容

线性流变学通过力学的微扰来研究材料的表观流变行为，通过不同时间尺度的响应特征建立材料结构和性能的关系，是研究平衡态结构与动力学的重要手段。结合目前线性流变学的研究趋势和国内的研究基础，以下针对高分子浓溶液和熔体介绍四个与结构动力学相关的重要的线性流变学问题。

（一）动态高分子的化学流变学

相对共价键而言，超分子体系较弱的相互作用使得体系的分子量、分子量分布及链拓扑结构都处于动态平衡状态，分子链结构的动态变化与分子链运动的耦合使体系表现出复杂的线性流变学行为。虽然用线性流变学方法揭示反应的平衡常数、缔合/解缔合动力学、反应活化能方面已经有了大量的研究工作，但多数研究是针对反应动力学与分子动力学解耦合的状态，二者完全耦合时的相互影响，以及其对线性流变学的作用，这依然是巨大的挑战。超分子体系分子动力学的理论模型也存在争议，建立在完全不同的分子动力学基础上的活性链模型和缔合链模型能够预测类似的流变特征参数与浓度的标度关系，使人们质疑分子蠕动机制在超分子体系中的作用。对于超分子交联体系，对网络结构的均一性及相分离行为也远不如对共价键交联体系认识得深刻。可以在以下方面进行积极探索与创新：①超分子相互作用动力学与分子动力学的耦合机制；②超分子相互作用对线性流变学的影响；③耦合化学反应动力学的分子动力学模型；④超分子体系的相分离与线性流变学的关系。

（二）嵌段共聚物的微相分离与线性流变学

在嵌段共聚物中，两嵌段共聚物的浓度涨落和相界面的松弛已经开展了深入的研究，线性流变学方法也被广泛用于判断微相分离的发生。对于多嵌段线形共聚物，尽管线性流变学研究已发现在多分散体系微相分离发生的临界 χ_N 远低于两嵌段共聚物，但仍需明确分子量和序列分布的多分散性与相分离的关系。此外，多分散性也导致微相分离动力学过程明显慢于单分散两嵌段共聚物，从热力学驱动力（χ_N）和分子动力学两方面揭示微相分离动力学行为的差异，是建立多层次结构与流变行为关系的关键。类似的问题在支化嵌段共聚物中同样存在，嵌段在主链和支链的分布如何影响相分离形态及动力学过程同样是建立微相分离与线性流变学关系的微观基础。可以从以下几方面进行积极探索与创新：①嵌段共聚物序列结构分布与微相分离的关系；②均相状态下，嵌段共聚物序列结构分布与线性流变学的关系；③微相分离状态下，嵌段共聚物序列结构分布、相形态与线性流变学的关系；④嵌段共聚物的分子链拓扑结构与序列结构对（微）相分离和线性流变学的影响；⑤多嵌段共聚物复杂（微）相分离形态的相互转变动力学与线性黏弹行为。

（三）高分子结晶过程的线性流变学

对于结晶性高分子，建立晶体形态、有序结构与流变性质关系的关键在于建立合理的结构抽象描述，揭示缠结/解缠结动力学与结晶动力学的关系，以及明确结晶单元之间的相互作用。虽然以小角 X 射线散射、偏光显微镜为代表的表征方法能够在不同尺度上明确晶体的结构，但简单的棒状、片状或球状模型与经典悬浮体系流变模型的结合都无法与实验结果吻合。另外，高分子的结晶过程要经历分子链解缠结的过程，而熔融过程要经历分子链重新缠结的过程，这些过程对于具有超高分子量的高分子体系尤为重要，决定该过程线性流变性质的关键问题除了结晶引起的链缠结/解缠结过程外，还包含晶体的产生和熔融对流变行为的影响。此外，高分子结晶存在所谓的熔体记忆效应，无论是静态的结晶/熔融过程，还是剪切后的结晶过程，有序结构的松弛与再缠结和分子链松弛行为的关系是关键。可以从以下方面进行积极探索与创新：①结晶高分子线性黏弹性的微观机制；②结晶性高分子多尺度结构模型；③不同尺度晶体结构的松弛机制及其与高分子本体链松弛和界面相链松弛的关系；④高分子结晶和熔融动力学与线性流变学的关系；⑤微相分离和结晶等多重相转变的耦合与线性流变学的关系。

（四）受限条件下的熔体动力学与流变学

受限状态下高分子的动力学行为具有重要的理论和实际应用意义。在高分子纳米复合体系中，对分子动力学和粒子动力学行为的研究可以帮助人们深入理解一些基本问题，如优化体系黏度来改善加工过程及操控组装动力学，同时更好地解决涂料、自修复材料、膜材料等应用问题。受限环境下高分子的动力学行为还有助于理解细胞和生命相关体系中生物大分子的活性，同样也对药物的输送有重要意义。对高分子纳米复合体系而言，目前用不同的研究方法得到的动力学行为还存在很大的不一致性，统一各种方法在不同时间尺度和空间尺度的认识非常关键。纳米粒子与链缠结尺寸的相对大小如何影响局部动力学行为也是关键。爱因斯坦－斯托克斯方程被广泛应用于建立扩散行为与介质黏弹性的关系，但当纳米粒子与缠结特征尺寸相当时，会低估纳米粒子的扩散行为，约束释放效应和粒子跳跃机制都被用于解释该行为。这些机制和理论的实验验证及模型中未考虑参数（如粒子形状和粒子－高分子相互作用等）的影响，值得深入研究。纳米粒子对链动力学的影响，特别是纳米粒子尺寸小于链特征尺寸时的影响更值得深入探讨。可以从以下方面进行积极探索与创新：①纳米复合体系的粒子动力学及其影响因素；②纳米复合体系的链动力学及其影响因素；③纳米复合体系的链构象与缠结行为；④纳米复合体系的线性流变学。

四、发展思路与目标

高分子流变学最基础和最广泛的研究就是线性流变学，该领域取得了大量的成果，但对于复杂体系仍有一些重大的科学问题有待解决。从发展历史来看，均聚的柔性高分子链的线性流变行为已经能够很好地与其分子链结构和分子动力学行为关联，近二十年的重点逐步转向分子链结构或聚集态结构更复杂的体系，这不仅是流变学领域的重要研究内容，也是高分子物理和高分子化学中结构和动力学研究的基本问题。我国学者在该领域有一定的研究基础，希望通过对复杂高分子体系线性结构流变学研究的持续资助，经过5～10年的发展，实现以下目标：①在复杂体系结构演变动力学研究方面取得3～5项突破性研究进展；②在复杂体系结构流变学理论研究方面取得突破，针对不同的结构，发展3～5个本构理论，形成较完整的理论体系；③扩大复杂体系线性流变学的研究规模，形成具有各自研究特色和密切协作的研究队伍。

五、短板与优势

国内学者在高分子线性流变学领域的研究近年来有较大的进步，上海交通大学、中国科学院化学研究所、中国科学院长春应用化学研究所、浙江大学、中国科学技术大学等单位在高分子线性黏弹性方面形成了各具特色的研究方向，并取得了一些重要的成果。例如，刘琛阳等利用探测链流变学方法，揭示了分子流变学中约束释放效应、轮廓长度涨落效应等机制的贡献[202-206]；对于具有化学反应的高分子体系，周持兴和俞炜等发展了研究高分子化学反应的化学流变学方法[207-214]，并发展了表征高分子链拓扑结构的流变学方法[17, 215, 216]；陈全等发展了流变学模型，揭示了缔合高分子体系的反应动力学与分子动力学、凝胶行为的关系[44, 217-221]；对于多相体系，俞炜等发展了表征部分相容高分子共混物[222-227]和嵌段共聚物的浓度涨落与相分离行为的流变学方法[55, 56]，并提出用应变速率放大因子和应力放大因子来关联纳米粒子的分散状态[228, 229]及高分子链的受限程度[230]；韩志超和董侠等发展了用流变学区分不同相分离行为的方法[231-233]；王志刚等用流变学方法，研究了聚烯烃共混物相分离过程中的浓度涨落[95, 234]；对于纳米粒子填充的高分子受限体系，郑强和宋义虎等研究了具有吸引相互作用纳米复合体系的线性黏弹性，提出了“两相模型”[235-238]。

总之，我国在高分子体系线性流变学研究方面经过多年的发展，已经积累了扎实的研究基础和相当大的研究实力，目前已有较多的研究组在从事不同高分子体系的线性流变学研究，在分子流变学、缔合高分子与受限高分子体系流变学方面开展了有特色的研究工作，当前的研究水平与国际上基本保持同步。所欠缺的是多数研究组的工作以实验、计算和模拟为主，在流变学理论建立和发展方面的研究偏少。

（撰稿人：俞炜；上海交通大学）

第二节　流变学分子理论

一、概述

高分子流变学分子理论不仅是高分子科学的重要组成部分，而且是高分子材料加工成型和设计的学科基础[1, 4, 239-242]。任何高分子材料的使用都需要经过加工成型，而高分子流变学分子理论研究正是以建立精准高效指导高分子材料加工成型为终极目标。众所周知，由于高分子材料具有极为复杂的黏弹性质，即便对于同一种高分子材料也可能因加工成型条件的不同而呈现完全不同的性能。因此，对不同的高分子材料，必须针对其特定的黏弹行为，选择与之相对应的加工成型条件。只有这样，才能获得所需性能的高分子材料和制品。如果只关注高分子材料的熔融或浓溶液无序态，那么从某种意义上讲，不同种类的高分子材料将具有普适的黏弹行为，即与其具体的化学结构细节无关。从而，可以建立适用于所有高分子材料的普适性模型和理论。

在剪切作用下，如果物体为弹性固体，那么其应力－应变关系满足胡克定律（$\sigma = G\gamma$，其中 G 称为剪切模量），应力正比于应变，且与剪切速率无关，当外力撤销时，形变能够完全恢复；如果物体为黏性液体，那么其应力－应变速率关系满足牛顿黏滞公式（$\sigma = \eta\dot{\gamma}$，其中 η 为黏度系数，$\dot{\gamma} = \frac{\mathrm{d}\gamma}{\mathrm{d}t}$ 为剪切速率），应力正比于剪切速率，且与应变无关，外力撤销时，形变不能恢复。而对于缠结高分子流体，由于高分子链多自由度、显著的熵效应及动力学效应，应力－应变关系非常复杂，通常兼具固体和液体的性质，即具有黏弹性。同时，在外场作用下，缠结高分子流体具有高度的非线性行为或非平衡态特征[1]。因为几乎所有材料都存在一个形变非常小的线性响应区。在该区域内，松弛模量与应变无关，且在任意时间，应变加倍，应力也相应加倍。所以，玻尔兹曼对这一线性响应行为进行了归纳和拓展，提出了玻尔兹曼叠加原理[3, 241]，以描述缠结高分子流体的线性响应行为。为了描述缠结高分子流体的复杂特性，人们早先提出了由理想弹簧（描述弹性性质）与理想黏壶（描述黏性性质）串联的麦克斯韦模型和并联的沃伊特－开尔文模型[3, 241]，以及利用弹簧和黏壶串并联所组成的多元模型。然而，与短链高分子流体相比，缠结高分子流体（分子量大于临界值 M_c）具有如下显著特征：①应力松弛所对应的特征时间比劳斯模型的预测值长[1, 3]；②末端矢量关联函数的松弛时间与链长 N 的标度关系为 N^{α}（$\alpha \approx 3.4$[243, 244]）；③黏度和分子链质心扩散系数与链长 N 的标度关系分别为 N^{α}[244, 245] 和 $N^{-\alpha+1}$[246]。显然，这些性质都与长链高分子的缠结效应相关[247-251]。因此，近半个世纪以来，缠结效应成为高分子流变学领域研究的前沿和焦点[252, 253]。为了描述缠结高分子流体的流变性质，类似于橡胶弹性理论[254]，人们把缠结点简单地视为具有一定寿命的“交联点”，提出了“瞬态网络模型”[255, 256]。虽然这些模型和理论取得了一定的成功[254]，但是，它们很难在分子水平描述高分子流体的流变性质[3]。因此，土井正男和爱德华兹[248-251]在德热纳[247]提出的蠕动概念基础上，建立了描述缠结高分子流体的管子模型，又称土井正男－爱德华兹（Doi-Edwards）模型（或 DE 模型）。该模型极大地简化了高分子链间的多链相互作用，从而给缠结高分子流体分子流变学的研究带来了曙光。然而，由于 DE 模型过于简化，人们发现其预测结果与实验值间存在较大的偏差[252]。因此，很多高分子动力学与流变学专家对 DE 模型进行了完善与修正，相继引入轮廓长度涨落（contour length fluctuation，CLF）效应[257, 258]、约束释放（constraint release，CR）效应[259, 260]

和对流约束释放（convective constraint release，CCR）效应[261-264]。最后，人们建立了目前最完善的修正理论——GLaMM（Graham，Likhtman and Milner，McLeish）理论[252]。由于上述修正的理论都没有脱离 DE 模型的物理基础，因此 DE 模型及其修正理论也通称为“管子模型”。然而，过于简化的物理图像使得管子模型既无法基于分子链本身和第一性原理处理快速、大形变条件下缠结高分子流体非线性流变学的一些问题，也无法统一描述近期的一些流变学实验现象。这就需要重新考虑现有的单链平均场假设和多链相互作用，建立缠结高分子流体分子流变学研究的新范式。

二、关键科学问题

（一）快速、大形变条件下，缠结高分子流体的链－链相互作用和链构型与链拓扑结构的演化规律

任何高分子材料的使用都必须经过加工成型。由于高分子的弛豫时间谱十分宽（通常可覆盖近 20 个数量级），因此即便对于同样的高分子材料，也可因加工成型条件和体系热历史的改变而显现不同的性能。随着塑料、橡胶和纤维加工成型向高速化和制品大型化方向发展，工业生产要求高分子材料的加工成型必须满足特定性能的要求。针对缠结高分子流体，德热纳[247]、土井正男和爱德华兹[248-251]基于单链平均场近似，建立了管子模型理论。该理论奠定了现代高分子流体非线性流变学的基础，标志着描述缠结高分子流体步入分子流变学时代。然而，管子模型理论过于简化的物理图像，使人们无法基于分子链本身和第一性原理，处理快速、大形变条件下典型的缠结高分子流体非线性流变学问题，特别是近期一些特征的流变学实验现象（如非静态松弛[265]、剪切带[266]、壁滑滞后[267]、拉伸屈服[268]等）无法在管子模型框架下统一描述。这就要求必须重新认识或摒弃现有的单链平均场假设，建立基于多链相互作用的分子流变学研究新范式。因此，阐明快速、大形变条件下，缠结高分子流体的链－链相互作用和链构型与链拓扑结构的演化规律，在整个高分子流变学发展史上将具有里程碑式的科学意义。

（二）快速、大形变条件下，复杂高分子流体微观结构间的相互作用及其与流变性能的关系

近 30 年来，在高分子物理理论方法方面，一个重要的发展是自洽场理论（self-consistent field theory，SCFT）方法的建立。该方法可以非常好地处

理多相高分子体系（如部分相容共混物或嵌段共聚物等）的（微）相分离问题，并且能够成功预测很多典型的相结构。然而，多相高分子体系的性能不仅与其相结构和热力学性质相关，还依赖于界面处分子链间的缠结结构及动力学行为。同样的相结构，如果相界面处的相互作用强度或分子链间的缠结结构（拓扑缠绕方式）不同，其力学性能将具有显著的差异，如高分子流体的界面屈服强度、弹性恢复能力及与之对应的高分子制品的抗拉伸能力或剪切断裂应力等。因此，需要发展能够描述分子链缠结的粒子模拟方法[269-271]（如分子动力学、布朗动力学、耗散粒子动力学等），阐述界面处分子链间的缠结及演化动力学行为。这样，针对不同的多相高分子体系，选择与之相应的加工成型条件，才能获得所需性能的高分子材料，特别是高性能化和功能化的特种高分子材料。因此，系统研究复杂高分子流体微观结构间的相互作用及其与流变性能的关系，实现微观结构和界面性质的调控，不仅能够为高分子材料设计和加工成型条件优化提供科学依据，同时可以加深对高分子流体的平衡态性质和非平衡态（微）相分离行为的理解。

三、重要研究内容

首先介绍描述缠结高分子流体的麦克斯韦模型、沃伊特－开尔文模型和瞬态网络模型。然后，在这些模型的基础上，分两部分介绍 DE 模型。第一部分：首先，介绍 DE 模型的基本概念和物理图像；其次，重点推导高分子链的松弛与扩散性质；再次，阐述与这些物理概念和物理图像对应的线性和非线性黏弹性质；最后，给出 DE 模型所对应的本构方程。第二部分：首先，介绍 DE 模型修正的三个典型效应（CLF 效应、CR 效应和 CCR 效应）的物理图像和重要推论；其次，重点介绍 GLaMM 理论的物理背景和 GLaMM 方程中相应参数的物理意义；最后，简单讨论 GLaMM 理论的一些应用。

（一）麦克斯韦模型和沃伊特－开尔文模型

最简单的黏弹模型是麦克斯韦模型，该模型将理想弹簧和理想黏壶串联。因此，总应变（γ）是各个单元的应变之和（$\gamma=\gamma_e+\gamma_v$，其中 γ_e 和 γ_v 分别为弹簧和黏壶的应变），且每个单元均承受相同的应力（$\sigma=G_M\gamma_e=\eta_M\dot{\gamma}_v$，下角标 M 代表麦克斯韦模型）。麦克斯韦模型对应的本构方程为

$$\frac{d\gamma}{dt}=\frac{1}{G_M}\frac{d\sigma}{dt}+\frac{\sigma}{\eta_M} \tag{4-1}$$

因此，应力具有简单的指数衰减形式：

$$\sigma(t)=G(t)\gamma=G_{\mathrm{M}}\gamma\exp\left(-\frac{t}{\tau_{\mathrm{M}}}\right) \tag{4-2}$$

其中，τ_{M} 为松弛时间（应力松弛到初始应力 $\frac{1}{e}$ 所需时间）；t 为外力作用的时间。如果外力作用的时间较短（$t<\tau_{\mathrm{M}}$），这时黏壶来不及响应，体系将表现为完全弹性，此时材料具有类固性质；如果外力作用时间较长（$t>\tau_{\mathrm{M}}$），这时弹簧已经不被继续拉伸，只存在黏壶的响应，体系表现为完全的黏性，此时材料具有类液性质。一般情况下，在大于最长松弛时间尺度上，黏弹性流体的应力以指数形式衰减到零。

为了应用方便，一般定义表观黏度，即应力与剪切速率的比值。不过，表观黏度不等同于零剪切速率黏度 η（零切黏度）。对于大多数高分子流体来说，在高剪切速率下，表观黏度会出现剪切变稀现象。值得指出的是：①当外力的作用时间与体系的松弛时间相匹配时，材料的黏弹性才能得以最充分体现，也就是说，在启动形变下将发生屈服，即发生从弹性形变到流动（不可逆形变）转变；②麦克斯韦模型可以较好地描述应力松弛过程，但是不能描述交联高分子的应力松弛行为，因为交联高分子的应力不能松弛到零；③麦克斯韦模型能较好地描述稳态剪切流动，但是不能描述快速剪切条件下的剪切变稀现象；④麦克斯韦模型给出的第一法向应力差和第二法向应力差均衡为零，因此它不能用来描述法向应力差。尽管如此，麦克斯韦模型对高分子流体黏弹性理论的发展还是起到很重要的作用。近期仍有大量研究资料 [272–278] 丰富和发展了麦克斯韦模型。例如，爱德华兹等 [272] 给出了模式耦合的麦克斯韦模型；Rao 和 Rajagopal[273] 对麦克斯韦模型给予了一种新的阐释，指出人们如果只关注纯粹的力学响应，那么可以通过不同的储能和耗散机制得到相同的力学响应；Goddard 等 [274] 给出了在低雷诺数湍流条件下的麦克斯韦流体模型。

与麦克斯韦模型类似，人们还提出了由弹簧和黏壶并联而形成的沃伊特－开尔文模型。在这个模型中，因为每个单元的应变相同，所以其总应力是各个单元的应力之和：

$$\sigma=G_{\mathrm{VK}}\gamma_{\mathrm{e}}+\eta_{\mathrm{VK}}\dot{\gamma}_{\mathrm{VK}} \tag{4-3}$$

其中，下角标 VK 为沃伊特－开尔文模型。可以看出：①在恒定的应力作用下，应变随时间延长而逐渐增大，最终趋于一个平衡值，这一过程与交联高分子的蠕变现象相符合，但是，因为高分子流体蠕变过程中有链的质心位移，形变不能完全回复，所以沃伊特－开尔文模型不能单独用来描述高分子流体的蠕变。②沃伊特－开尔文模型在受力瞬间不能产生形变，表现为黏性；当作用时间很长时，该模型表现为完全弹性。因此，该模型能较好地描述黏弹性固体的弹性恢复，却无法描述高分子流体的应力松弛。在实际应用中[279-282]，人们往往将麦克斯韦模型与沃伊特－开尔文模型进行组合，将多个弹性单元和黏性单元按不同的形式串联或并联，从而用于描述更复杂的黏弹性物体的应力－应变行为。

（二）瞬态网络模型

在启动形变过程中，缠结高分子流体的应力响应总是从零开始。这说明，在启动形变的瞬间，相互缠结的高分子链可等效为一种交联完好的弹性网络结构。另外，在快速、大形变过程中，缠结高分子流体还会表现出一系列复杂的非线性黏弹行为。基于缠结高分子流体的这些特征，20世纪40年代，Green和Tobolsky[255]提出了类橡胶液体理论，他们假定缠结点稳定地产生和消失，推导出一个线性演化方程。在此基础上，Yamamoto[283, 284]又发展了一个瞬态网络模型。特别是，Lodge[256]引入多应力松弛模式，从物理和数学上完善了瞬态网络模型。在松弛时间内，瞬态网络模型与仿射网络模型具有极大的相似性。虽然仿射网络模型是一种最为简单的理想模型，但是它仍然能够给出很多有关缠结网络的概念和性质。因此，首先基于仿射模型的基本假设，分析仿射网络的性质，然后详细讨论瞬态网络模型。

仿射网络模型假定：每条网链的相对形变都与宏观网络相同。如果网络的初始尺寸为L_{x0}、L_{y0}和L_{z0}，且网络在x、y和z方向上分别发生了λ_x、λ_y和λ_z倍的形变，则形变后的网络尺寸为$L_x=\lambda_x L_{x0}$、$L_y=\lambda_y L_{y0}$和$L_z=\lambda_z L_{z0}$。假设每条网链含N个链节，则网链形变前后的末端矢量在x、y和z方向上的投影分别为R_{x0}、R_{y0}和R_{z0}与$\lambda_x R_{x0}$、$\lambda_y R_{y0}$和$\lambda_z R_{z0}$。这样，形变前后拥有N个长度为b的库恩单元的网络的自由能的变化为$\Delta F_{\text{net}}=-T\Delta S_{\text{net}}$ [285]。当形变量ε_x趋近于零（即λ趋近于1）时，可以得到

$$\sigma_{\text{true}}=\frac{3nk_{\text{B}}T\varepsilon_x}{V} \tag{4-4}$$

其中，k_{B}为玻尔兹曼常量；T为温度；$\lambda=1+\varepsilon_x$。由上式可知，交联网络的拉伸杨氏模量为$E=3ck_{\text{B}}T$，这里，$c=\dfrac{n}{V}$为单位体积中网链的数目。

同样，对于简单剪切，利用经典的克拉默斯（Kramers）应力微观表达

式[1]，剪切应力 σ_{xy} 的表达式为

$$\sigma_{xy}=-c\left\langle F_x R_y\right\rangle=ck_{\mathrm{B}}T\gamma=G_0\gamma \tag{4-5}$$

其中，F_x 为网链在 x 方向的作用力；R_y 为网链在 y 方向的分量；$G_0=ck_{\mathrm{B}}T$ 为剪切模量。同理，第一法向应力 N_1 的表达式为

$$N_1=\sigma_{xx}-\sigma_{yy}=G_0\gamma^2 \tag{4-6}$$

另外，高分子链的均方回转半径 $\left\langle R_{\mathrm{g}}^2\right\rangle$ 和高分子链的轮廓长度 L 分别可表示为

$$\left\langle R_{\mathrm{g}}^2\right\rangle=\left\langle R_{\mathrm{g}}^2\right\rangle_0\left(1+\frac{\gamma^2}{3}\right) \tag{4-7}$$

$$L=L_0\left(1+\frac{\gamma^2}{3}\right)^{1/2} \tag{4-8}$$

其中，$\left\langle R_{\mathrm{g}}^2\right\rangle_0$ 和 L_0 分别为高分子链平衡态时的均方回转半径和轮廓长度。

瞬态网络模型[256]认为：缠结高分子流体具有弹性，与其微观分子链足够长、相互缠结形成的网络结构有关。基于橡胶弹性理论，Lodge 假定：①分子链间的相互作用只来自缠结点；②缠结点的更新速率为常数；③形成的新缠结点满足各向同性分布；④缠结点的运动满足仿射形变；⑤缠结点间的网链服从高斯分布。基于上述五个基本假设，Lodge 推导了黏弹性高分子流体的应力－应变积分方程：

$$\boldsymbol{\sigma}(t)=2\int_{-\infty}^{t}\boldsymbol{m}(t-t')\left[\boldsymbol{C}^{-1}(t,t')-\boldsymbol{I}\right]\mathrm{d}t' \tag{4-9}$$

其中，$\boldsymbol{m}(t-t')$、$\boldsymbol{C}^{-1}(t,t')$ 和 $\boldsymbol{I}$ 分别为记忆函数、芬格（Finger）张量和单位张量。虽然 Lodge 的瞬态网络模型可以描述黏弹性流体的一些基本性质，但是它预言的黏度和第一法向应力差 $\psi_1(\dot{\gamma})$ 为常数，第二法向应力差 $\psi_2(\dot{\gamma})$ 为零，这致使瞬态网络模型具有较大的局限性。虽然瞬态网络模型存在上述局限性，且不是基于第一性原理的黏弹性模型，但是它仍然是一个描述缠结高分子流体和高分子复合材料黏弹性行为的重要方法和工具。

（三）DE 模型

爱德华兹[286, 287]为了处理交联高分子中分子链的动力学问题，首先提出了“管子”的原始概念。在交联分子链网络中，因为测试链的两端被固定，所以周围链作用在测试链上的拓扑约束可以等效为一个限制管道，即测试链垂直于轮廓方向的运动受到其他链的严格限制，而平行于轮廓方向的运动则

不受限制。随后，德热纳[247]发展了这一概念，认为“管子”同样可以出现在高分子流体中，并处理了一条自由高分子链在三维网络中的动力学问题，同时提出了高分子链蠕动运动模式的核心概念。在此基础上，土井正男和爱德华兹[248-251]进一步完善了“管子”的概念，并对其进行了数学化处理，使得高分子流体中一些基本现象得到较好的描述。

1. 松弛与扩散

在 DE 模型的物理图像中，DE 模型把由于分子链间不可相互穿越而导致的复杂多链相互作用简化为光滑“管子”对粗粒化的劳斯链的无势垒空间限制。为此，DE 模型引入以下三个基本假设[248]。

（1）平均场假定：在缠结高分子流体中，每条分子链在其他分子链所构成的平均场中独立地运动，且服从劳斯松弛动力学。换言之，每条分子链都受限在一个围绕着它的管状区域内，即“管子”，而“管子”的中心线被称为原始链。

（2）原始链假定：原始链由 Z 个步长为 a 的原始链的链段构成，而原始链轮廓长度 L 满足：

$$Z=\frac{L}{a}=\frac{Nb^2}{a^2}，L=\frac{Nb^2}{a} \tag{4-10}$$

其中，N 为劳斯链的链段数；b 为劳斯链段的键长；a 通常被称为“管径”（tube diameter）或原始链的库恩长度[288]。

（3）蠕动假定：原始链沿自身轮廓以扩散系数 D_c 随机地向前或者向后运动，并且无论链向前或向后运动，链末端均能够随机地选择方向。由于原始链服从劳斯松弛动力学[285]，所以

$$D_c=\frac{k_BT}{N\zeta} \tag{4-11}$$

其中，T 为温度；ζ 为摩擦系数。因为管径尺度内，劳斯链段的运动不受到缠结效应的影响，且链运动行为服从劳斯动力学，所以该尺度内劳斯链段的松弛时间可用劳斯松弛时间表示：

$$\tau_e=\frac{\zeta N_e^2b^2}{3\pi^2k_BT} \tag{4-12}$$

其中，N_e 为缠结长度，满足 $a^2=N_eb^2$，同时高分子链的缠结点数为 $Z=\dfrac{N}{N_e}$。

定义原始链链段 s 和链段 s' 的时空关联函数为：$\phi(s,s';t)=\left\langle[\boldsymbol{R}(s,t)-\boldsymbol{R}(s',0)]^2\right\rangle$。根据原始链的蠕动假设，可以推导出与一维扩散方程相同形式的原始链链段的扩散方程[1, 248]：

$$\frac{\partial}{\partial t}\phi(s,s';t)=D_{\mathrm{c}}\frac{\partial^2}{\partial s^2}\phi(s,s';t) \tag{4-13}$$

可以证明，τ_{d} 为体系的解缠结松弛时间（高分子链扩散自身尺寸需要的时间），且

$$\tau_{\mathrm{d}}=\frac{L^2}{\pi^2 D_{\mathrm{c}}}=\frac{\zeta Z^3 b^4}{\pi^2 k_{\mathrm{B}} T a^2} \tag{4-14}$$

当 $t \gg \tau_{\mathrm{d}}$ 时，可以推导出高分子链质心的扩散系数：

$$D_{\mathrm{d}}=\lim_{t\to\infty}\frac{\phi(s,s;t)}{6t}\approx\frac{D_{\mathrm{c}}}{3Z}=\frac{k_{\mathrm{B}}Ta^2}{3N^2\zeta b^2} \tag{4-15}$$

即质心扩散系数与链长的标度关系为 $D_{\mathrm{d}}\sim N^{-2}$。而在劳斯模型中，质心扩散系数 $D_{\mathrm{R}}\sim N^{-1}$。这表明，缠结效应极大地限制了高分子链的扩散运动。

进一步由式（4-14）可知，τ_{d} 与 N^3 成正比，是 DE 模型中非常简单但令人鼓舞的结果。对比劳斯模型，解缠结松弛时间与原始链的劳斯松弛时间存在如下简单且重要的关系：$\frac{\tau_{\mathrm{d}}}{\tau_{\mathrm{R}}}=3Z$。当高分子链的聚合度很大时（$\tau_{\mathrm{d}}\gg\tau_{\mathrm{R}}$），意味着高分子链的取向和拉伸是解耦合的。在阶跃形变下，高分子链首先发生仿射形变，然后被拉伸的高分子链分两步进行松弛，即在 τ_{R} 时间尺度上，原始链发生回缩，使轮廓长度恢复至平衡态；在 τ_{d} 时间尺度上，原始链通过蠕动使链取向恢复至平衡态。因为短时内（$t\leqslant\tau_{\mathrm{e}}$）分子链不受“管子”的限制，所以可用劳斯松弛动力学描述缠结高分子流体的性质。下面分别介绍在 DE 模型的框架下，缠结高分子流体在长时间尺度（$t>\tau_{\mathrm{e}}$）的线性与非线性黏弹性质。

2. 线性黏弹性

在高分子稀溶液中，应力的微观表达式为[1, 289]

$$\sigma_{\alpha\beta}=\eta_{\mathrm{s}}\left[\kappa_{\alpha\beta}(t)+\kappa_{\beta\alpha}(t)\right]+\sigma_{\alpha\beta}^{(\mathrm{p})}(t)+P\delta_{\alpha\beta} \tag{4-16}$$

其中，$\kappa_{\alpha\beta}(t)$ 为速度梯度张量 $\boldsymbol{\kappa}(t)$ 的分量；η_{s} 为溶剂黏度。上式右边三项分别代表黏性应力、弹性应力和静压力。其中，第二项代表高分子链对应力的贡献，即

$$\sigma_{\alpha\beta}^{(p)}(t)=\frac{3ck_BT}{Nb^2}\int_0^N\left\langle\frac{\partial \boldsymbol{R}_{n\alpha}(t)}{\partial n}\frac{\partial \boldsymbol{R}_{n\beta}(t)}{\partial n}\right\rangle \mathrm{d}n \tag{4-17}$$

其中，c 代表单位体积中的原始链链段数量；$\frac{\partial \boldsymbol{R}_n}{\partial n}$ 为方向矢量，表明取向对稀溶液黏弹性的贡献。随着高分子浓度的增加，黏性应力基本不变，而高分子链由于缠结而更易取向，因而第二项的贡献会显著增加。根据 DE 模型的物理图像，缠结高分子流体的应力主要来源于高分子链内的相互作用，而非链间相互作用，且满足线性叠加性质 [1]，这使得式（4-17）可直接描述缠结高分子流体的应力。

在零时刻，对缠结高分子流体平衡体系施加小幅阶跃形变 [249]，使高分子链的构型发生变化，从而产生应力。在高分子链逐渐恢复到平衡态的过程中，该应力将被松弛掉。当时间尺度 $t>\tau_e$ 时，链运动受到缠结的限制。因为在小幅阶跃形变下，原始链的轮廓长度将迅速地恢复到平衡态，而原始链的取向并没有恢复到平衡态，所以只需考虑分子链的解缠结过程。考虑到高分子链段一旦扩散出原来的“管子”，其承载的应力将消失，因此应力松弛模量与初始“管子”在 t 时刻的剩余分数 $\psi(t)$ 成正比，即

$$G(t)=G_0\sum_{p\in 奇数}\frac{8}{p^2\pi^2}\exp\left(-\frac{p^2t}{\tau_d}\right)\qquad (t\geqslant\tau_e) \tag{4-18}$$

根据式（4-18）可知，松弛模量－时间的双对数图像中，在 $\tau_e\sim\tau_d$ 的时间范围内，存在平台模量 G_0（曲线平行于 x 轴），其高度与分子量无关，但宽度随分子量的增加而增大。根据傅里叶变换（Fourier transform，FT），可知储能模量 $G'(\omega)$ 和损耗模量 $G''(\omega)$。对于小幅剪切振荡实验（双对数坐标下），储能模量在 $\frac{1}{\tau_d}\sim\frac{1}{\tau_e}$ 内同样出现一个平台值，平台值的低频下限随分子量的立方（M^3）而降低，平台值的高频上限与分子量无关。同时，在数据的高频部分，储能模量与损耗模量几乎重叠，并呈现 1/2 的标度关系。这些预测得到 Onogi 等 [290] 的实验验证。由式（4-18）积分，可获得体系的零剪切黏度：

$$\eta=\int_0^\infty G(t)\mathrm{d}t=\frac{\pi^2G_0\tau_d}{12}\propto N^3 \tag{4-19}$$

因此，DE 模型预言高分子流体的黏度为

$$\eta\propto\begin{cases}M & M<M_c\\ M^3 & M>M_c\end{cases} \tag{4-20}$$

值得注意的是，黏度因缠结效应而发生转变所对应的临界分子量 M_c 通常为缠结摩尔质量 M_e 的 2～4 倍。虽然式（4-20）中的标度指数在定性上与实验结果接近，但定量上仍小于实验测量的标度指数 3.4[244, 245]。总体而言，DE 模型描述高分子流体的平衡态和近平衡态性质是非常有效的。

3. 非线性黏弹性

如果对体系施加大幅阶跃形变（γ）[249]，当 $t>\tau_e$ 时，则需要考虑高分子链的解缠结运动。为得到应力松弛结果，则需要知道如何根据原始链链段的坐标计算应力。DE 模型假定：①应力是纯熵的（与温度成正比）；②每段“管子”的熵弹力与弹簧系数成正比，即 $k=\dfrac{3k_BT}{N_e b^2}$；③每段“管子”中的劳斯链段数相同（弹簧系数相同）；④应力不包含链段间的相互作用（只包含近邻链内相互作用对应力的贡献）。那么根据式（4-17），应力的表达式可以写为 [1, 249]

$$\sigma_{\alpha\beta}(t)=\frac{3ck_BT}{N^2b^2}\left\langle\int_0^{L(t)}L(t)\left[u_\alpha(s,t)u_\beta(s,t)-\frac{1}{3}\delta_{\alpha\beta}\right]\mathrm{d}s\right\rangle \tag{4-21}$$

其中，c 为单位体积中的原始链链段数量；$u(s,t)$ 代表 t 时刻原始链链段 s 处的单位方向矢量；δ 为克罗内克符号。阶跃形变后的瞬间，原始链轮廓长度变为

$$\langle L(+0)\rangle=\alpha(\boldsymbol{E})L_{eq} \tag{4-22}$$

其中，L_{eq} 为平衡态下原始链的轮廓长度；$\alpha(\boldsymbol{E})$ 为原始链上每一小段距离的拉伸倍数。定义非线性松弛模量（nonlinear relaxation modulus）$G(t-\gamma)=\dfrac{\sigma_{xy}}{\gamma}$，那么，阶跃剪切后的非线性松弛模量为

$$G(t,\gamma)=h(\gamma)G(t)\left\{1+[\alpha(\gamma)-1]\exp\left(-\frac{t}{\tau_R}\right)\right\}^2 \tag{4-23}$$

其中，$h(\gamma)=\dfrac{15Q_{xy}(\gamma)}{4\gamma}$，为阻尼函数（damping function），$Q_{xy}(\gamma)$ 为形变后瞬间原始链链段的取向数量。上式意味着，$t>\tau_R$ 时，$G(t,\gamma)$ 为时间与应变的两个独立函数的乘积，即

$$G(t,\gamma)=G(t)h(\gamma) \tag{4-24}$$

换言之，模量－时间的双对数曲线可通过垂直平移而重合，相应的重合时间点在 τ_R 附近。该预言得到 Osaki 等 [291, 292] 的实验验证，从而奠定了 DE 模型

或管子模型在分子流变学中的地位。尽管如此，Archer 等[293, 294]却发现，重叠时间远长于 DE 模型的预言时间 τ_R。因此，该问题还有待进一步深入研究。

4. 本构方程

在外场下，DE 模型假定原始链的轮廓长度保持不变。为了简化处理，土井正男和爱德华兹[250]引入独立取向近似（independent alignment approximation，IAA），那么本构方程可写为

$$\sigma_{\alpha\beta}(t)=G_{\mathrm{e}}\int_{-\infty}^{t}\mu(t-t')Q_{\alpha\beta}^{\mathrm{IAA}}[\boldsymbol{E}(t,t')]\mathrm{d}t' \tag{4-25}$$

其中，$Q_{\alpha\beta}^{\mathrm{IAA}}[\boldsymbol{E}(t,t')]$ 为应变历史张量 $\boldsymbol{Q}^{\mathrm{IAA}}[\boldsymbol{E}(t,t')]$ 的分量。在高剪切速率下，考虑其渐进行为可知

$$\eta(\dot{\gamma})\propto\dot{\gamma}^{-\frac{3}{2}} \tag{4-26}$$

因此，在高剪切速率下，缠结高分子流体的剪切应力随剪切速率的增加而降低［$\sigma=\eta(\dot{\gamma})\dot{\gamma}\propto\dot{\gamma}^{-0.5}$］，即稳态剪切黏度呈现一个极大值，从而使得缠结高分子流体在高剪切速率下不稳定[251]。此外，还可以推导出第一法向应力差 N_1 和第二法向应力差 N_2 的表达式：

$$N_1(\dot{\gamma}\to\infty)\propto\dot{\gamma}^{-2},\ N_2(\dot{\gamma}\to\infty)\propto\dot{\gamma}^{-2.5} \tag{4-27}$$

（四）DE 模型的修正

虽然 DE 模型能定性地描述很多高分子流体的平衡态和近平衡态性质，但是一些重要流变学现象仍不能基于这个简单的模型来解释。例如，应力松弛的特征时间[1, 3]和黏度[244, 245]等物理量均大于 DE 模型的预测值。这激发了许多高分子流体动力学和流变学等方面专家的研究兴趣，他们对 DE 模型进行了多次改进和完善，主要包括：引入高分子链的轮廓长度涨落效应[257, 258]、约束释放效应[259, 260]和对流约束释放效应[261-264]等。下面将依次介绍，然后详细讨论包含上述效应，被认为是最完善的修正理论——GLaMM 理论。

1. 轮廓长度涨落效应

在土井正男和爱德华兹提出 DE 模型后，土井正男[257]就指出，原始链是一系列劳斯链构象的统计，当时间尺度小于分子链的劳斯松弛时间（τ_R）时，原始链的轮廓长度将随时间发生涨落，即 CLF 效应，因而不能将原始链

的轮廓长度视为恒定值 L。通过严格推导，原始链轮廓长度涨落的特征时间为 τ_R，原始链轮廓长度涨落的方差为

$$\left\langle \Delta L^2 \right\rangle = \left\langle L^2 \right\rangle - L_{eq}^2 = \frac{8Nb^2}{3\pi^2} \sum_{p\text{为奇数}} \frac{1}{p^2} = \frac{Nb^2}{3} \tag{4-28}$$

因此，$\frac{\Delta L_{eq}}{L_{eq}} \sim \left(\frac{a}{L_{eq}} \right)^{0.5} \sim \frac{1}{\sqrt{Z}}$（$\Delta L_{eq} = \left\langle \Delta L^2 \right\rangle^{1/2}$）。换而言之，高分子链越短，CLF 效应越显著。值得注意的是，如果忽略 CLF 效应，体系的松弛时间 $\tau_d \approx \frac{L_{eq}^2}{D_c}$；反之，$\tau_d \approx \frac{(L_{eq} - \Delta L_{eq})^2}{D_c}$。

2. 约束释放效应

测试链处于由其他分子链所构成的管状区域中，经历 τ_d 时间后，该测试链及其周围链将各自摆脱原有的管状限制区域。这样，测试链的管状受限空间将不断重组。因此，该过程被称为 CR 效应 [259, 260]。早期，土井正男和爱德华兹 [1] 认为：在平衡态下，CR 效应相当于原始链内的链段局域跳跃，因为跳跃速率的量级为 $\frac{1}{\tau_d}$，所以可以忽略该效应。不过，Likhtman 和 McLeish[295] 证明，在 τ_d 附近，约束释放效应将显著影响体系的松弛过程。对于二分散高分子流体（两个不同分子量的同种高分子的混合物），Rubinstein 和 Colby[260] 发现，短链的快速松弛使得长链周围的限制管道“重组速率”加快，因此需要重新考虑 CR 效应的作用。值得指出的是，虽然 DE 模型对线性模量 $G(t)$ 和储能模量 $G'(\omega)$ 的预测结果与实验结果定性吻合 [1]，但是在部分频率域上仍存在定量差异。特别是，DE 模型对损耗模量 $G''(\omega)$ 函数曲线极小值的预测过低 [3]。因此，Likhtman 和 McLeish[295] 在 DE 模型的基础上引入 CLF 效应、CR 效应和纵向松弛模式。这些修正消除了 DE 模型对 $G''(\omega)$ 预测的偏离。在高频下，链段的局域运动（劳斯松弛）决定了体系的性质，因而呈现出 1/2 的标度关系；在中等频率域内（$\omega > \tau_d^{-1}$），DE 模型预测 $G''(\omega) \sim \omega^{-\frac{1}{2}}$；CLF 效应不改变 $\tau_d^{-1} < \omega < \tau_R^{-1}$ 频域内 −1/2 的标度关系，但使得 $\omega > \tau_R^{-1}$ 时的标度关系转为 −1/4；在 CLF 效应的基础上，进一步考虑 CR 效应，$G''(\omega)$ 的 −1/4 标度关系不变，但是 $G''(\omega)$ 函数曲线整体向上平移，且 −1/2 标度关系消失；最后，进一步考虑纵向松弛模式，$G''(\omega)$ 在极小值附近的函数曲线向上平移，对流约束释放且−1/4 的标度关系消失。

3. 对流约束释放效应

在外场下，高分子链的回缩将加强约束释放效应，测试链周围的分子链被流场“抽掉”。因为该过程是由流场引起的，所以被称为对流约束释放效应。Marrucci[262] 指出，当剪切速率超过 $\frac{1}{\tau_{\mathrm{d}}}$ 时，该效应将变得非常显著。对流约束释放效应使得松弛时间随剪切速率或拉伸速率的增加而缩短。

4. GLaMM 理论

Graham 等 [252] 在 DE 模型的基础上，加入上述三个重要的修正效应（即 CLF 效应、CR 效应和 CCR 效应），使得管子模型能够更好地描述缠结高分子流体的线性与非线性流变行为。因为原始链的正切矢量关联函数是计算应力和链结构因子等物理量的重要组成部分，所以 Graham 等推导出正切矢量关联函数 $f_{\alpha\beta}(s,s')=\left\langle\left[\frac{\partial R_{\alpha}(s)}{\partial s}\right]\left[\frac{\partial R_{\beta}(s')}{\partial s'}\right]\right\rangle$ 演化方程的复杂解析形式。该理论包含三个可调参数，通过与实验结果对比 [252]，这三个参数分别选为：几何前置因子 $R_s=2$；约束释放效应参数 $c_{\mathrm{v}}=0.1$；末端链段扩散系数 $\alpha_{\mathrm{d}}=1.15$。由此，人们可以基于 GLaMM 理论的复杂表达式定量地计算高分子流体的几乎所有流变性质，如应力张量、原始链轮廓长度和均方回转半径。为了验证 GLaMM 理论的有效性,Graham 等 [252] 将其与早期不同研究组的简单剪切（剪切应力、第一法向应力）、阶跃剪切（阻尼函数）和单轴拉伸（杨氏模量）的实验结果进行了比较，获得了与实验几乎定量一致的结果。随后，Auhl 等 [296] 重新制备了不同分子量的聚异戊二烯，发现实验获得的剪切应力及应力过冲点所对应的应变等均与 GLaMM 理论相吻合。但是，近年来也出现了一些反例 [253, 297]。

四、发展思路与目标

近年来，有关缠结高分子流体非线性流变现象分子机制的争论成为研究焦点，逐渐出现了传统模型和理论不能解释的一些现象 [253, 268, 298, 299]。在工程技术方面，虽然人们往往将多个弹性单元和黏性单元按不同的形式进行串联或并联，用于描述复杂高分子流体的黏弹性行为（如广义麦克斯韦模型和广义沃伊特 - 开尔文模型等），但是这些模型往往人为因素较多，所用参数的物理意义不清楚，且不能与具体的分子图像相对应，改进后的模型往往非常复杂，计算量巨大，在工程应用中非常不方便。然而，因为与分子黏弹性模型相比（如管子模型），其在具体操作上相对简单，所以有关这些唯象模型的完善工作从未停止过。因此，对于一些过于复杂的体系，如多组分体系，建议基于精确的实验测量，以及近年来发展起来的大数据分析方法和机器学习手段，进一步丰富和发展这些唯象模型。

对于简单高分子体系，经过近五十年的发展与完善，管子模型已经被广泛接受，其原因主要可以归纳为：①管子模型的物理图像非常简单、清晰，且几乎所有物理量可半定量甚至定量地进行解析推导 [248-252]；②在平衡态和近平衡态下，限制的“管状区域”的分子图像得到分子动力学模拟的支持 [270, 300]；③几乎所有缠结高分子流体的平衡态性质可通过管子模型来描述，甚至一些复杂的非线性流变学现象 [291, 292]，定性上也与管子模型的预测结果相吻合；④管子模型的本构方程与 K-BKZ（Kaye，Bernstein，Kearsley，Zapas）方程形式相同，因此管子模型被认为对 K-BKZ 模型提供了很好的微观解释 [253, 254]。尽管如此，管子模型对缠结的高分子链黏弹性描述是否合理仍然不得而知，仍有很多重大问题尚未得到解决。例如，王十庆等基于实验观测到的缠结高分子流体在启动形变过程中的剪切带 [266, 301] 现象指出：缠结网络遭受应变局域化的时间尺度可以远短于高分子链的松弛时间，即在启动形变的应力过冲点后缠结高分子流体将出现非均匀形变，且剪切停止后，样品将出现宏观流动 [265, 267]。这些现象均表明，缠结网络中存在大量的破损。由此可知，从分子理论方面讲，这个领域才刚刚起步，人们看到的只是冰山一角。首先应该立足于阐明缠结高分子流体非线性流变行为的分子机制，明晰分子链 - 链相互作用的本质，重新考虑管子模型的单链平均场假设，提出相应的物理模型，尝试建立普适性的缠结高分子流体非线性流变学分子理论和分子流变学新的理论范式 [253]，探索复杂高分子流体微观结构与其流变性质内在关联的规律，构建相应的微观模型；针对典型高分子加工成型技术（如纳米注塑成型和印刷电路等），解决其中的流变学或受限流变学问题，完善和优化相应的加工条件，精准高效地指导高分子材料的设计与加工成型。为激发人们创造出新的理论，对凝聚态物理学甚至整个物理学的发展做出贡献，建议从以下三方面入手。

（一）缠结高分子流体流变学的新模型与新理论

以柔性和刚性高分子链体系为研究对象，发展缠结高分子流体的微观和介观模型，明晰不同层次模型及其参数之间的联系，提炼出其物理共性，理解均质分子动力学模型和非均质分子动力学模型之间的关联。阐述快速、大形变条件下，缠结高分子流体分子链缠结与解缠结的机制、物理图像及其影响因素，基于第一性原理，在分子水平上建立缠结高分子流体非线性流变学新模型或新理论，借助计算机模拟与数值计算，在验证经典流变学理论（如管子模型和瞬态网络模型等）物理图像的同时，证实新模型或新理论的有效性。

（二）缠结高分子流体的分子动力学模拟与实验验证

通过分子动力学模拟，揭示快速、大形变条件下高分子链结构和缠结结构的演化规律，阐明宏观流动、弹性恢复、壁滑滞后、剪切变稀等典型非线性流变现象的分子机制，明晰分子链的松弛规律，建立缠结高分子流体流变性质与微观结构和动力学之间的联系；借助荧光共振能量转移或单分子荧光共振能量转移方法，设计分子水平上的流变学实验，验证计算机模拟的结果。

（三）受限态高分子流体非线性流变行为的分子机制

设计合成一系列不同化学结构、不同分子量和超高分子量的聚醚刚性高分子及环状聚醚高分子，借助流变学、固体核磁共振、荧光共振能量转移、介电松弛、力学谱、电镜等手段，研究空间受限条件下，高分子流体的动力学特征，确定影响分子链进入受限空间的相关因素，比较刚性高分子链与柔性高分子链进入受限空间和受限流动的难易程度。结合计算机模拟和流体动力学理论推导的结果，从分子水平上阐明受限与自由空间中分子链构象和缠结度的差异，以及其对高分子流体受限流动的影响规律，确定受限空间尺寸、高分子链种类和拓扑结构、制样方法等关键因素与高分子流体进入受限空间所需要的临界压强、流动速度之间的关系，在分子水平上实现对缠结高分子流体结构和动力学行为的调控，进而实现高分子（纳米）复合物或复合界面的高性能化，为纳米注塑成型、3D 打印、印刷电路等核心关键技术的提升提供科学基础。

五、短板与优势

高分子材料加工成型包括熔融/塑化、剪切/拉伸流动和冷却固化这三个基本过程，其核心为高分子流体的流动和变形。然而，近年来西方一些重要的化学公司（如陶氏化学公司）将通用高分子产品的生产技术大量转让给中东地区和东南亚地区的国家，从而导致我国一些低端高分子材料及其制品出现严重的结构性产能过剩，并在国际市场上失去原有的竞争力。因此，我国面临着拥有西方先进制备与加工成型技术和廉价原材料与劳动力的新型竞争对手的巨大挑战。另外，我国高分子材料的加工成型技术大多是从国外引进的。我国需要大力发展高分子流变学基础研究，以化学、物理和数学方法对高分子的链结构、缠结结构及其凝聚态结构进行调控，使其使用性能有一个较大的提高，乃至开发新的性能，从根本上改变我国高分子材料高端制品加工成型技术水平落后的局面。

针对缠结高分子流体，虽然管子模型在描述缠结高分子流体的平衡态和近平衡态性质方面取得了巨大成功，但是将该模型的物理图像简单地推广到快速、大形变条件却并不显著。在小幅形变条件下，分子链间相互作用可采用简单的平均场近似[302]。然而在快速、大形变条件下，缠结点存在破损和重组等问题，使得人们必须重新考虑多链效应[253]。虽然缠结高分子流体的分子流变学是高分子材料的设计、加工成型和性能优化的学科基础，但是其真正意义上的分子理论框架和直接的分子尺度实验方法研究才刚刚起步，缠结高分子流体的分子流变学必将成为今后 10～20 年国际高分子物理学、高分子科学乃至凝聚态物理学的主攻方向和难题。

近期的一些流变学实验研究均质疑了管子模型的物理基础（即 DE 模型三个基本假定），认为这一过于简化的物理图像可能导致非真实的非线性流变学响应。除王十庆等[253, 265, 267, 301, 303]通过粒子示踪测速观测方法发现的一系列缠结高分子流体非线性流变学现象很难基于管子模型来解释外，王洋洋等的小角中子散射实验及其模拟工作[297, 304]发现单调变化的 $S_2^0(Q)$，也不支持管子模型中原始链自由回缩的假定［因为管子模型假定，高分子原始链在管道中服从一维劳斯松弛动力学，所以 GLaMM 理论预测：单轴拉伸后，缠结高分子流体结构因子的球谐函数展开系数的第二项 $S_2^0(Q)$ 随时间的演化会出现“峰移”（peak shift）和“交错”（cross）现象］。类似地，Hsu 和 Kremer 等[305]的原始路径分析也阐明，分子链沿链轮廓的松弛并不均匀。

针对柔性线形高分子流体体系，卢宇源、安立佳和王振纲等[306]基于分子动力学模拟发现：阶跃剪切后，体系约化松弛模量的重叠时间与原始链轮廓长度恢复至平衡态长度的时间相当，均远大于劳斯松弛时间 τ_R；被拉伸原始链的回缩过程呈现两步松弛表明，阶跃形变后高分子链的松弛不服从劳斯松弛动力学；首次证实了阶跃形变后，缠结高分子流体的宏观流动现象，其原因是缠结网络的异质性，而非热扰动。但是，重新构建缠结高分子流体非线性流变学分子理论的工作还处于起步阶段。因此，亟须在实验和模拟研究上阐明缠结高分子流体非线性流变行为的分子机制和控制机制，并在此基础上，基于第一性原理，建立能够描述快速、大形变条件下缠结高分子流体非线性流变行为的非单链平均场模型和理论。

针对棒状高分子流体体系，目前的研究主要是通过不同的物理假设、基于不同研究尺度和着力刻画不同介观结构现象的静力学模型，近似地给出自由能泛函。近年来，张平文等[307, 308]指出，在底波拉数趋于零的极限下，土井正男－昂萨格（Doi-Onsager）方程的解将收敛到 Ericksen-Leslie 方程的解，从而在数学上严格证明了这两个模型之间的一致性，这为继续分析分子模型和张量模型与向量模型之间的关系打下了良好的基础。然而，目前该理论处理柔性高分子流体动力学问题时，仍遇到很多数学和物理学上无法克服的困难。因此，亟须建立一套具有坚实数理基础的分子模型和理论来描述非线性流变现象。

（撰稿人：卢宇源，安立佳；中国科学院长春应用化学研究所）

第三节　非线性流变学

一、概述

非线性流变学是研究材料在大应变或快速变形条件下的力学行为，材料的应力响应依赖于形变的幅度、速率及流场类型。由于玻尔兹曼叠加原理失效，因此非线性行为无法通过线性黏弹行为来预测。随着流变测量技术及其与结构表征方法联用技术的发展，非线性流变学实验研究的发展经历了从侧重稳态剪切性质的研究，到关注瞬态/动态剪切、瞬态拉伸甚至更复杂流场中流变学响应的过程。对非线性流变行为的描述也从经验的连续介质力学模型发展到分子模型。但到目前为止，依然没有普适的本构模型来描述所有的非线性行为。因此，深入理解非线性流动条件下的结构演变机制与动力学行为，并建立与流变性质的关系是非线性流变学研究的主要目标。以下对非线性流变学的研究方法和典型体系的研究进展做简单的回顾。

（一）非线性流变学研究方法

根据流场的不同，非线性流变学研究主要分为剪切和拉伸两种方式。针对传统的非线性剪切流变研究方法（如非线性应力松弛、非线性蠕变、启动剪切和稳态剪切等方法）有大量的研究，如何准确测量是关键，特别是伴随高速剪切产生的边缘破裂、剪切带和壁面滑移等行为会严重干扰对材料性质的研究，而以锥 - 隔离平板（cone & partitioned plate，CPP）为代表的测量夹具方面的改进能够在一定程度上延缓由第二法向应力差和表面张力不平衡导致的边缘破裂[301, 309, 310]。典型的非线性剪切实验方法及其与线性流变学方法的组合（串联和叠加）[311]被广泛应用于研究各种复杂体系的非线性流变行为，特别是一些非标准的时间依赖流动（如中断剪切、可恢复剪切等）近来被用于研究高分子流体的非线性流变行为[253]。另一种引起广泛关注的是大幅振荡剪切（large amplitude oscillatory shear，LAOS）。在该条件下，材料的应力或应变响应不但与输入信号偏离线性关系，而且波形也表现出非正弦特性[312]。这种对应变、应变速率、时间、频率等多变量依赖性带来丰富非线性信息的同时，也给数据分析带来了困难。目前已提出傅里叶变换流变学[313-317]、二维相关谱[44, 318, 319]、应力分解[320-322]和几何平均[323]等多种方法来解读非线性行为，在线形高分子流体的非线性行为[324-326]、支化高分子链结构表征[216, 315, 327-333]、共混体系相结构表征[334-337]、嵌段共聚物微相分离[44, 338]、屈服应力流体（外力小于某临界值时表现为类固体行为，而外力大于某临界值时则表现为类液体行为的一类流体）的固 - 液转变[339, 340]与滑移[341]等方面展现出比线性流变学更丰富的特征。另外，传统的非线性流变学研究都假设流场是均匀分布的，但是复杂流体却并非如此，一系列流变与速度场表征方法的结合，深刻揭示了非线性流动中剪切带等非均匀流动与流变性质的关系，代表性的速度表征方法包括粒子示踪测速[342-346]、粒子图像测速（particle image velocimetry，PIV）[347]、超声测速（ultrasonic speckle velocimetry，USV）[348, 349]、动态光散射[350, 351]、激光共聚焦扫描显微镜（confocal laser scanning microscopy，CLSM）[352]、核磁共振（NMR）测速和磁共振成像（magnetic resonance imaging，MRI）[353-361]等。对于单轴拉伸流动，以森特梅纳特拉伸流变仪（sentmanat extension rheometer，SER）和拉伸流变夹具（extensional viscosity fixture，EVF）为代表的拉伸夹具的发明，为用旋转流变仪进行熔体拉伸黏度的测试提供了便利[362, 363]，拉丝流变仪更是通过对形状的实时监测来实现拉伸速率或拉伸应力的精确控制[364-366]。

（二）均相高分子流体的非线性流变行为

DE 模型[1]在线性区域取得了成功，但在高应变速率下却表现出与实验明显不一致，如过度的剪切变稀、第一法向应力无过冲、黏度和应力松弛模量与分子量的标度关系等[1]。偏差主要发生在应变速率超过末端松弛时间倒数（τ_d^{-1}）的区域。核心的问题在于：对“管子”松弛行为的描述，DE 模型假设发生仿射变形，但很多研究都表明该假设不符合实际情况。计算机模拟在这方面起到重要作用。例如，耗散粒子动力学模拟表明，当剪切速率介于 τ_d^{-1} 和 τ_R^{-1}（劳斯松弛时间倒数）之间时，会发生显著的链取向，而且链拉伸开始产生流动诱导的解缠结效应，等效于“管子”的膨胀；在剪切速率高于 τ_R^{-1} 时，链显著地沿流动方向取向，导致缠结网络破坏，链运动类似于 θ 条件下的高分子稀/半稀溶液 [367] 的类劳斯运动。特别重要的是，在非线性流动条件下，缠结点可能不再是无规和均匀地分布在高分子链上，利用原始路径分析发现，沿着高分子链存在长寿命的拓扑限制簇（cluster）[305]，而现有理论和概念无法解释由此带来的明显的延迟平衡过程。

对不同缠结程度的高分子溶液和熔体的实验研究进展，特别是一些缠结高分子流体的非线性流变特征的发现，能够进一步加深对快速流动中高分子链动力学行为的理解。在阶跃剪切应变中发现，在中等应变下（无局部流动和剪切带），缠结高分子链回缩存在位垒 [303, 368–370]，而不是 DE 模型假设的自由链回缩机制 [1, 252]，这也进一步得到利用球谐函数分解分析小角中子散射（SANS）实验结果的证实 [371]。在阶跃剪切中发现，出现的应力过冲与劳斯 - 魏森贝格（Rouse-Weissenberg）数（Wi_R）密切相关。通常认为，Wi_R 小于 1 时（黏性变形区）不存在链拉伸，应力过冲点的应变（约 2）微弱，依赖于剪切速率；当 Wi_R 大于 1 时（弹性变形区），应力过冲点的应变存在标度依赖关系（与 Wi_R 的 1/3 次方成正比）[368, 372]，而且归一化的应力 - 应变曲线能够叠加，形成与缠结度无关的主曲线 [368]。该标度与经典管子模型的预测不符 [252]，通过考虑链段形变与松弛过程中的力不平衡能够得到解释 [373]。阶跃剪切中的应力过冲机制被广泛研究，王十庆 [268] 将其归因于屈服过程，但这个观点并未获得一致认可。另外，阶跃剪切中应力过冲后会伴随应力下冲 [296, 372]，这被认为与高剪切速率下链翻转有关 [372, 374, 375]。在蠕变实验中，同样观察到剪切黏度的过冲现象，到达稳态流动的诱导时间与应力呈指数关系 [376]，这种缠结 - 解缠结转变（entanglement-disentanglement transition, EDT）与具有吸引相互作用胶体凝胶的固 - 液转变过程非常类似 [377]。在非线性振荡剪切中发现，中振幅特征参数 $Q_{0,\max}$ 只依赖于缠结度，未缠结体系 $Q_{0,\max}$ 为常数，缠结体系中 $Q_{0,\max}$ 随缠结度单调增加，而与链拓扑结构无关。DE 模型、分子应力函数模型（molecular stress function model，MSF 模型）和绒球 - 绒球（Pom-Pom）模型均无法准确预测缠结度的依赖性 [326, 378]。

在瞬态单轴拉伸实验中发现，对于线形分子链和支化分子链，当拉伸速率超过拉伸时间（对于线形分子链为劳斯时间）的倒数时，就能出现应变硬化现象 [379, 380]，而且线性黏弹行为不同的长链支化分子能够表现出类似的拉伸应变硬化现象[381]。类似于阶跃剪切，瞬态单轴拉伸中也发现应力过冲现象[382–384]。虽然目前还无法用现有模型解释[385, 386]，但有可能与链回缩时存在位垒有关。与通常所用真应力表示拉伸流变性质不同，Wang等[387, 388]将拉伸工程应力的峰值归结于屈服和弹性网络破裂，这与他们对阶跃剪切中应力过冲的描述相似，也类似于固体力学中描述非均匀变形的孔西代尔标准（Considère condition）[389]。测量得到稳态拉伸黏度是一个重要进展[364, 366, 383, 390, 391]，但对其是否准确仍然存有争议[268]。研究发现，高分子浓溶液和熔体的稳态拉伸黏度存在显著区别，高分子浓溶液的稳态拉伸黏度在汉基应变速率（Hencky strain rate）超过劳斯拉伸时间倒数时出现拉伸增稠现象，这与管子模型的预测相符，而高分子熔体只表现出拉伸变稀现象[390, 391]。

高分子流体的拉伸断裂行为引起了人们广泛的兴趣[392–396]，Malkin和Petrie[397]总结了拉伸流动断裂的四个区域：①在足够低的拉伸速率下，能够产生稳态拉伸流动（纯黏性区）；②在较高的拉伸速率下，产生细颈（黏弹区），细颈导致断裂并阻止稳态拉伸流动的产生，这一流体力学现象与固体断裂（Considère标准）有本质不同；③在橡胶区和④玻璃区拉伸，高分子链会发生类橡胶或类固体的断裂行为。王十庆等[369, 396]的研究发现，工程应力的最大值与细颈同时出现，而且在临界应变速率以上，高分子浓溶液和熔体都会发生屈服 - 破裂转变[369, 398, 399]。Hassager等[392, 393]发现，当用真实的汉基应变速率代替时，Malkin和Petrie[397]提出的四个区域就变成两个（液体状态和固体状态）。在液体状态下，稳态拉伸行为和固体断裂行为之间存在明确的差别，断裂的临界应力在平台模量和玻璃态模量之间，而且在很宽的Wi_R范围（4～100）内，断裂临界应变都基本保持不变。很明显，描述固体中裂纹发展的格里菲思（Griffith）理论并不适用，在此基础上的热致涨落机制[392]也未考虑到缠结的影响[400–402]。最近，Wagner等[403]提出了缠结高分子流体发生脆性断裂的标准，即当一个缠结链段的应变能达到共价键的键能。这些拉伸流变性质直接决定了拉伸过程的稳定性（如在高分子纺丝、吹膜等加工成型过程中），如拉伸中的细颈现象就与拉伸增稠现象有关[404]。

这些现象的发现使传统管子模型中的分子机制受到很大的挑战，“管子”的概念在高度缠结高分子熔体经受非线性流动时的有效性备受质疑[268]。为了解决这些问题，理论上唯象地引入CCR效应[262]、链间压力[405]等机制，部分地解决了这些问题[7, 11]。这些修正理论认为，只要缠结程度相同，高分子溶液和熔体将表现出相同的非线性流变行为，但这只与线性黏弹性和阶跃剪切实验相符[390, 391]，而在瞬态和稳态拉伸实验中，高分子溶液和熔体的表现完全不同[390, 391, 406]。这可能与高分子链－溶剂和高分子链－高分子链之间的液晶相互作用[390]或者熔体中更显著的取向致摩擦系数（各向异性摩擦）下降有关[374, 407, 408]，流场中不同的旋度分量决定了链段的取向程度[372]。这一现象可以部分地通过引入与链拉伸相关的“管子”直径减小（导致“管子”内链间的压力）来阐述[405]。假设链拉伸是“管子”横向链间压力与沿“管子”纵向弹性力的平衡[409]，同时假设溶液和熔体相对链间压力相同时，只考虑由玻璃化转变温度改变引起的溶液和熔体中劳斯松弛时间的差异，即能够统一描述溶液和熔体的瞬态拉伸行为[410, 411]，但该方法并未在其他高分子流体体系中得到证实[366]。实际上，最近的实验表明，体系中的缠结点数目、柔顺度（每个缠结链段中的库恩链段数目）和单体摩擦下降能力相同时，缠结的溶液和熔体能够表现出相同的线性黏弹性和非线性黏弹性[412]。

非线性流变行为的另一个重要发现是：局部流动行为，首先发现的是在高分子溶液中存在剪切带[413]，特别是在高度缠结体系（$Z>40$）中的发现[266, 414]引起了人们的广泛关注，对其中实验条件的影响（如壁面滑移、边界条件等）[415-417]和产生原因也有巨大的争议[418, 419]。理论上，DE 模型预测了非单调的流动曲线，但长期被认为是其主要缺陷之一，引入 CCR 后，通过调节 CCR 因子，可以使流动曲线从非单调的转变为单调的[262]。数值计算发现，基于单调和非单调管子模型的连续介质力学计算，可以预测包括启动剪切中的剪切带等宏观现象[420-422]。然而，利用现有模型（如 Rolie-Poly 模型[423]、积分 DE 模型[424]等）对剪切带的分析依然无法完全解释实验现象，而且依然缺乏对结构破裂所产生的分子机制的阐述。另外，与力学唯象模型相比，管子模型的发展对于单分散高分子的非线性流变行为能够实现更准确的描述，但对于多分散高分子体系，目前的处理方法是采用多模式模型。然而，基于“管子”的分子模型与力学唯象模型却体现不出差别[425]，管子模型的唯一优势在于可以预测分子构象和散射函数。

（三）动态高分子的非线性流变行为

在动态高分子中，缔合单元数目的不同会产生不同的聚集态结构[426]，而且当多种弱相互作用同时存在时，能够表现出复杂的结构和应力响应。

对于遥爪形缔合高分子，其线性黏弹行为较简单（麦克斯韦或类麦克斯韦松弛），但表现出非常复杂的非线性流变行为。在阶跃剪切条件下，当魏森贝格数大于 1 时，出现非常显著的应力过冲（屈服）[427-429]，被认为与网络结构的破裂有关[427, 430]。缔合高分子网络的屈服应变随剪切速率的增加有不同的报道：保持不变[431-433]、升高[427]或降低[434]，这可能与预聚物的分子量有关[429]。最新的唯象理论研究表明，其与线性黏弹性松弛模量和恒应力条件下结构破坏时间与应力的标度关系有关[435]。发生屈服的原因被认为是：剪切时间尺度与动态键的平均寿命相当，动态键的平均寿命与其单一键的解离速率有关，解离速率随应力增加而呈指数下降[427]。但也有理论研究是基于簇交换[436]而非单键交换来实现网络重排。剪切后结构恢复时间的温度依赖性与链松弛时间的温度依赖性类似，可以认为这类材料的自修复与链的末端松弛时间相关[428, 429]。与此相反，也有报道指出：网络结构破坏后，恢复时间的活化能远大于链松弛活化能，表明将悬挂链插入网络节点比从中去除桥接链更困难，即存在熵位垒[430]。进一步比较链松弛时间、超分子簇松弛时间和自修复时间的温度依赖性（活化能），人们认为簇活化是自修复过程的速度决定步骤[437]。另外，物理缔合网络可能存在老化现象，通过线性黏弹性和稳态剪切实验可能无法分辨老化的影响，但细丝的特征松弛时间和断裂时间则随老化时间的延长而延长[438]。

对于离聚物，离子基团的含量及反离子的类型都对动力学和流变行为有影响[439]。对于离聚物的非线性流变行为的研究总体很少，特别是由于边缘破裂的原因[440]，非线性剪切实验的研究更少。Takahashi 等[441, 442]发现，乙烯-甲基丙烯酸离聚物的衰减函数在低离子浓度时与离子相互作用无关，而在高离子浓度下表现出强应变软化效应。Stadler 等[443]研究了缠结遥爪聚丁二烯离聚物的拉伸行为，发现应变硬化现象依赖于反离子，离子簇的结合强度决定了应变硬化行为。然而也有报道指出，随着拉伸速率的增加，应变硬化现象减弱，而应变硬化现象与反离子无关[440]。当预聚物分子链长小于缠结分子链长时，可以分离离子缔合效应和缠结效应。Weiss 等[444]发现，当拉伸速率大于缔合寿命的倒数时，会出现应变硬化现象，表明拉伸的工程应力最大值对应于瞬态网络的破坏。Qiao 和 Weiss[445]研究了低分子量磺化聚苯乙烯离聚物的非线性流变行为，指出大应变（或应变速率）能够显著降低由网络产生的弹性，发现增加离子键浓度和离子簇结合强度可使流动曲线向高剪切速率方向移动，但在阶跃剪切中没有观察到应力过冲。Huang 等[446]进一步详细研究了缔合基团浓度对未缠结离聚物非线性流变行为的影响，发现缔合基团浓度低于凝胶点时，稳态剪切流动中只观察到剪切变稀行为；在凝胶点附近，存在应变硬化和剪切增稠，而且这些行为依赖于温度、分子量和离子作用强度；在凝胶点以上，会出现严重的剪切边缘破裂。

缔合基团的浓度往往可以用于调节材料的状态（从类液体到类凝胶态），

但不同的缔合作用的影响并不相同。在树枝状高分子中，随着缔合基团含量增加，除了表现出从韧性到脆性的转变外，还表现出剪切应变软化到剪切应变硬化的转变 [447]。在离聚物中，只观察到剪切应变软化的现象 [440]。在线形遥爪缔合高分子溶液（如疏水改性的乙氧基聚氨酯）中，也观察到剪切应变硬化现象 [448, 449]，并且在稳态剪切流动中，总体上能观察到剪切变稀；但在中等浓度下，剪切变稀被推迟，并出现剪切增稠现象 [114, 117, 448-450]；而浓度继续增加，剪切增稠现象减弱 [449]。剪切应变硬化的现象在中等振幅振荡剪切实验中也被观察到，可用瞬态网络模型来半定量描述 [451]。关于遥爪缔合高分子剪切增稠的机制有不同的理论，如非高斯链行为（有限拉伸非线性弹性效应）[452]，或解离速率与链拉伸的平衡 [453]，或流动诱导形成网络链段（链内交联转变为链间交联）[454, 455]，或流动作用下具有排斥相互作用的胶束发生互穿 [456] 等。最近，布朗动力学模拟研究表明，应变硬化主要由有限拉伸非线性弹性效应引起，而剪切增稠与桥接链及流场促进桥接链生成有关 [457]。

除了疏水相互作用、离子相互作用之外，具有氢键、配位相互作用等超分子相互作用的体系也有类似的行为，例如，具有氢键的高分子体系（如 *n*-butyl acrylate-acrylic acid copolymer，PnBA-PAA 共聚物）同样表现出显著的拉伸应变硬化现象，而且在适当的丙烯酸（acrylic acid，AA）含量下，应变硬化最显著 [458]。由于较弱的相互作用能，动态高分子体系容易受到流场的影响。例如，对于临界缠结的高分子，如果存在分子间的 π-π 相互作用，那么在单轴拉伸过程中，当拉伸速率远低于卷曲－伸直（coil-stretch）转变的临界速率（$Wi_R = 0.5$）时，也能够发生应变硬化现象，这与流场诱导的 π-π 相互作用有关 [459]。缔合键能与动力学直接影响材料性能，“强的、慢的”缔合键有助于提高强度，而“弱的、快的”的缔合键则有利于提高韧性 [460]。当体系中存在多种类型的相互作用时，有可能出现更复杂的动力学和非线性流变学行为，例如，Brassinne 等 [461] 制备了同时具有疏水和配位相互作用的杂化遥爪高分子，在动态振荡实验中，随着应变幅度的增加，会表现出双重的凝胶－溶胶转变，对应于两个不同网络结构的破坏。

高分子链的动态特性使得缔合/解离动力学与流动容易发生耦合，进而导致非均匀、非稳定流动。在稳态剪切条件下，发现了非单调的剪切应力与剪切速率曲线，表明在一定的剪切速率范围内将存在不稳定流动，采用粒子示踪测速观测方法也证实了局部剪切的存在 [427]，而且分子链剪切层的厚度与网络尺寸相当 [462]。在控制剪切速率的流动中，缔合的解离/形成和缠结能够导致出现剪切带 [342, 463]，甚至会出现多重剪切带 [351]。Boudara 和 Read[464] 基于星形遥爪缔合高分子，构建了随机非线性流变模型，星形高分子的臂只存在缔合和解缔合两种状态，并引入依赖于拉伸的解缔合概率，进一步发展了预平均随机过程模型以方便计算，且用有限差分法研究了缠结超分子体系的剪切流动行为，发现了剪切带和周期性的黏－滑转变，认为这是剪切导致的缔合键断裂与扩散流动竞争的结果[465]。在拉伸过程中，当应力达到临界应力时，出现边缘破裂[466]；对于具有双重网络的样品，在裂纹成核发展时，缔合高分子会发生显著的重排[467]。

（四）受限高分子的非线性流变行为

受限条件下高分子体系的流变行为与受限条件（受限空间尺寸与高分子均方回转半径 R_g 的比值）相关[468-469]。在小形变条件下，发现随着受限效应的增强，高分子流体能够连续地转变为凝胶态[470]或玻璃态[471]，模量和黏度显著增加[472]；在大形变条件下，同样发现剪切黏度增加和动态模量增加[473]，实验结果也得到模拟数据的支持[474]。

在高分子纳米复合体系中，受限效应反映在基体分子量和填充粒子尺寸的相对大小。研究发现，纳米粒子在高分子基体中的增强效应依赖于基体的分子量。Ma 等[475]考察了纳米二氧化硅在不同分子量聚二甲基硅氧烷（polydimethylsiloxane，PDMS）基体中的增强效应，发现增强效应具有频率依赖性：在低频下，在接近缠结分子量时，纳米粒子对基体的增强最显著；而在高频下，随着分子量的增加，增强效果减弱。Xiong 和 Wang[476]研究了炭黑填充弹性体的大幅振荡剪切流变行为，发现在一定振荡应变下，三阶倍频与基频强度的比值随分子量的增加而减小；在临界分子量之上，虽然动态模量有显著下降，但应力波形基本保持正弦波［称其为线性－非线性二分法（linear-nonlinear dichotomy）］。另外一些研究还发现，增强效果与粒子大小有关。例如，Mermet-Guyennet 等[475, 477]发现，在高填充体系，线性和非线性弹性均表现出体积分数 3 次方与粒子半径比值的标度关系。Zukoski 等[478, 479]研究了高分子纳米复合材料中受限行为对非线性流变行为的影响。对于缠结体系，在进入玻璃态之前，损耗模量 G'' 出现两个过冲峰，他们认为是吸附高分子与本体高分子的缠结限制作用导致的二次屈服，发生受限效应的临界表面间距约为 $6R_g$，显著小于基于高分子质心扩散表征的临界受限间距（约 $20R_g$）[187, 480]。对于自悬浮的高分子接枝纳米粒子熔体，纳米粒子对接枝链具有强烈的限制作用[191]；一个典型的非线性特征是：损耗模量 G'' 呈现弱的应变硬化，并在一定应变下出现极大值，而储能模量 G' 呈现应变软化，并在临

界应变以上小于 G''；G'' 的极大值表明，相关流体结构被破坏时呈现耗散增强，这与软玻璃态物质类似[195]，但并未表现出软玻璃态物质常见的时间依赖性和老化行为[481]，其稳态剪切黏度在低剪切速率下表现出牛顿平台[196]；当两种不同大小自悬浮纳米粒子混合时，体系的 G'' 出现两个不同的极大值[482]，这表明 G'' 的极大值与粒子笼的破裂相关。另外，Agrawal 等[483] 发现，在极低剪切速率下，就发生显著的应力过冲，并且他们通过剪切应力松弛和中断剪切等方法区分了再缠结时间和表观松弛时间，发现表观松弛过程的活化能远高于接枝链再缠结时的活化能。

二、关键科学问题

（一）非平衡态分子动力学与非线性流变学

平衡态的管子模型已经成为当前近乎“标准”的高分子链动力学模型，从链运动和“管子”松弛角度的修正（如蠕动、轮廓长度涨落效应、约束释放效应或动态“管子”膨胀等），已经能够很好地描述线形和各种支化高分子的线性黏弹性。然而，在非线性条件下，随着流变学研究方法（如阶跃剪切、大幅振荡剪切和拉伸流动等）、在线流动及结构表征方法的发展，发现了大量用经典管子模型无法解释的实验现象，研究的发展一直处于对管子模型不断质疑和不断修正的过程。建立高分子流体非平衡态分子动力学与非线性流变学之间的关系，不仅是当前流变学悬而未决的关键问题，也是高分子物理乃至凝聚态物理中非平衡态行为研究的关键内容之一。问题的核心在于，建立描述非平衡态下分子链运动的物理模型，统一对高分子浓溶液和熔体在剪切流场、拉伸流场及其他复杂流场中分子链运动机制的描述，揭示非线性流变行为的分子机制。

（二）动态高分子在强流场中的动力学行为与非线性流变学

动态高分子引起了广泛的关注。一方面，超分子相互作用对外界光、热刺激的敏感性表现在分子链结构动态特性上，直接影响了动态高分子链松弛和力学响应；另一方面，流场会导致分子链构象偏离平衡态，官能团的空间分布和碰撞概率也与平衡态有很大差别，由此导致超分子相互作用的变化和分子链结构的变化。这种相互影响强烈依赖于流场类型、流场强度、官能团的密度与分布及超分子相互作用的动力学等因素，揭示流场中超分子相互作用的动力学行为、分子链和链段松弛动力学、分子结构动态演化等多重动力学与非线性流变行为的相互关系是其中的关键科学问题。

（三）流场中高分子的受限动力学行为与非线性流变学

高分子浓溶液和熔体在微加工、纳米复合材料中普遍存在分子链受限的情况，受限条件下的分子链构象、动力学行为和力学响应决定了材料的加工成型行为和使用性能。虽然受限条件下的动力学行为在近平衡态下已经有深入的研究，但是在流动条件下研究熔体的受限动力学行为还是有很大的挑战。以高分子纳米复合材料为例，强流场中高分子链与纳米填料在相互约束条件下的动力学行为与非线性流变行为是关键科学问题，其中包括：受限状态下高分子链的链段运动、缠结/解缠、扩散等多尺度链动力学如何受纳米填料的影响，以及纳米填料的运动和自组装如何受高分子链动力学行为的影响。

三、重要研究内容

（一）非线性流变学研究方法

非线性剪切流变行为研究中，除了最基本的阶跃剪切、应力松弛和蠕变之外，近年来还发展了一系列组合式研究方法，通过时间序列的组合或叠加实现复杂流动历史条件下的流变行为研究，一些研究结果直接或间接证明了现有理论模型的不足。另外，发展流变学测量与其他结构表征手段联用的研究方法，能够在探究流变行为的同时给出不同尺度的结构信息，这对于深入理解高分子流体结构演变与非线性流变行为具有重要的促进作用。可以从以下方面进行积极探索和创新：①基于高分子流体动力学行为，设计和发展新的非线性流变学研究方法。②快速、大应变的剪切、拉伸研究。由于结构测量的限制，旋转流变仪和拉伸流变仪都无法或者很难准确测量在快速流动和/或大应变下的流变行为。③高时间和空间分辨率的流场在线表征方法。目前以粒子示踪测速观测方法为代表的流场表征方法的空间分辨率仅在 10 μm 左右，远大于高分子流体结构的特征尺寸，尚不足以通过流场的空间不均一性揭示结构的空间不均一性。④流变表征与结构表征结合的多手段原位在线研究方法。流变－显微学、流变－波谱/光谱学（如红外光谱、拉曼光谱、核磁共振（NMR）谱、动态光散射（DLS）、动态扩散波谱（DWS）、介电谱等）、流变－光学［如小角激光散射（SALS）、二色性、双折射、小角 X 射线散射（SAXS）、广角 X 射线散射（WAXS）、小角中子散射（SANS）等］联用的研究都有报道，但仅局限在个别体系和单一方法的应用，针对代表性的动力学问题的多重表征方法的联用仍需探索。

（二）缠结高分子流体的非线性流变学

揭示缠结高分子流体在快速、大形变流场中复杂非线性流变行为的分子动力学机制，对于高分子材料的设计、加工成型和实际应用都具有重要的意义。得益于非线性剪切流变和拉伸流变研究方法的发展及在线速度场表征，缠结高分子流体的非线性流变学近年来取得了很大的进展。虽然部分实验现象和新的标度关系已经通过对高分子链运动机制的修正得到证实，但对与宏观流场相关的剪切带、弹性屈服等问题的认知依然存在很大的争议。可以从以下方面进行积极探索和创新：①快速、大形变流场中缠结高分子熔体和浓溶液的非线性流变特征与宏观流动行为的研究。揭示缠结度、链柔顺性、链间摩擦系数等结构参数对非线性流变行为和动力学行为的影响规律。②快速、大形变流场中缠结高分子流体的结构演变规律，如不同尺度链结构的取向与拉伸程度、缠结度等。③基于第一性原理，发展全新的高分子流体非线性流变学和动力学理论。④缠结高分子流体在快速、大形变条件下不稳定流动行为的分子机制，如剪切带与滑移、弹性屈服、边缘破裂和拉伸断裂等。

（三）动态高分子的非线性流变学

动态高分子链的结构可逆性使其在自修复材料、材料的回收和重复利用等诸多方面有重要应用。与由共价键组成的高分子链不同，动态高分子的力学松弛行为同时受到动态键的化学平衡和键动力学影响。此外，流场还会导致高分子链或链段松弛行为的改变，这必然会影响动态化学反应进程。因此，揭示快速、大形变流动条件下动态化学反应与链段/链松弛行为的关系是重要的研究内容。可以从以下方面进行积极探索和创新：①快速、大形变流动条件下，动态化学反应动力学与链松弛动力学的耦合行为；②快速、大形变流动条件下，动态高分子流体的非线性流变行为与反应动力学、多尺度分子运动的关系；③快速、大形变流动条件下，动态高分子流体的非均匀流动行为与不稳定流动行为的分子机制，以及其与材料回收和重复利用、自修复等应用的关系；④动态高分子流体的分子流变学理论和本构模型。

（四）受限高分子流体的非线性流变学

在高分子材料的微纳加工和高分子纳米复合材料等研究领域，高分子链的受限运动表现出对材料加工成型和使役性能至关重要的影响。在受限条件下，空间限制不但使高分子链构象及空间分布发生改变，而且在不同尺度的限制影响了不同尺度链段的运动行为，例如，在高分子链均方回转半径 R_g 尺度的限制主要影响高分子链的扩散，在“管子”直径尺度的限制会影响链缠结，而在库恩链段长度的限制则影响玻璃化转变。另外，在受限条件下，壁面的物理化学性质及高分子链-壁面的相互作用显得尤为重要，强吸引相互作用时的吸附/脱附动力学、高分子链与壁面接枝分子的相互穿插/排斥等行为都影响着受限区域高分子链的构象和动力学行为。可以从以下方面进行积极探索和创新：①几何受限条件和壁面物理化学性质对高分子流动、扩散和缠结的影响；②纳米复合体系在快速、大形变流动条件下，受限高分子的动力学行为、纳米粒子在高分子缠结网络中的受限运动行为及其与表观非线性流变行为的关系；③纳米复合体系的不稳定流动行为及其微观机制；④受限条件下的非平衡态高分子动力学理论与流变学本构模型。

四、发展思路与目标

高分子流体在快速、大形变流动中的多尺度动力学行为和非线性流变学行为是非平衡态高分子物理的重要研究内容，也是连接高分子材料结构、加工成型和使役性能的桥梁。高分子流体非线性流变学发展的一个目标是：从根本上解决在快速、大形变条件下高分子多链缠结的物理问题，这不仅是高分子物理学基础理论的重要组成，也为各种高分子复杂流体非平衡态结构-性能关系的建立奠定了基础。另外，对非平衡流动中分子机制的认识要进一步发展到本构模型的建立，并以此为桥梁来解决高分子材料加工成型过程中的结构演变与结构不稳定性问题。我国学者在该领域有一定的研究基础，希望通过对高分子流体非线性流变学研究的持续资助，经过 5～10 年的发展，在缠结理论和高分子动力学、非线性流变学本构理论、动态高分子流体非线性流变学、受限高分子流体动力学与流变学等方面取得 3～5 项突破性研究成果，形成较完整的理论体系。与此同时，扩大非线性流变学的研究队伍的规模，形成具有各自研究特色和密切协作的研究格局。

五、短板与优势

近年来，国内在高分子流体非线性流变学领域的研究取得了一些进展。俞炜等在非线性流变研究方法（特别是大幅振荡剪切流动）的研究中，除发展了傅里叶变换流变学方法表征长链支化 [329, 330] 和微相分离外 [338]，还提出了二维力学谱方法[44, 319]和广义应力分解法[322, 323]，以用于研究复杂体系的结构转变[198, 340]。但是，总体上研究方法的进展较缓慢，特别是在流变学表征与其他方法联用的研究平台建设方面突破有限。国内学者在高分子流体的宏观与微观模拟方面取得了一些进展，在宏观模拟方面，周持兴和俞炜等发展并应用高分子黏弹性模拟方法[484]，解决了高分子纺丝[485]、薄膜流涎[486]、发泡[487]、挤出[486, 488, 489]和反应加工[490]等一系列与非线性流变行为密切相关的加工问题；王伟等[491-493]发展了新的本构模型及数值算法；欧阳洁等[494-498]在黏弹性自由表面流动问题的算法方面取得了一些进展；最近，李良彬等[499-501]进一步研究了非线性流动中的不稳定性，但这些研究都依赖于非线性本构模型的准确性。在微观模拟方面，胡文兵等[502]与 Gao 和 Guo 等[503, 504]分别用蒙特卡罗模拟和耗散粒子动力学方法在微观尺度研究了高分子的解缠结与取向行为，但系统性的突破还有所欠缺。对于受限体系的非线性流变学，国内团队的研究主要集中在高分子纳米复合材料。郑强和宋义虎等[505, 506]深入研究了炭黑填充橡胶体系的佩恩效应（Payne effect），而俞炜等[228]则从填充粒子流体力学效应与高分子受限的角度来考察佩恩效应。对于化学反应与高分子动力学相关联的问题，周持兴和俞炜等[507]发现了流场对化学反应的加速作用[508, 509]和选择性[330, 510, 511]。对于可逆化学反应，许东华和陈全等[446, 512]也对其应变硬化和剪切增稠的行为进行了探讨。

与线性流变学研究相比，国内的非线性流变学研究非常分散，还没有形成具有完整体系的研究成果，特别是在缠结高分子流体非线性流变学领域的研究仍比较欠缺。

（撰稿人：俞炜；上海交通大学）

本章参考文献

[1] Doi M, Edwards S F. The Theory of Polymer Dynamics. New York: Oxford University Press, 1986.

[2] Yu W. Rheological measurements//Mark H F. Encyclopedia of Polymer Science and Technology. 4th ed. New York: John Wiley & Sons, 2013.

[3] Dealy J M, Larson R G. Structure and Rheology of Molten Polymers: From Structure to Flow Behavior and Back Again. Munich: Hanser Publishers, 2006.

[4] Ferry J D. The Viscoelastic Properties of Polymers. 3rd ed. New York: John Wiley & Sons, 1980.

[5] Larson R G. The Structure and Heology of Complex Fluids. New York: Oxford University Press, 1999.

[6] Mark E. Physical Properties of Polymers Handbook. New York: Springer, 2007.

[7] Watanabe H. Viscoelasticity and dynamics of entangled polymers. Progress in Polymer Science, 1999, 24: 1253-1403.

[8] Bent J, Hutchings L R, Richards R W, et al. Neutron-mapping polymer flow: scattering, flow visualization, and molecular theory. Science, 2003, 301: 1691-1695.

[9] Marrucci G. Polymers go with the flow. Science, 2003, 301: 1681-1682.

[10] Richter D, Monkenbusch M, Arbe A, et al . Neutron spin echo in polymer systems//Richter D, Monkenbusch M, Arbe A, et al. Neutron Spin Echo in Polymer Systems. Berlin: Springer, Advances in Polymer Science, 2005, 174.

[11] McLeish T C B. Tube theory of entangled polymer dynamics. Advances in Physics, 2002, 51: 1379-1527.

[12] McLeish T C B, Milner S T. Entangled dynamics and melt flow of branched polymers// Roovers J. Branched Polymers Ⅱ. Berlin: Springer, Advances in Polymer Science, 1999, 143.

[13] Das C, Inkson N J, Read D J, et al. Computational linear rheology of general branch-on-branch polymers. Journal of Rheology, 2006, 50: 207-234.

[14] van Gurp M, Palmen J. In Time-temperature superposition for polymeric blends, 12th International Congress on Rheology, Proceedings, Quebec City//AitKadi A, Dealy J M, James D F, et al. Univ Laval, Dept Mech Engn: Quebec City, 1996: 134-135.

[15] Trinkle S, Friedrich C. van Gurp-Palmen-plot: a way to characterize polydispersity of linear polymers. Rheologica Acta, 2001, 40: 322-328.

[16] Trinkle S, Walter P, Friedrich C. van Gurp-Palmen Plot Ⅱ- Classification of long chain branched polymers by their topology. Rheologica Acta, 2002, 41: 103-113.

[17] Liu J Y, Yu W, Zhou C X. Polymer chain topological map as determined by linear viscoelasticity. Journal of Rheology, 2011, 55: 545-570.

[18] des Cloizeaux J. Double reptation vs. simple reptation in polymer melts. Europhysics Letters, 1988, 5: 437-442.

[19] Tsenoglou C. Molecular weight polydispersity effects on the viscoelasticity of entangled linear polymers. Macromolecules, 1991, 24: 1762-1767.

[20] Mead D W. Numerical interconversion of linear viscoelastic material functions. Journal of Rheology, 1994, 38: 1769-1795.

[21] Carrot C, Guillet J. From dynamic moduli to molecular weight distribution: a study of various polydisperse linear polymers. Journal of Rheology, 1997, 41: 1203-1220.

[22] Anderssen R S, Mead D W. Theoretical derivation of molecular weight scaling for rheological parameters. Journal of Non-Newtonian Fluid Mechanics, 1998, 76: 299-306.

[23] Cocchini F, Nobile M R. Constrained inversion of rheological data to molecular weight distribution for polymer melts. Rheologica Acta, 2003, 42: 232-242.

[24] Guzmán J D, Schieber J D, Pollard R. A regularization-free method for the calculation of molecular weight distributions from dynamic moduli data. Rheologica Acta, 2005, 44: 342-351.

[25] des Cloizeaux J. Relaxation and viscosity anomaly of melts made of long entangled polymers: time-dependent reptation. Macromolecules, 1990, 23 4678-4687.

[26] van Ruymbeke E, Keunings R, Stéphenne V, et al. Evaluation of reptation models for predicting the linear viscoelastic properties of entangled linear polymers. Macromolecules, 2002, 35: 2689-2699.

[27] van Ruymbeke E, Keunings R, Bailly C. Determination of the molecular weight distribution of entangled linear polymers from linear viscoelasticity data. Journal of Non-Newtonian Fluid Mechanics, 2002, 105: 153-175.

[28] Garcia-Franco C A, Harrington B A, Lohse D J. On the rheology of ethylene-octene copolymers. Rheologica Acta, 2005, 44: 591-599.

[29] Vega J F, Martín S, Expósito M T, et al. Entanglement network and relaxation temperature dependence of single-site catalyzed ethylene/1-hexene copolymers. Journal of Applied Polymer Science, 2008, 109: 1564-1569.

[30] Garcia-Franco C A, Harrington B A, Lohse D J. Effect of short-chain branching on the rheology of polyolefins. Macromolecules, 2006, 39: 2710-2717.

[31] Fetters L J, Lohse D J, García-Franco C A, et al. Prediction of melt state poly(α -olefin) rheological properties: the unsuspected role of the average molecular weight per backbone bond. Macromolecules, 2002, 35: 10096-10101.

[32] Calafel I, Muñoz M E, Santamaría A, et al. PVC/PBA random copolymers prepared by living radical polymerization (SET-DTLRP): entanglements and chain dimensions. European Polymer Journal, 2015, 73: 202-211.

[33] Grein C, Gahleitner M, Knogler B, et al. Melt viscosity effects in ethylene-propylene copolymers. Rheologica Acta, 2007, 46: 1083-1089.

[34] Stadler F J, Müenstedt H. Terminal viscous and elastic properties of linear ethene/ α -olefin copolymers. Journal of Rheology, 2008, 52: 697-712.

[35] Stadler F J, Gabriel C, Munstedt H. Influence of short-chain branching of polyethylenes on

the temperature dependence of rheological properties in shear. Macromolecular Chemistry and Physics, 2007, 208: 2449-2454.

[36] Liao Q, Noda I, Frank C W. Melt viscoelasticity of biodegradable poly(3-hydroxybutyrate-*co*-3-hydroxyhexanoate) copolymers. Polymer, 2009, 50: 6139-6148.

[37] Palza H, Quijada R, Wilhelm M. Effect of short-chain branching on the melt behavior of polypropylene under small-amplitude oscillatory shear conditions. Macromolecular Chemistry and Physics, 2013, 214: 107-116.

[38] Vega J F, Ramos J, Martinez-Salazar J. Effect of short chain branching in molecular dimensions and Newtonian viscosity of ethylene/1-hexene copolymers: matching conformational and rheological experimental properties and atomistic simulations. Rheologica Acta, 2014, 53: 1-13.

[39] Cloitre M, Vlassopoulos D. Block Copolymers in External Fields: Rheology, Flow-Induced Phenomena, and Applications//Kontopoulou M. Applied Polymer Rheology. Hoboken: John Wiley & Sons, Inc., 2011.

[40] Colby R H. Block copolymer dynamics. Current Opinion in Colloid & Interface Science, 1996, 1: 454-465.

[41] Han C D, Kim J. Rheological technique for determining the order-disorder transition of block copolymers. Journal of Polymer Science Part B: Polymer Physics, 1987, 25: 1741-1764.

[42] Han C D, Kim J W, Kim J K. Determination of the order-disorder transition temperature of block copolymers. Macromolecules, 1989, 22: 383-394.

[43] Rosedale J H, Bates F S. Rheology of ordered and disordered symmetric poly(ethylenepropylene)-poly(ethylethylene) diblock copolymers. Macromolecules, 1990, 23: 2329-2338.

[44] He P, Shen W, Yu W, et al. Mesophase separation and rheology of olefin multiblock copolymers. Macromolecules, 2014, 47: 807-820.

[45] Floudas G, Pispas S, Hadjichristidis N, et al. Microphase separation in star block copolymers of styrene and isoprene. Theory, experiment, and simulation. Macromolecules, 1996, 29: 4142-4154.

[46] Floudas G, Vlassopoulos D, Pitsikalis M, et al. Order-disorder transition and ordering kinetics in binary diblock copolymer mixtures of styrene and isoprene. The Journal of Chemical Physics, 1996, 104: 2083-2088.

[47] Weidisch R, Stamm M, Schubert D W, et al. Correlation between phase behavior and tensile properties of diblock copolymers. Macromolecules, 1999, 32: 3405-3411.

[48] Weidisch R, Schreyeck G, Ensslen M, et al. Deformation behavior of weakly segregated block copolymers. 2. Correlation between phase behavior and deformation mechanisms of

diblock copolymers. Macromolecules, 2000, 33: 5495-5504.

[49] Ryu D Y, Jeong U, Lee D H, et al. Phase behavior of deuterated polystyrene-block-poly(*n*-pentyl methaerylate) copolymers. Macromolecules, 2003, 36: 2894-2902.

[50] Mannion A M, Bates F S, Macosko C W. Synthesis and rheology of branched multiblock polymers based on polylactide. Macromolecules, 2016, 49: 4587-4598.

[51] Choi S, Han C D. Molecular weight dependence of zero-shear viscosity of block copolymers in the disordered state. Macromolecules, 2004, 37: 215-225.

[52] Othman N, Xu C L, Mehrkhodavandi P, et al. Thermorheological and mechanical behavior of polylactide and its enantiomeric diblock copolymers and blends. Polymer, 2012, 53: 2443-2452.

[53] Larson R G, Fredrickson G H. Viscometric properties of block polymers near a critical point. Macromolecules, 1987, 20: 1897-1900.

[54] Fredrickson G H, Larson R G. Viscoelasticity of homogeneous polymer melts near a critical point. The Journal of Chemical Physics, 1987, 86: 1553-1560.

[55] Yu W, Li R, Zhou C. Rheology and phase separation of polymer blends with weak dynamic asymmetry. Polymer, 2011, 52: 2693-2700.

[56] Yu W, Zhou C. Rheology of miscible polymer blends with viscoelastic asymmetry and concentration fluctuation. Polymer, 2012, 53: 881-890.

[57] Floudas G, Hadjichristidis N, Iatrou H, et al. Microphase separation in model 3-miktoarmstar copolymers (simple graft and terpolymers). 1. Statics and kinetics. Macromolecules, 1994, 27: 7735-7746.

[58] Rubinstein M, Obukhov S P. Power-law-like stress relaxation of block copolymers: Disentanglement regimes. Macromolecules, 1993, 26: 1740-1750.

[59] Kawasaki K, Sekimoto K. Morphology dynamics of block copolymer systems. Physica A: Statistical Mechanics and its Applications, 1988, 148: 361-413.

[60] Witten T A, Leibler L, Pincus P A. Stress relaxation in the lamellar copolymer mesophase. Macromolecules, 1990, 23: 824-829.

[61] Riise B L, Fredrickson G H, Larson R G, et al. Rheology and shear-induced alignment of lamellar diblock and triblock copolymers. Macromolecules, 1995, 28: 7653-7659.

[62] Zhao J, Majumdar B, Schulz M F, et al. Phase behavior of pure diblocks and binary diblock blends of poly(ethylene)-poly(ethylethylene). Macromolecules, 1996, 29: 1204-1215.

[63] Ryu C Y, Lee M S, Hajduk D A, et al. Structure and viscoelasticity of matched asymmetric diblock and triblock copolymers in the cylinder and sphere microstructures. Journal of Polymer Science Part B: Polymer Physics, 1997, 35: 2811-2823.

[64] Sebastian J M, Lai C, Graessley W W, et al. Steady-shear rheology of block copolymer

melts: zero-shear viscosity and shear disordering in body-centered-cubic systems. Macromolecules, 2002, 35: 2700-2706.

[65] Lodge T P, Wood E R, Haley J C. Two calorimetric glass transitions do not necessarily indicate immiscibility: The case of PEO/PMMA. Journal of Polymer Science Part B: Polymer Physics, 2006, 44: 756-763.

[66] Lodge T P, McLeish T C B. Self-concentrations and effective glass transition temperatures in polymer blends. Macromolecules, 2000, 33: 5278-5284.

[67] Savin D A, Larson A M, Lodge T P. Effect of composition on the width of the calorimetric glass transition in polymer-solvent and solvent-solvent mixtures. Journal of Polymer Science Part B: Polymer Physics, 2004, 42: 1155-1163.

[68] Hoffmann S, Willner L, Richter D, et al. Origin of dynamic heterogeneities in miscible polymer blends: a quasielastic neutron scattering study. Physical Review Letters, 2000, 85: 772-775.

[69] Cendoya I, Alegría A, Alberdi J M, et al. Effect of blending on the PVME dynamics. A dielectric, NMR, and QENS investigation. Macromolecules, 1999, 32: 4065-4078.

[70] Roland C M, Ngai K L, Santangelo P G, et al. Temperature dependence of segmental and terminal relaxation in atactic polypropylene melts. Macromolecules, 2001, 34: 6159-6160.

[71] He Y Y, Lutz T R, Ediger M D. Segmental and terminal dynamics in miscible polymer mixtures: tests of the Lodge-McLeish model. The Journal of Chemical Physics, 2003, 119: 9956-9965.

[72] Colmenero J, Arbe A. Segmental dynamics in miscible polymer blends: recent results and open questions. Soft Matter, 2007, 3: 1474-1485.

[73] Zetsche A, Fischer E W. Dielectric studies of the α-relaxation in miscible polymer blends and its relation to concentration fluctuations. Acta Polymerica, 1994, 45: 168-175.

[74] Kumar S K, Colby R H, Anastasiadis S H, et al. Concentration fluctuation induced dynamic heterogeneities in polymer blends. The Journal of Chemical Physics, 1996, 105: 3777-3788.

[75] Kamath S, Colby R H, Kumar S K, et al. Segmental dynamics of miscible polymer blends: comparison of the predictions of a concentration fluctuation model to experiment. The Journal of Chemical Physics, 1999, 111: 6121-6128.

[76] Chung G C, Kornfield J A, Smith S D. Compositional dependence of segmental dynamics in a miscible polymer blend. Macromolecules, 1994, 27: 5729-5741.

[77] Lipson J E G, Milner S T. Multiple glass transitions and local composition effects on polymer solvent mixtures. Journal of Polymer Science Part B: Polymer Physics, 2006, 44: 3528-3545.

[78] Pathak J A, Colby R H, Kamath S Y, et al. Rheology of miscible blends: SAN and PMMA.

Macromolecules, 1998, 31: 8988-8997.

[79] Leroy E, Alegría A, Colmenero J. Segmental dynamics in miscible polymer blends: modeling the combined effects of chain connectivity and concentration fluctuations. Macromolecules, 2003, 36: 7280-7288.

[80] Colby R H, Lipson E G. Modeling the segmental relaxation time distribution of miscible polymer blends: polyisoprene/poly(vinylethylene). Macromolecules, 2005, 38: 4919-4928.

[81] Kumar S K, Shenogin S, Colby R H. Dynamics of miscible polymer blends: role of concentration fluctuations on characteristic segmental relaxation times. Macromolecules, 2007, 40: 5759-5766.

[82] Shenogin S, Kant R, Colby R H, et al. Dynamics of miscible polymer blends: predicting the dielectric response. Macromolecules, 2007, 40: 5767-5775.

[83] Koizumi S. Gel-like aspect of a miscible polymer mixture studied by small-angle neutron scattering. Journal of Polymer Science Part B: Polymer Physics, 2004, 42: 3148-3164.

[84] Sy J W, Mijovic J. Reorientational dynamics of poly(vinylidene fluoride)/poly(methyl methacrylate) blends by broad-band dielectric relaxation spectroscopy. Macromolecules, 2000, 33: 933-946.

[85] Tyagi M, Arbe A, Colmenero J, et al. Dynamic confinement effects in polymer blends. A quasielastic neutron scattering study of the dynamics of poly(ethylene oxide) in a blend with poly(vinyl acetate). Macromolecules, 2006, 39: 3007-3018.

[86] Moreno A J, Colmenero J. Entangledlike chain dynamics in nonentangled polymer blends with large dynamic asymmetry. Physical Review Letters, 2008, 100: 126001.

[87] Bernabei M, Moreno A J, Colmenero J. Static and dynamic contributions to anomalous chain dynamics in polymer blends. Journal of Physics: Condensed Matter, 2011, 23: 234119.

[88] Arrese-Igor S, Alegria A, Moreno A J, et al. Anomalous molecular weight dependence of chain dynamics in unentangled polymer blends with strong dynamic asymmetry. Soft Matter, 2012, 8: 3739-3742.

[89] Koizumi S. UCST behavior observed for a binary polymer mixture of polystyrene/poly(vinyl methyl ether) (PS/PVME) with a PS rich asymmetric composition as a result of dynamic asymmetry & imbalanced local stress, viscoelastic phase separation, and pinning by vitrification. Soft Matter, 2011, 7: 3984-3992.

[90] Koizumi S, Inoue T. Dynamical coupling between stress and concentration fluctuations in a dynamically asymmetric polymer mixture, investigated by time-resolved small-angle neutron scattering combined with linear mechanical measurements. Soft Matter, 2011, 7: 9248-9258.

[91] Friedrich C, Schwarzwalder C, Riemann R E. Rheological and thermodynamic study of the

miscible blend polystyrene/poly(cyclohexyl methacrylate). Polymer, 1996, 37: 2499-2507.

[92] Kapnistos M, Hinrichs A, Vlassopoulos D, et al. Rheology of a lower critical solution temperature binary polymer blend in the homogeneous, phase-separated, and transitional regimes. Macromolecules, 1996, 29: 7155-7163.

[93] Gell C B, Krishnamoorti R, Kim E, et al. Viscoelasticity and diffusion in miscible blends of saturated hydrocarbon polymers. Rheologica Acta, 1997, 36: 217-228.

[94] Chopra D, Kontopoulou M, Vlassopoulos D, et al. Effect of maleic anhydride content on the rheology and phase behavior of poly(styrene-*co*-maleic anhydride)/poly(methyl methacrylate) blends. Rheologica Acta, 2002, 41: 10-24.

[95] Niu Y H, Wang Z G. Rheologically determined phase diagram and dynamically investigated phase separation kinetics of polyolefin blends. Macromolecules, 2006, 39: 4175-4183.

[96] Colby R H. Breakdown of time temperature superposition in miscible polymer blends. Polymer, 1989, 30: 1275-1278.

[97] Roovers J, Toporowski P M. Rheological study of miscible blends of 1, 4-polybutadiene and 1, 2-polybutadiene (63% 1, 2). Macromolecules, 1992, 25: 1096-1102.

[98] Pathak J A, Colby R H, Floudas G, et al. Dynamics in miscible blends of polystyrene and poly(vinyl methyl ether). Macromolecules, 1999, 32: 2553-2561.

[99] Liu C, Wang J, He J. Rheological and thermal properties of *m*-LLDPE blends with *m*-HDPE and LDPE. Polymer, 2002, 43: 3811-3818.

[100] Aoki Y, Tanaka T. Viscoelastic properties of miscible poly(methyl methacrylate)/poly(styrene-*co*-acrylonitrile) blends in the molten state. Macromolecules, 1999, 32: 8560-8565.

[101] Aoki Y. Viscoelastic properties of blends of poly(acrylonitrile-*co*-styrene) and poly styrene-*co*-(*n*-phenylmaleimide). Macromolecules, 1990, 23: 2309-2312.

[102] Haley J C, Lodge T P. A framework for predicting the viscosity of miscible polymer blends. Journal of Rheology, 2004, 48: 463-486.

[103] Castellano R K, Clark R, Craig S L, et al. Emergent mechanical properties of self-assembled polymeric capsules. Proceedings of the National Academy of Sciences of the United States of America, 2000, 97: 12418-12421.

[104] Gohy J F. Block Copolymer Micelles//Block Copolymers Ⅱ. Abetz V. Berlin: Springer. Advances in Polymer Science, 2005, 190.

[105] Winnik M A, Yekta A. Associative polymers in aqueous solution. Current Opinion in Colloid & Interface Science, 1997, 2: 424-436.

[106] Seiffert S, Sprakel J. Physical chemistry of supramolecular polymer networks. Chemical Society Reviews, 2012, 41: 909-930.

[107] Renou F, Benyahia L, Nicolai T. Influence of adding unfunctionalized PEO on the viscoelasticity and the structure of dense polymeric micelle solutions formed by hydrophobically end-capped PEO. Macromolecules, 2007, 40: 4626-4634.

[108] Renou F, Benyahia L, Nicolai T, et al. Structure and rheology of mixed polymeric micelles formed by hydrophobically end-capped poly(ethylene oxide). Macromolecule, 2008, 41: 6523-6530.

[109] Renou F, Nicolai T, Nicol E, et al. Structure and viscoelasticity of mixed micelles formed by poly(ethylene oxide) end capped with alkyl groups of different length. Langmuir, 2009, 25: 515-521.

[110] Harrison W J, Aboulgasem G J, Elathrem F A I, et al. Micelles and gels of mixed triblock copoly(oxyalkylene)s in aqueous solution. Langmuir, 2005, 21: 6170-6178.

[111] Meng X X, Russel W B. Rheology of telechelic associative polymers in aqueous solutions. Journal of Rheology, 2006, 50: 189-205.

[112] Tanaka F, Edwards S F. Viscoelastic properties of physically crosslinked networks. 1. Transient network theory. Macromolecules, 1992, 25: 1516-1523.

[113] Tripathi A, Tam K C, McKinley G H. Rheology and dynamics of associative polymers in shear and extension: theory and experiments. Macromolecules, 2006, 39: 1981-1999.

[114] Annable T, Buscall R, Ettelaie R, et al. The rheology of solutions of associating polymers: comparison of experimental behavior with transient network theory. Journal of Rheology, 1993, 37: 695-726.

[115] Du Z, Ren B, Chang X, et al. Aggregation and rheology of an azobenzene-functionalized hydrophobically modified ethoxylated urethane in aqueous solution. Macromolecules, 2016, 49: 4978-4988.

[116] Nicolai T, Colombani O, Chassenieux C. Dynamic polymeric micelles versus frozen nanoparticles formed by block copolymers. Soft Matter, 2010, 6: 3111-3118.

[117] Uneyama T, Suzuki S, Watanabe H. Concentration dependence of rheological properties of telechelic associative polymer solutions. Physical Review E, 2012, 86: 031802.

[118] van Ruymbeke E, Vlassopoulos D, Mierzwa M, et al. Rheology and structure of entangled telechelic linear and star polyisoprene melts. Macromolecules, 2010, 43: 4401-4411.

[119] Ahmadi M, Hawke L G D, Goldansaz H, et al. Dynamics of entangled linear supramolecular chains with sticky side groups: influence of hindered fluctuations. Macromolecules, 2015, 48: 7300-7310.

[120] Chen Q, Tudryn G J, Colby R H. Ionomer dynamics and the sticky Rouse model. Journal of Rheology, 2013, 57: 1441-1462.

[121] Chen Q, Liang S, Shiau H S, et al. Linear viscoelastic and dielectric properties of

phosphonium siloxane ionomers. ACS Macro Letters, 2013, 2: 970-974.

[122] Rubinstein M, Semenov A N. Thermoreversible gelation in solutions of associating polymers. 2. Linear dynamics. Macromolecules, 1998, 31: 1386-1397.

[123] Rubinstein M, Semenov A N. Dynamics of entangled solutions of associating polymers. Macromolecules, 2001, 34: 1058-1068.

[124] Watanabe H, Matsumiya Y, Kwon Y. Dynamics of Rouse chains undergoing head-to-head association and dissociation: difference between dielectric and viscoelastic relaxation. Journal of Rheology, 2017, 61: 1151-1170.

[125] Brunsveld L, Folmer B J B, Meijer E W, et al. Supramolecular polymers. Chemical Reviews, 2001, 101: 4071-4097.

[126] van Beek D J M, Spiering A J H, Peters G W M, et al. Unidirectional dimerization and stacking of ureidopyrimidinone end groups in polycaprolactone supramolecular polymers. Macromolecules, 2007, 40: 8464-8475.

[127] Sivakova S, Bohnsack D A, Mackay M E, et al. Utilization of a combination of weak hydrogen-bonding interactions and phase segregation to yield highly thermosensitive supramolecular polymers. Journal of the American Chemical Society, 2005, 127: 18202-18211.

[128] Colombani O, Barioz C, Bouteiller L, et al. Attempt toward 1D cross-linked thermoplastic elastomers: structure and mechanical properties of a new system. Macromolecule, 2005, 38: 1752-1759.

[129] Sontjens S H M, Renken R A E, van Gemert G M L, et al. Thermoplastic elastomers based on strong and well-defined hydrogen-bonding interactions. Macromolecules, 2008, 41: 5703-5708.

[130] Fox J D, Rowan S J. Supramolecular polymerizations and main-chain supramolecular polymers. Macromolecules, 2009, 42: 6823-6835.

[131] Nair K P, Breedveld V, Weck M. Complementary hydrogen-bonded thermoreversible polymer networks with tunable properties. Macromolecules, 2008, 41: 3429-3438.

[132] Wietor J L, van Beek D J M, Peters G W, et al. Effects of branching and crystallization on rheology of polycaprolactone supramolecular polymers with ureidopyrimidinone end groups. Macromolecules, 2011, 44: 1211-1219.

[133] Lange R F M, van Gurp M, Meijer E W. Hydrogen-bonded supramolecular polymer networks. Journal of Polymer Science Part A: Polymer Chemistry, 1999, 37: 3657-3670.

[134] Noro A, Matsushita Y, Lodge T P. Gelation mechanism of thermoreversible supramacromolecular ion gels via hydrogen bonding. Macromolecules, 2009, 42: 5802-5810.

[135] McKee M G, Elkins C L, Park T, et al. Influence of random branching on multiple hydrogen bonding in poly(alkyl methacrylate)s. Macromolecules, 2005, 38: 6015-6023.

[136] Elkins C L, Park T, McKee M G, et al. Synthesis and characterization of poly(2-ethylhexyl methacrylate) copolymers containing pendant, self-complementary multiple-hydrogen-bonding sites. Journal of Polymer Science Part A: Polymer Chemistry, 2005, 43: 4618-4631.

[137] Stadler R, de Lucca Freitas L. Thermoplastic elastomers by hydrogen bonding. 1. Rheological properties of modified polybutadiene. Colloid and Polymer Science, 1986, 264: 773-778.

[138] Freitas L L D, Stadler R. Thermoplastic elastomers by hydrogen bonding. 3. Interrelations between molecular parameters and rheological properties. Macromolecules, 1987, 20: 2478-2485.

[139] Schönhals A, Rittig F, Kärger J. Self-diffusion of poly(propylene glycol) in nanoporous glasses studied by pulsed field gradient NMR: a study of molecular dynamics and surface interactions. The Journal of Chemical Physics, 2010, 133: 094903.

[140] Petychakis L, Floudas G, Fleischer G. Chain dynamics of polyisoprene confined in porous media. A dielectric spectroscopy study. Europhysics Letters, 1997, 40: 685-690.

[141] Schönhals A, Goering H, Schick C, et al. Glassy dynamics of polymers confined to nanoporous glasses revealed by relaxational and scattering experiments. European Physical Journal E, 2003, 12: 173-178.

[142] Jeon S, Granick S. A polymer's dielectric normal modes depend on its film thickness when confined between nonwetting surfaces. Macromolecules, 2001, 34: 8490-8495.

[143] Serghei A, Kremer F. Confinement-induced relaxation process in thin films of *cis*-polyisoprene. Physical Review Letters, 2003, 91: 165702.

[144] Mapesa E U, Tress M, Schulz G, et al. Segmental and chain dynamics in nanometric layers of poly(*cis*-1, 4-isoprene) as studied by broadband dielectric spectroscopy and temperature-modulated calorimetry. Soft Matter, 2013, 9: 10592-10598.

[145] Alexandris S, Sakellariou G, Steinhart M, et al. Dynamics of unentangled *cis*-1, 4-polyisoprene confined to nanoporous alumina. Macromolecules, 2014, 47: 3895-3900.

[146] Qi D, Fakhraai Z, Forrest J A. Substrate and chain size dependence of near surface dynamics of glassy polymers. Physical Review Letters, 2008, 101: 096101.

[147] Li L, Zhou D, Huang D, et al. Double glass transition temperatures of poly(methyl methacrylate) confined in alumina nanotube templates. Macromolecules, 2014, 47: 297-303.

[148] Shin K, Obukhov S, Chen J T, et al. Enhanced mobility of confined polymers. Nature

Materials, 2007, 6: 961-965.
[149] Noirez L, Stillings C, Bardeau J F, et al. What happens to polymer chains confined in rigid cylindrical inorganic (AAO) nanopores. Macromolecules, 2013, 46: 4932-4936.
[150] Weir M P, Johnson D W, Boothroyd S C, et al. Distortion of chain conformation and reduced entanglement in polymer-graphene oxide nanocomposites. ACS Macro Letters, 2016, 5: 430-434.
[151] Abberton B C, Liu W K, Keten S. Anisotropy of shear relaxation in confined thin films of unentangled polymer melts. Macromolecules, 2015, 48: 7631-7639.
[152] Nakatani A I, Chen W, Schmidt R G, et al. Chain dimensions in polysilicate-filled poly(dimethyl siloxane). Polymer, 2001, 42: 3713-3722.
[153] Tuteja A, Duxbury P M, Mackay M E. Polymer chain swelling induced by dispersed nanoparticles. Physical Review Letters, 2008, 100: 077801.
[154] Erguney F M, Lin H, Mattice W L. Dimensions of matrix chains in polymers filled with energetically neutral nanoparticles. Polymer, 2006, 47: 3689-3695.
[155] Ozmusul M S, Picu C R, Sternstein S S, et al. Lattice Monte Carlo simulations of chain conformations in polymer nanocomposites. Macromolecules, 2005, 38: 4495-4500.
[156] Forrest J A, Dalnoki-Veress K. The glass transition in thin polymer films. Advances in Colloid and Interface Science, 2001, 94: 167-195.
[157] Alcoutlabi M, McKenna G B. Effects of confinement on material behaviour at the nanometre size scale. Journal of Physics: Condensed Matter, 2005, 17: R461-R524.
[158] Forrest J A. A decade of dynamics in thin films of polystyrene: Where are we now? European Physical Journal E, 2002, 8: 261-266.
[159] Reiter G. Dewetting as a probe of polymer mobility in thin films. Macromolecules, 1994, 27: 3046-3052.
[160] Bodiguel H, Fretigny C. Reduced viscosity in thin polymer films. Physical Review Letters, 2006, 97: 266105.
[161] Rathfon J M, Cohn R W, Crosby A J, et al. Confinement effects on chain entanglement in free-standing polystyrene ultrathin films. Macromolecules, 2011, 44: 5436-5442.
[162] Itagaki H, Nishimura Y, Sagisaka E, et al. Entanglement of polymer chains in ultrathin films. Langmuir, 2006, 22: 742-748.
[163] Sussman D M, Tung W S, Winey K I, et al. Entanglement reduction and anisotropic chain and primitive path conformations in polymer melts under thin film and cylindrical confinement. Macromolecules, 2014, 47: 6462-6472.
[164] Tung W S, Composto R J, Riggleman R A, et al. Local polymer dynamics and diffusion in cylindrical nanoconfinement. Macromolecules, 2015, 48: 2324-2332.

[165] Sussman D M. Spatial distribution of entanglements in thin free-standing films. Physical Review E, 2016, 94: 012503.

[166] Lange F, Judeinstein P, Franz C, et al. Large-scale diffusion of entangled polymers along nanochannels. ACS Macro Letters, 2015, 4: 561-565.

[167] Li S, Li J, Ding M, et al. Effects of polymer-wall interactions on entanglements and dynamics of confined polymer films. Journal of Physical Chemistry B, 2017, 121: 1448-1454.

[168] Schneider G J, Nusser K, Willner L, et al. Dynamics of entangled chains in polymer nanocomposites. Macromolecules, 2011, 44: 5857-5860.

[169] Kalathi J T, Kumar S K, Rubinstein M, et al. Rouse mode analysis of chain relaxation in polymer nanocomposites. Soft Matter, 2015, 11: 4123-4132.

[170] Li Y, Kröger M, Liu W K. Nanoparticle geometrical effect on structure, dynamics and anisotropic viscosity of polyethylene nanocomposites. Macromolecules, 2012, 45: 2099-2112.

[171] Karatrantos A, Composto R J, Winey K I, et al. Entanglements and dynamics of polymer melts near a SWCNT. Macromolecules, 2012, 45: 7274-7281.

[172] Toepperwein G N, Karayiannis N C, Riggleman R A, et al. Influence of nanorod inclusions on structure and primitive path network of polymer nanocomposites at equilibrium and under deformation. Macromolecules, 2011, 44: 1034-1045.

[173] Senses E, Faraone A, Akcora P. Microscopic chain motion in polymer nanocomposites with dynamically asymmetric interphases. Scientific Reports, 2016, 6: 29326.

[174] Tarnacka M, Kaminski K, Mapesa E U, et al. Studies on the temperature and time induced variation in the segmental and chain dynamics in poly(propylene glycol) confined at the nanoscale. Macromolecules, 2016, 49: 6678-6686.

[175] Schönhals A, Goering H, Schick C. Segmental and chain dynamics of polymers: from the bulk to the confined state. Journal of Non-Crystalline Solids, 2002, 305: 140-149.

[176] Berriot J, Lequeux F, Monnerie L, et al. Filler-elastomer interaction in model filled rubbers, a ^{1}H NMR study. Journal of Non-Crystalline Solids, 2002, 307-310: 719-724.

[177] Berriot J, Montes H, Lequeux F, et al. Evidence for the shift of the glass transition near the particles in silica-filled elastomers. Macromolecules, 2002, 35: 9756-9762.

[178] Harton S E, Kumar S K, Yang H C, et al. Immobilized polymer layers on spherical nanoparticles. Macromolecules, 2010, 43: 3415-3421.

[179] Mangal R, Srivastava S, Archer L A. Phase stability and dynamics of entangled polymer-nanoparticle composites. Nature Communications, 2015, 6: 7198.

[180] Bogoslovov R B, Roland C M, Ellis A R, et al. Effect of silica nanoparticles on the local

segmental dynamics in poly(vinyl acetate). Macromolecules, 2008, 41: 1289-1296.

[181] Frank B, Gast A P, Russell T P, et al. Polymer mobility in thin films. Macromolecules, 1996, 29: 6531-6534.

[182] Zheng X, Rafailovich M H, Sokolov J, et al. Long-range effects on polymer diffusion induced by a bounding interface. Physical Review Letters, 1997, 79: 241-244.

[183] Semenov A N. Dynamics of entangled polymer layers: the effect of fluctuations. Physical Review Letters, 1998, 80: 1908-1911.

[184] Choi K I, Kim T H, Yuan G C, et al. Dynamics of entangled polymers confined between graphene oxide sheets as studied by neutron reflectivity. ACS Macro Letters, 2017, 6: 819-823.

[185] Gam S, Meth J S, Zane S G, et al. Macromolecular diffusion in a crowded polymer nanocomposite. Macromolecules, 2011, 44: 3494-3501.

[186] Gam S, Meth J, Zane S G, et al. Polymer diffusion in a polymer nanocomposite: effect of nanoparticle size and polydispersity. Soft Matter, 2012, 8: 6512-6520.

[187] Choi J, Hore M J A, Meth J S, et al. Universal scaling of polymer diffusion in nanocomposites. ACS Macro Letters, 2013, 2: 485-490.

[188] Muthukumar M, Baumgartner A. Effects of entropic barriers on polymer dynamics. Macromolecules, 1989, 22: 1937-1941.

[189] Muthukumar M, Baumgartner A. Diffusion of a polymer chain in random media. Macromolecules, 1989, 22: 1941-1946.

[190] Meth J S, Gam S, Choi J, et al. Excluded volume model for the reduction of polymer diffusion into nanocomposites. Journal of Physical Chemistry B, 2013, 117: 15675-15683.

[191] Srivastava S, Choudhury S, Agrawal A, et al. Self-suspended polymer grafted nanoparticles. Current Opinion in Chemical Engineering, 2017, 16: 92-101.

[192] Yu H Y, Koch D L. Structure of solvent-free nanoparticle-organic hybrid materials. Langmuir, 2010, 26: 16801-16811.

[193] Chremos A, Panagiotopoulos A Z. Structural transitions of solvent-free oligomer-grafted nanoparticles. Physical Review Letters, 2011, 107: 105503.

[194] Xie R B, Long G G, Weigand S J, et al. Hyperuniformity in amorphous silicon based on the measurement of the infinite-wavelength limit of the structure factor. Proceedings of the National Academy of Sciences of the United States of America, 2013, 110: 13250-13254.

[195] Sollich P, Lequeux F, Hebraud P, et al. Rheology of soft glassy materials. Physical Review Letters, 1997, 78: 2020-2023.

[196] Agarwal P, Srivastava S, Archer L A. Thermal jamming of a colloidal glass. Physical Review Letters, 2011, 107: 268302.

[197] Srivastava S, Agarwal P, Mangal R, et al. Hyperdiffusive dynamics in Newtonian nanoparticle fluids. ACS Macro Letters, 2015, 4: 1149-1153.

[198] Agrawal A, Yu H Y, Sagar A, et al. Molecular origins of temperature-induced jamming in self-suspended hairy nanoparticles. Macromolecules, 2016, 49: 8738-8747.

[199] Choudhury S, Agrawal A, Kim S A, et al. Self-suspended suspensions of covalently grafted hairy nanoparticles. Langmuir, 2015, 31: 3222-3231.

[200] Kim S A, Mangal R, Archer L A. Relaxation dynamics of nanoparticle-tethered polymer chains. Macromolecules, 2015, 48: 6280-6293.

[201] Agarwal P, Kim S A, Archer L A. Crowded, confined, and frustrated: dynamics of molecules tethered to nanoparticles. Physical Review Letters, 2012, 109: 258301.

[202] Liu C Y, Halasa A F, Keunings R, et al. Probe rheology: a simple method to test tube motion. Macromolecules, 2006, 39: 7415-7424.

[203] Liu C Y, He J S, Keunings R, et al. New linearized relation for the universal viscosity-temperature behavior of polymer melts. Macromolecules, 2006, 39: 8867-8869.

[204] Liu C Y, Keunings R, Bailly C. Do deviations from reptation scaling of entangled polymer melts result from single- or many-chain effects? Physical Review Letters, 2006, 97: 246001.

[205] Ning W, Zhu W, Zhang B, et al. Effect of chemical structure of polycarbonates on entanglement spacing. Chinese Journal of Polymer Science, 2012, 30: 343-349.

[206] Matsumiya Y, Masubuchi Y, Inoue T, et al. Dielectric and viscoelastic behavior of star-branched polyisoprene: two coarse-grained length scales in dynamic tube dilation. Macromolecules, 2014, 47: 7637-7652.

[207] Liu M G, Zhou C X, Yu W. Rheokinetics of the cross-linking of melt polyethylene initiated by peroxide. Polymer Engineering & Science, 2005, 45: 560-567.

[208] Liu M G, Yu W, Zhou C X, et al. Conversion measurement in polyethylene/peroxide coupling system under steady shear flow. Polymer, 2005, 46: 7605-7611.

[209] Xie F, Zhou C X, Yu W, et al. Study on the reaction kinetics between PBT and epoxy by a novel rheological method. European Polymer Journal, 2005, 41: 2171-2175.

[210] Xie F, Zhou C X, Yu W, et al. Reaction kinetics study of asymmetric polymer-polymer interface. Polymer, 2005, 46: 8410-8415.

[211] Yang K, Yu W, Zhou C X. Thermal oxidation of metallocene-catalyzed poly(ethylene octene) by a rheological method. Journal of Applied Polymer Science, 2007, 105: 846-852.

[212] Liu J Y, Yu W, Zhou C X, et al. EPR/rheometric studies on radical kinetics in melt polyolefin elastomer initiated by dicumyl peroxides. Polymer, 2007, 48: 2882-2891.

[213] Xie F, Zhou C X, Yu W. Effects of small-amplitude oscillatory shear on polymeric reaction.

Polymer Composites, 2008, 29: 72-76.

[214] Lin S S, Yu W, Wang X H, et al. Study on the thermal degradation kinetics of biodegradable poly(propylene carbonate) during melt processing by population balance model and rheology. Industrial & Engineering Chemistry Research, 2014, 53: 18411-18419.

[215] Tian J H, Yu W, Zhou C X. The preparation and rheology characterization of long chain branching polypropylene. Polymer, 2006, 47: 7962-7969.

[216] Liu J Y, Lou L J, Yu W, et al. Long chain branching polylactide: structures and properties. Polymer, 2010, 51: 5186-5197.

[217] Zhang Z J, Huang C W, Weiss R A, et al. Association energy in strongly associative polymers. Journal of Rheology, 2017, 61: 1199-1207.

[218] Zhang Z J, Chen Q, Colby R H. Dynamics of associative polymers. Soft Matter, 2018, 14: 2961-2977.

[219] Chen Q, Zhang Z J, Colby R H. Viscoelasticity of entangled random polystyrene ionomers. Journal of Rheology, 2016, 60: 1031-1040.

[220] Chen Q. Dynamics of ion-containing polymers. Acta Polymerica Sinica, 2017, 1220-1233.

[221] Huang C W, Wang C, Chen Q, et al. Reversible gelation model predictions of the linear viscoelasticity of oligomeric sulfonated polystyrene lonomer blends. Macromolecules, 2016, 49: 3936-3947.

[222] Xu Y F, Huang C W, Yu W, et al. Evolution of concentration fluctuation during phase separation in polymer blends with viscoelastic asymmetry. Polymer, 2015, 67: 101-110.

[223] Liu S J, Zhou C X, Yu W. Phase separation and structure control in ultra-high molecular weight polyethylene microporous membrane. Journal of Membrane Science, 2011, 379: 268-278.

[224] Liu S J, Yu W, Zhou C X. Molecular self-assembly assisted liquid-liquid phase separation in ultrahigh molecular weight polyethylene/liquid paraffin/dibenzylidene sorbitol ternary blends. Macromolecules, 2013, 46: 6309-6318.

[225] Gao J P, Huang C W, Wang N, et al. Phase separation of poly(methyl methacrylate)/poly (styrene-*co*-acrylonitrile) blends in the presence of silica nanoparticles. Polymer, 2012, 53: 1772-1782.

[226] Huang C W, Gao J P, Yu W, et al. Phase separation of poly(methyl methacrylate)/ poly(styrene-*co*-acrylonitrile) blends with controlled distribution of silica nanoparticles. Macromolecules, 2012, 45: 8420-8429.

[227] Li R M, Yu W, Zhou C X. Phase behavior and its viscoelastic responses of poly(methyl methacrylate) and poly(styrene-*co*-maleic anhydride) blend systems. Polymer Bulletin, 2006, 56: 455-466.

[228] Wang J, Guo Y, Yu W, et al. Linear and nonlinear viscoelasticity of polymer/silica nanocomposites: an understanding from modulus decomposition. Rheologica Acta, 2016, 55: 37-50.

[229] Yu W, Wang J, You W. Structure and linear viscoelasticity of polymer nanocomposites with agglomerated particles. Polymer, 2016, 98: 190-200.

[230] You W, Yu W, Zhou C X. Cluster size distribution of spherical nanoparticles in polymer nanocomposites: rheological quantification and evidence of phase separation. Soft Matter, 2017, 13: 4088-4098.

[231] Zhang R Y, Cheng H, Zhang C G, et al. Phase separation mechanism of polybutadiene/polyisoprene blends under oscillatory shear flow. Macromolecules, 2008, 41: 6818-6829.

[232] Zhang R Y, Dong X, Wang X, et al. Nucleation/growth in the metastable and unstable phase separation regions under oscillatory shear flow for an off-critical polymer blend. Macromolecules, 2009, 42: 2873-2876.

[233] Zou F S, Dong X, Liu W, et al. Phase behavior actuating morphology and rheological response of polybutadiene/polyisoprene blends under small amplitude oscillatory shear. Chinese Journal of Polymer Science, 2014, 32: 718-730.

[234] Niu Y H, Yang L, Shimizu K, et al. Investigation on phase separation kinetics of polyolefin blends through combination of viscoelasticity and morphology. Journal of Physical Chemistry B, 2009, 113: 8820-8827.

[235] Song Y H, Zheng Q. Linear viscoelasticity of polymer melts filled with nano-sized fillers. Polymer, 2010, 51: 3262-3268.

[236] Song Y H, Zheng Q. Application of two phase model to linear viscoelasticity of reinforced rubbers. Polymer, 2011, 52: 593-596.

[237] Song Y H, Zheng Q. Linear rheology of nanofilled polymers. Journal of Rheology, 2015, 59: 155-191.

[238] Song Y H, Zheng Q. Concepts and conflicts in nanoparticles reinforcement to polymers beyond hydrodynamics. Progress in Materials Science, 2016, 84: 1-58.

[239] Wang S Q. Nonlinear Polymer Rheology: Macroscopic Phenomenology and Molecular Foundation. Hoboken: John Wiley & Sons, 2018.

[240] Lodge A S. Elastic Liquids. London: Academic Press, 1964.

[241] Tschoegl N W. The Phenomenological Theory of Linear Viscoelastic Behavior. Berlin: Spring Verlag, 1989.

[242] Dealy J M. Melt Rheology and Its Role in Plastics Processing. Amsterdam: Kluwer Academic Publishers, 1999.

[243] Kalathi J T, Kumar S K, Rubinstein M, et al. Rouse mode analysis of chain relaxation in

homopolymer melts. Macromolecules, 2014, 47: 6925-6931.
[244] Casale A, Porter R S, Johnson J F. Dependence of flow properties of polystyrene on molecular weight, temperature, and shear. Polymer Reviews, 1971, 5: 387-408.
[245] Berry G C, Fox T G. The viscosity of polymers and their concentrated solutions. Advances in Polymer Science, 1968, 5: 261-357.
[246] Lodge T P. Reconciliation of the molecular weight dependence of diffusion and viscosity in entangled polymers. Physical Review Letters, 1999, 83: 3218-3221.
[247] de Gennes P G. Reptation of a polymer chain in the presence of fixed obstacles. The Journal of Chemical Physics, 1971, 55: 572-579.
[248] Doi M, Edwards S F. Dynamics of concentrated polymer systems. Part 1. Brownian motion in the equilibrium state. Journal of the Chemical Society, Faraday Transactions 2, 1978, 74: 1789-1801.
[249] Doi M, Edwards S F. Dynamics of concentrated polymer systems. Part 2. Molecular motion under flow. Journal of the Chemical Society, Faraday Transactions 2, 1978, 74: 1802-1817.
[250] Doi M, Edwards S F. Dynamics of concentrated polymer systems. Part 3. The constitutive equation. Journal of the Chemical Society, Faraday Transactions 2, 1978, 74: 1818-1832.
[251] Doi M, Edwards S F. Dynamics of concentrated polymer systems. Part 4. Rheological properties. Journal of the Chemical Society, Faraday Transactions 2: Molecular and Chemical Physics, 1979, 75: 38-54.
[252] Graham R S, Likhtman A E, McLeish T C B, et al. Microscopic theory of linear, entangled polymer chains under rapid deformation including chain stretch and convective constraint release. Journal of Rheology, 2003, 47: 1171-1200.
[253] Wang S Q, Wang Y, Cheng S, et al. New experiments for improved theoretical description of nonlinear rheology of entangled polymers. Macromolecules, 2013, 46: 3147-3159.
[254] Larson R G. Constitutive Equations for Polymer Melts and Solutions. Stoneham: Butterworth Publishers, 1988.
[255] Green M S, Tobolsky A V. A new approach to the theory of relaxing polymeric media. The Journal of Chemical Physics, 1946, 14: 80-92.
[256] Lodge A S. Constitutive equations from molecular network theories for polymer solutions. Rheologica Acta, 1968, 7: 379-392.
[257] Doi M. Explanation for the 3.4-power law for viscosity of polymeric liquids on the basis of the tube model. Journal of Polymer Science Part B: Polymer Physics, 1983, 21: 667-684.
[258] Milner S T, McLeish T C B. Reptation and contour-length fluctuations in melts of linear polymers. Physical Review Letters, 1998, 81: 725-728.
[259] Viovy J L, Rubinstein M, Colby R H. Constraint release in polymer melts: tube

reorganization versus tube dilation. Macromolecules, 1991, 24: 3587-3596.

[260] Rubinstein M, Colby R H. Self-consistent theory of polydisperse entangled polymers: linear viscoelasticity of binary blends. The Journal of Chemical Physics, 1988, 89: 5291-5306.

[261] Ianniruberto G, Marrucci G. On compatibility of the Cox-Merz rule with the model of Doi and Edwards. Journal of Non-Newtonian Fluid Mechanics, 1996, 65: 241-246.

[262] Marrucci G. Dynamics of entanglements: a nonlinear model consistent with the Cox-Merz rule. Journal of Non-Newtonian Fluid Mechanics, 1996, 62: 279-289.

[263] Likhtman A E, Milner S T, McLeish T C B. Microscopic theory for the fast flow of polymer melts. Physical Review Letters, 2000, 85: 4550-4553.

[264] Milner S T, McLeish T C B, Likhtman A E. Microscopic theory of convective constraint release. Journal of Rheology, 2001, 45: 539-563.

[265] Wang S Q, Ravindranath S, Boukany P, et al. Nonquiescent relaxation in entangled polymer liquids after step shear. Physical Review Letters, 2006, 97: 187801.

[266] Ravindranath S, Wang S Q, Olechnowicz M, et al. Banding in simple steady shear of entangled polymer solutions. Macromolecules, 2008, 41: 2663-2670.

[267] Boukany P E, Wang S Q. Exploring origins of interfacial yielding and wall slip in entangled linear melts during shear or after shear cessation. Macromolecules, 2009, 42: 2222-2228.

[268] Wang S Q. Nonlinear rheology of entangled polymers at turning point. Soft Matter, 2015, 11: 1454-1458.

[269] Frenkel D, Smit B. Understanding Molecular Simulation: from Algorithms to Applications. California: Academic Press, 2002.

[270] Kremer K, Grest G S. Dynamics of entangled linear polymer melts: a molecular dynamics simulation. The Journal of Chemical Physics, 1990, 92: 5057-5086.

[271] Soddemann T, Dunweg B, Kremer K. Dissipative particle dynamics: a useful thermostat for equilibrium and nonequilibrium molecular dynamics simulations. Physical Review E, 2003, 68: 046702.

[272] Edwards B J, Beris A N, Mavrantzas V G. A model with two coupled Maxwell models. Journal of Rheology, 1996, 40: 917-942.

[273] Rao I J, Rajagopal K R. On a new interpretation of the classical Maxwell model. Mechanics Research Communications, 2007, 34: 509-514.

[274] Goddard C, Hess O, Hess S. Low Reynolds number turbulence in nonlinear Maxwell model fluids. Physical Review E, 2010, 81: 036310.

[275] Shekhar H, Kankane D K. Viscoelastic characterization of different solid rocket propellants using the Maxwell spring-dashpot model. Central European Journal of Energetic Materials,

2012, 9: 189-199.

[276] Boisly M, Brummund J, Ulbricht V. Analysing the large amplitude oscillatory shear of the cross and cross-Maxwell models with the aid of Fourier transform rheology using the example of a solvent-borne alkyd primer. Journal of Non-Newtonian Fluid Mechanics, 2015, 225: 10-27.

[277] Petropoulos J H, Papadokostaki K G, Doghieri F, et al. A fundamental study of the extent of meaningful application of Maxwell's and Wiener's equations to the permeability of binary composite materials. Part Ⅲ: Extension of the binary cubes model to 3-phase media. Chemical Engineering Science, 2015, 131: 360-366.

[278] Su N C, Smith Z P, Freeman B D, et al. Size-dependent permeability deviations from Maxwell's model in hybrid cross-linked poly(ethylene glycol)/silica nanoparticle membranes. Chemistry of Materials, 2015, 27: 2421-2429.

[279] Hilton H H. Generalized fractional derivative anisotropic viscoelastic characterization. Materials, 2012, 5: 169-191.

[280] Pavan R C, Oliveira B F, Creus G J. Buckling analyses of viscoelastic structures considering ageing and damage effects. Composite Structures, 2012, 94: 1406-1412.

[281] Keating B A, Hill C A S, Sun D, et al. The water vapor sorption behavior of a galactomannan cellulose nanocomposite film analyzed using parallel exponential kinetics and the Kelvin-Voigt viscoelastic model. Journal of Applied Polymer Science, 2013, 129: 2352-2359.

[282] Pan Y, Gao X, Lei J, et al. Effect of different morphologies on the creep behavior of high-density polyethylene. RSC Advances, 2016, 6: 3470-3479.

[283] Yamamoto M. The visco-elastic properties of network structure. 1. General formalism. Journal of the Physical Society of Japan, 1956, 11: 413-421.

[284] Yamamoto M. The visco-elastic properties of network structure. 3. Normal stress effect (Weissenberg effect). Journal of the Physical Society of Japan, 1958, 13: 1200-1211.

[285] Rouse P E. A theory of the linear viscoelastic properties of dilute solutions of coiling polymers. The Journal of Chemical Physics, 1953, 21: 1272-1280.

[286] Edwards S F. Statistical mechanics of polymerized material. Proceedings of the Physical Society, 1967, 92: 9-16.

[287] Edwards S F. Theory of rubber elasticity. British Polymer Journal, 1977, 9: 140-143.

[288] Likhtman A E, Sukumaran S K, Ramirez J. Linear viscoelasticity from molecular dynamics simulation of entangled polymers. Macromolecules, 2007, 40: 6748-6757.

[289] Ruan Y, Wang Z, Lu Y, et al. Single chain models of polymer dynamics. Acta Polymerica Sinica, 2017: 727-743.

[290] Onogi S, Masuda T, Kitagawa K. Rheological properties of anionic polystyrenes. Ⅰ. Dynamic viscoelasticity of narrow-distribution polystyrenes. Macromolecules, 1970, 3: 109-116.

[291] Osaki K, Kurata M. Experimental appraisal of the Doi-Edwards theory for polymer rheology based on the data for polystyrene solutions. Macromolecules, 1980, 13: 671-676.

[292] Osaki K, Nishizawa K, Kurata M. Material time constant characterizing the nonlinear viscoelasticity of entangled polymeric systems. Macromolecules, 1982, 15: 1068-1071.

[293] Archer L A. Separability criteria for entangled polymer liquids. Journal of Rheology, 1999, 43: 1555-1571.

[294] Archer L A, Sanchez-Reyes J. Juliani relaxation dynamics of polymer liquids in nonlinear step shear. Macromolecules, 2002, 35: 10216-10224.

[295] Likhtman A E, McLeish T C B. Quantitative theory for linear dynamics of linear entangled polymers. Macromolecules, 2002, 35: 6332-6343.

[296] Auhl D, Ramirez J, Likhtman A E, et al. Linear and nonlinear shear flow behavior of monodisperse polyisoprene melts with a large range of molecular weights. Journal of Rheology, 2008, 52: 801-835.

[297] Wang Z, Lam C N, Chen W R, et al. Fingerprinting molecular relaxation in deformed polymers. Physical Review X, 2017, 7: 031003.

[298] Wang S Q. The tip of iceberg in nonlinear polymer rheology: entangled liquids are "solids". Journal of Polymer Science Part B: Polymer Physics, 2008, 46: 2660-2665.

[299] Sussman D M, Schweizer K S. Microscopic theory of quiescent and deformed topologically entangled rod solutions: general formulation and relaxation after nonlinear step strain. Macromolecules, 2012, 45: 3270-3284.

[300] Kröger M, Hess S. Rheological evidence for a dynamical crossover in polymer melts via nonequilibrium molecular dynamics. Physical Review Letters, 2000, 85: 1128-1131.

[301] Ravindranath S, Wang S Q. Steady state measurements in stress plateau region of entangled polymer solutions: controlled-rate and controlled-stress modes. Journal of Rheology, 2008, 52: 957-980.

[302] Lodge A S. Elastic recovery and polymer-polymer interactions. Rheologica Acta, 1989, 28: 351-362.

[303] Cheng S W, Lu Y Y, Liu G X, et al. Finite cohesion due to chain entanglement in polymer melts. Soft Matter, 2016, 12: 3340-3351.

[304] Xu W S, Carrillo J M Y, Lam C N, et al. Molecular dynamics investigation of the relaxation mechanism of entangled polymers after a large step deformation. ACS Macro Letters, 2018, 7: 190-195.

[305] Hsu H, Kremer K. Primitive path analysis and stress distribution in highly strained macromolecules. ACS Macro Letters, 2018, 7: 107-111.

[306] Ruan Y G, Lu Y Y, An L J, et al. Nonlinear rheological behaviors in polymer melts after step shear. Macromolecules, 2019, 52: 4103-4110.

[307] Liu H L, Zhang H, Zhang P W. Axial symmetry and classification of stationary solutions of Doi-Onsager equation on the sphere with Maier-Saupe potential. Communications in Mathematical Sciences, 2005, 3: 201-218.

[308] Yu H J, Zhang P W. A kinetic-hydrodynamic simulation of microstructure of liquid crystal polymers in plane shear flow. Journal of Non-Newtonian Fluid Mechanics, 2007, 141: 116-127.

[309] Meissner J, Garbella R W, Hostettler J. Measuring normal stress differences in polymer melt shear flow. Journal of Rheology, 1989, 33: 843-864.

[310] Ravindranath S, Wang S Q. Universal scaling characteristics of stress overshoot in startup shear of entangled polymer solutions. Journal of Rheology, 2008, 52: 681-695.

[311] Mark H F. Encyclopedia of Polymer Science and Technology. 4th ed. New York: Wiley, 2002.

[312] Hyun K, Kim W H. A new non-linear parameter *Q* from FT-Rheology under nonlinear dynamic oscillatory shear for polymer melts system. Korea-Australia Rheology Journal, 2011, 23: 227-235.

[313] Wilhelm M, Reinheimer P, Ortseifer M. High sensitivity Fourier-transform rheology. Rheologica Acta, 1999, 38: 349-356.

[314] Wilhelm M. Fourier-transform rheology. Macromolecular Materials and Engineering, 2002, 287: 83-105.

[315] Hyun K, Wilhelm M. Establishing a new mechanical nonlinear coefficient *q* from FT-rheology: first investigation of entangled linear and comb polymer model systems. Macromolecules, 2009, 42: 411-422.

[316] Hyun K, Wilhelm M, Klein C O, et al. A review of nonlinear oscillatory shear tests: analysis and application of large amplitude oscillatory shear (LAOS). Progress in Polymer Science, 2011, 36: 1697-1753.

[317] Ewoldt R H, Bharadwaj N A. Low-dimensional intrinsic material functions for nonlinear viscoelasticity. Rheologica Acta, 2013, 52: 201-219.

[318] Dusschoten D V, Wilhelm M, Spiess H W. Two-dimensional Fourier transform rheology. Journal of Rheology, 2001, 45: 1319-1339.

[319] Yang K, Wang J, Yu W. Two dimensional mechanical correlation analysis on nonlinear oscillatory shear flow of yield stress fluids. Korea-Australia Rheology Journal, 2016, 28:

175-180.

[320] Cho K S, Hyun K, Ahn K H, et al. A geometrical interpretation of large amplitude oscillatory shear response. Journal of Rheology, 2005, 49: 747-758.

[321] Ewoldt R H, Hosoi A E, McKinley G H. New measures for characterizing nonlinear viscoelasticity in large amplitude oscillatory shear. Journal of Rheology, 2008, 52: 1427-1458.

[322] Yu W, Wang P, Zhou C X. General stress decomposition in nonlinear oscillatory shear flow. Journal of Rheology, 2009, 53: 215-238.

[323] Yu W, Du Y, Zhou C X. A geometric average interpretation on the nonlinear oscillatory shear. Journal of Rheology, 2013, 57: 1147-1175.

[324] Debbaut B, Burhin H. Large amplitude oscillatory shear and Fourier-transform rheology for a high-density polyethylene: experiments and numerical simulation. Journal of Rheology, 2002, 46: 1155-1176.

[325] Neidhöfer T, Wilhelm M, Debbaut B. Fourier-transform rheology experiments and finite-element simulations on linear polystyrene solutions. Journal of Rheology, 2003, 47: 1351-1371.

[326] Cziep M A, Abbasi M, Heck M, et al. Effect of molecular weight, polydispersity, and monomer of linear homopolymer melts on the intrinsic mechanical nonlinearity $3Q_0(\omega)$ in MAOS. Macromolecules, 2016, 49: 3566-3579.

[327] Neidhofer T, Sioula S, Hadjichristidis N, et al. Distinguishing linear from star-branched polystyrene solutions with Fourier-transform rheology. Macromolecular Rapid Communications, 2004, 25: 1921-1926.

[328] Schlatter G, Fleury G, Muller R. Fourier transform rheology of branched polyethylene: experiments and models for assessing the macromolecular architecture. Macromolecules, 2005, 38: 6492-6503.

[329] Liu J Y, Yu W, Zhou C X. Evaluation on the degrading behavior of melt polyolefin elastomer with dicumyl peroxide in oscillatory shear flow by Fourier transform rheology. Polymer, 2008, 49: 268-277.

[330] Liu J Y, Yu W, Zhou W, et al. Control on the topological structure of polyolefin elastomer by reactive processing. Polymer, 2009, 50: 547-552.

[331] Wagner M H, Rolón-Garrido V H, Hyun K, et al. Analysis of medium amplitude oscillatory shear data of entangled linear and model comb polymers. Journal of Rheology, 2011, 55: 495-516.

[332] Ahirwal D, Filipe S, Neuhaus I, et al. Large amplitude oscillatory shear and uniaxial extensional rheology of blends from linear and long-chain branched polyethylene and

polypropylene. Journal of Rheology, 2014, 58: 635-658.

[333] Hoyle D M, Auhl D, Harlen O G, et al. Large amplitude oscillatory shear and Fourier transform rheology analysis of branched polymer melts. Journal of Rheology, 2014, 58: 969-997.

[334] Reinheimer K, Grosso M, Hetzel F, et al. Fourier transform rheology as an innovative morphological characterization technique for the emulsion volume average radius and its distribution. Journal of Colloid and Interface Science, 2012, 380: 201-212.

[335] Salehiyan R, Yoo Y, Choi W J, et al. Characterization of morphologies of compatibilized polypropylene/polystyrene blends with nanoparticles via nonlinear rheological properties from FT-rheology. Macromolecules, 2014, 47: 4066-4076.

[336] Salehiyan R, Song H Y, Choi W J, et al. Characterization of effects of silica nanoparticles on (80/20) PP/PS blends via nonlinear rheological properties from Fourier transform rheology. Macromolecules, 2015, 48: 4669-4679.

[337] Ock H G, Ahn K H, Lee S J, et al. Characterization of compatibilizing effect of organoclay in poly(lactic acid) and natural rubber blends by FT-rheology. Macromolecules, 2016, 49: 2832-2842.

[338] Nie Z J, Yu W, Zhou C X. Nonlinear rheological behavior of multiblock copolymers under large amplitude oscillatory shear. Journal of Rheology, 2016, 60: 1161-1179.

[339] Heymann L, Peukert S, Aksel N. Investigation of the solid-liquid transition of highly concentrated suspensions in oscillatory amplitude sweeps. Journal of Rheology, 2002, 46: 93-112.

[340] Yang K, Liu Z W, Wang J, et al. Stress bifurcation in large amplitude oscillatory shear of yield stress fluids. Journal of Rheology, 2018, 62: 89-106.

[341] Yang K, Yu W. Dynamic wall slip behavior of yield stress fluids under large amplitude oscillatory shear. Journal of Rheology, 2017, 61: 627-641.

[342] Hu Y T, Lips A. Kinetics and mechanism of shear banding in an entangled micellar solution. Journal of Rheology, 2005, 49: 1001-1027.

[343] Hu Y T. Steady-state shear banding in entangled polymers? Journal of Rheology, 2010, 54: 1307-1323.

[344] Tapadia P, Ravindranath S, Wang S Q. Banding in entangled polymer fluids under oscillatory shearing. Physical Review Letters, 2006, 96: 196001.

[345] Wang S Q, Ravindranath S, Boukany P, et al. Nonquiescent relaxation in entangled polymer liquids after step shear. Physical Review Letters, 2006, 97: 187801.

[346] Guo Y, Yu W, Xu Y Z, et al. Correlations between local flow mechanism and macroscopic rheology in concentrated suspensions under oscillatory shear. Soft Matter, 2011, 7: 2433-

2443.

[347] Degré G, Joseph P, Tabeling P, et al. Rheology of complex fluids by particle image velocimetry in microchannels. Applied Physics Letters, 2006, 89: 024104.

[348] Bécu L, Grondin P, Colin A, et al. How does a concentrated emulsion flow? Yielding, local rheology, and wall slip. Colloids and Surfaces A: Physicochemical and Engineering Aspects, 2005, 263: 146-152.

[349] Manneville S, Bécu L, Colin A. High-frequency ultrasonic speckle velocimetry in sheared complex fluids. The European Physical Journal-Applied Physics, 2004, 28: 361-373.

[350] Salmon J B, Manneville S, Colin A. Shear banding in a lyotropic lamellar phase. Ⅰ. Time-averaged velocity profiles. Physical Review E, 2003, 68: 051503.

[351] van der Gucht J, Lemmers M, Knoben W, et al. Multiple shear-banding transitions in a supramolecular polymer solution. Physical Review Letters, 2006, 97: 108301.

[352] Fall A, Paredes J, Bonn D. Yielding and shear banding in soft glassy materials. Physical Review Letters, 2010, 105: 225502.

[353] Callaghan P T. Rheo-NMR: nuclear magnetic resonance and the rheology of complex fluids. Reports on Progress in Physics, 1999, 62: 599-670.

[354] Callaghan P T. Rheo NMR and shear banding. Rheologica Acta, 2008, 47: 243-255.

[355] Raynaud J S, Moucheront P, Baudez J C, et al. Direct determination by nuclear magnetic resonance of the thixotropic and yielding behavior of suspensions. Journal of Rheology, 2002, 46: 709-732.

[356] Bertola V, Bertrand F, Tabuteau H, et al. Wall slip and yielding in pasty materials. Journal of Rheology, 2003, 47: 1211-1226.

[357] Ragouilliaux A, Herzhaft B, Bertrand F, et al. Flow instability and shear localization in a drilling mud. Rheologica Acta, 2006, 46: 261-271.

[358] Moller P, Rodts S, Michels M A J, et al. Shear banding and yield stress in soft glassy materials. Physical Review E, 2008, 77: 041507.

[359] Ovarlez G, Rodts S, Ragouilliaux A, et al. Wide-gap Couette flows of dense emulsions: Local concentration measurements, and comparison between macroscopic and local constitutive law measurements through magnetic resonance imaging. Physical Review E, 2008, 78: 036307.

[360] Coussot P, Tocquer L, Lanos C, et al. local rheology of yield stress fluids. Journal of Non-Newtonian Fluid Mechanics, 2009, 158: 85-90.

[361] Bonn D, Rodts S, Groenink M, et al. Some applications of magnetic resonance imaging in fluid mechanics: complex flows and complex fluids. Annual Review of Fluid Mechanics, 2008, 40: 209-233.

[362] Sentmanat M. Miniature universal testing platform: from extensional melt rheology to solid-state deformation behavior. Rheologica Acta, 2004, 43: 657-669.

[363] Aho J, Rolongarrido V H, Syrjala S, et al. Measurement technique and data analysis of extensional viscosity for polymer melts by sentmanat extensional rheometer (SER). Rheologica Acta, 2010, 49: 359-370.

[364] Bach A, Rasmussen H K, Hassager O. Extensional viscosity for polymer melts measured in the filament stretching rheometer. Journal of Rheology, 2003, 47: 429-441.

[365] Nielsen J K, Hassager O, Rasmussen H K, et al. Observing the chain stretch transition in a highly entangled polyisoprene melt using transient extensional rheometry. Journal of Rheology, 2009, 53: 1327-1346.

[366] Sridhar T, Acharya M V, Nguyen D A, et al. On the extensional rheology of polymer melts and concentrated solutions. Macromolecules, 2014, 47: 379-386.

[367] Mohagheghi M, Khomami B. Elucidating the flow-microstructure coupling in the entangled polymer melts. Part I: Single chain dynamics in shear flow. Journal of Rheology, 2016, 60: 849-859.

[368] Boukany P E, Wang S Q, Wang X. Universal scaling behavior in startup shear of entangled linear polymer melts. Journal of Rheology, 2009, 53: 617-629.

[369] Wang Y, Cheng S, Wang S Q. Basic characteristics of uniaxial extension rheology: comparing monodisperse and bidisperse polymer melts. Journal of Rheology, 2011, 55: 1247-1270.

[370] Ianniruberto G, Marrucci G. Do repeated shear startup runs of polymeric liquids reveal structural changes. ACS Macro Letters, 2014, 3: 552-555.

[371] Wang Z, Lam C N, Chen W, et al. Fingerprinting molecular relaxation in deformed polymers. Physical Review X, 2017, 7: 031003.

[372] Costanzo S, Huang Q, Ianniruberto G, et al. Shear and extensional rheology of polystyrene melts and solutions with the same number of entanglements. Macromolecules, 2016, 49: 3925-3935.

[373] Schweizer K S, Xie S J. Physics of the stress overshoot and chain stretch dynamics of entangled polymer liquids under continuous startup nonlinear shear. ACS Macro Letters, 2018, 7: 218-222.

[374] Yaoita T, Isaki T, Masubuchi Y, et al. Primitive chain network simulation of elongational flows of entangled linear chains: stretch/orientation-induced reduction of monomeric friction. Macromolecules, 2012, 45: 2773-2782.

[375] Sefiddashti M H N, Edwards B J, Khomami B. Individual chain dynamics of a polyethylene melt undergoing steady shear flow. Journal of Rheology, 2015, 59: 119-153.

[376] Ge S, Zhu X, Wang S Q. Watching shear thinning in creep: entanglement-disentanglement transition. Polymer, 2017, 125: 254-264.

[377] Gibaud T, Frelat D, Manneville S. Heterogeneous yielding dynamics in a colloidal gel. Soft Matter, 2010, 6: 3482-3488.

[378] Song H Y, Park S J, Hyun K. Characterization of dilution effect of semidilute polymer solution on intrinsic nonlinearity Q_0 via FT rheology. Macromolecules, 2017, 50: 6238-6254.

[379] Wagner M H, Raible T, Meissner J. Tensile stress overshoot in uniaxial extension of a LDPE melt. Rheologica Acta, 1979, 18: 427-428.

[380] Stadler F J, Kaschta J, Munstedt H, et al. Influence of molar mass distribution and long-chain branching on strain hardening of low density polyethylene. Rheologica Acta, 2009, 48: 479-490.

[381] Huang Q, Mangnus M, Alvarez N J, et al. A new look at extensional rheology of low-density polyethylene. Rheologica Acta, 2016, 55: 343-350.

[382] Rasmussen H K, Nielsen J K, Bach A, et al. Viscosity overshoot in the start-up of uniaxial elongation of low density polyethylene melts. Journal of Rheology, 2005, 49: 369-381.

[383] Alvarez N J, Marin J M R, Huang Q, et al. Creep measurements confirm steady flow after stress maximum in extension of branched polymer melts. Physical Review Letters, 2013, 110: 168301.

[384] Hoyle D M, Huang Q, Auhl D, et al. Transient overshoot extensional rheology of long-chain branched polyethylenes: experimental and numerical comparisons between filament stretching and cross-slot flow. Journal of Rheology, 2013, 57: 293-313.

[385] Hawke L G D, Huang Q, Hassager O, et al. Modifying the Pom-Pom model for extensional viscosity overshoots. Journal of Rheology, 2015, 59: 995-1017.

[386] Narimissa E, Wagner M H. A hierarchical multimode molecular stress function model for linear polymer melts in extensional flows. Journal of Rheology, 2016, 60: 625-636.

[387] Wang Y, Boukany P E, Wang S Q, et al. Elastic breakup in uniaxial extension of entangled polymer melts. Physical Review Letters, 2007, 99: 237801.

[388] Zhu X, Wang S Q. Mechanisms for different failure modes in startup uniaxial extension: tensile (rupture-like) failure and necking. Journal of Rheology, 2013, 57: 223-248.

[389] Mckinley G H, Hassager O. The Considère condition and rapid stretching of linear and branched polymer melts. Journal of Rheology, 1999, 43: 1195-1212.

[390] Huang Q, Alvarez N J, Matsumiya Y, et al. Extensional rheology of entangled polystyrene solutions suggests importance of nematic interactions. ACS Macro Letters, 2013, 2: 741-744.

[391] Huang Q, Mednova O, Rasmussen H K, et al. Concentrated polymer solutions are different from melts: role of entanglement molecular weight. Macromolecules, 2013, 46: 5026-5035.

[392] Huang Q, Alvarez N J, Shabbir A, et al. Multiple cracks propagate simultaneously in polymer liquids in tension. Physical Review Letters, 2016, 117: 087801.

[393] Huang Q, Hassager O. Polymer liquids fracture like solids. Soft Matter, 2017, 13: 3470-3474.

[394] Vinogradov G V, Dreval V E, Borisenkova E K, et al. Uniaxial extension of linear flexible-chain polymers in an extremely broad range of stresses and strain rates. Rheologica Acta, 1981, 20: 433-442.

[395] Vinogradov G V. Viscoelasticity and fracture phenomenon in uniaxial extension of high-molecular linear polymers. Rheologica Acta, 1975, 14: 942-954.

[396] Wang Y, Wang S Q. Rupture in rapid uniaxial extension of linear entangled melts. Rheologica Acta, 2010, 49: 1179-1185.

[397] Malkin A Y, Petrie C J S. Some conditions for rupture of polymer liquids in extension. Journal of Rheology, 1997, 41: 1-25.

[398] Wang Y, Wang S Q. From elastic deformation to terminal flow of a monodisperse entangled melt in uniaxial extension. Journal of Rheology, 2008, 52: 1275-1290.

[399] Wang Y, Wang S Q. Exploring stress overshoot phenomenon upon startup deformation of entangled linear polymeric liquids. Journal of Rheology, 2009, 53: 1389-1401.

[400] Tabuteau H, Mora S, Porte G, et al. Microscopic mechanisms of the brittleness of viscoelastic fluids. Physical Review Letters, 2009, 102: 155501.

[401] Tabuteau H, Mora S, Ciccotti M, et al. Propagation of a brittle fracture in a viscoelastic fluid. Soft Matter, 2011, 7: 9474-9483.

[402] Ligoure C, Mora S. Fractures in complex fluids: the case of transient networks. Rheologica Acta, 2013, 52: 91-114.

[403] Wagner M H, Narimissa E, Huang Q. On the origin of brittle fracture of entangled polymer solutions and melts. Journal of Rheology, 2018, 62: 221-233.

[404] Hoyle D M, Fielding S M. Criteria for extensional necking instability in complex fluids and soft solids. Part Ⅱ: Imposed tensile stress and force protocols. Journal of Rheology, 2016, 60: 1377-1397.

[405] Marrucci G, Ianniruberto G. Interchain pressure effect in extensional flows of entangled polymer melts. Macromolecules, 2004, 37: 3934-3942.

[406] Huang Q, Hengeller L, Alvarez N J, et al. Bridging the gap between polymer melts and solutions in extensional rheology. Macromolecules, 2015, 48: 4158-4163.

[407] Ianniruberto G, Brasiello A, Marrucci G. Simulations of fast shear flows of PS oligomers

confirm monomeric friction reduction in fast elongational flows of monodisperse ps melts as indicated by rheooptical data. Macromolecules, 2012, 45: 8058-8066.

[408] Desai P S, Larson R G. Constitutive model that shows extension thickening for entangled solutions and extension thinning for melts. Journal of Rheology, 2014, 58: 255-279.

[409] Wagner M H. An extended interchain tube pressure model for elongational flow of polystyrene melts and concentrated solutions. Journal of Non-Newtonian Fluid Mechanics, 2015, 222: 121-131.

[410] Wagner M H. Scaling relations for elongational flow of polystyrene melts and concentrated solutions of polystyrene in oligomeric styrene. Rheologica Acta, 2014, 53: 765-777.

[411] Wagner M H, Narimissa E, Rolongarrido V H. From melt to solution: scaling relations for concentrated polystyrene solutions. Journal of Rheology, 2015, 59: 1113-1130.

[412] Wingstrand S L, Alvarez N J, Huang Q, et al. Linear and nonlinear universality in the rheology of polymer melts and solutions. Physical Review Letters, 2015, 115(7): 078302.

[413] CallaghanT P, Gil A M. Rheo-NMR of semidilute polyacrylamide in water. Macromolecules, 2000, 33: 4116-4124.

[414] Wang S Q, Ravindranath S, Boukany P E. Homogeneous shear, wall slip, and shear banding of entangled polymeric liquids in simple-shear rheometry: a roadmap of nonlinear rheology. Macromolecules, 2011, 44: 183-190.

[415] Li Y, Hu M, Mckenna G B, et al. Flow field visualization of entangled polybutadiene solutions under nonlinear viscoelastic flow conditions. Journal of Rheology, 2013, 57: 1411-1428.

[416] Wang S Q, Liu G, Cheng S, et al. Letter to the Editor: sufficiently entangled polymers do show shear strain localization at high enough Weissenberg numbers. Journal of Rheology, 2014, 58: 1059-1069.

[417] Li Y, Hu M, McKenna G B, et al. Response to: sufficiently entangled polymers do show shear strain localization at high enough Weissenberg numbers. Journal of Rheology, 2014, 58: 1071.

[418] Adams J M, Fielding S M, Olmsted P D. Transient shear banding in entangled polymers: a study using the Rolie-Poly model. Journal of Rheology, 2011, 55: 1007-1032.

[419] Graham R S, Henry E P, Olmsted D. Comment on "New experiments for improved theoretical description of nonlinear rheology of entangled polymers" . Macromolecules, 2013, 46: 9849-9854.

[420] Adams J M, Olmsted P D. Nonmonotonic models are not necessary to obtain shear banding phenomena in entangled polymer solutions. Physical Review Letters, 2009, 102: 067801.

[421] Adams J M, Olmsted P D. Adams and Olmsted reply. Physical Review Letters, 2009, 103:

219802.
[422] Agimelen O S, Olmsted P D. Apparent fracture in polymeric fluids under step shear. Physical Review Letters, 2013, 110: 204503.
[423] Moorcroft R L, Fielding S M. Shear banding in time-dependent flows of polymers and wormlike micelles. Journal of Rheology, 2014, 58: 103-147.
[424] Ianniruberto G, Marrucci G. Shear banding in Doi-Edwards fluids. Journal of Rheology, 2017, 61: 93-106.
[425] Varchanis S, Dimakopoulos Y, Tsamopoulos J. Evaluation of tube models for linear entangled polymers in simple and complex flows. Journal of Rheology, 2018, 62: 25-47.
[426] Chassenieux C, Nicolai T, Benyahia L. Rheology of associative polymer solutions. Current Opinion in Colloid & Interface Science, 2011, 16: 18-26.
[427] Skrzeszewska P J, Sprakel J, de Wolf F A, et al. Fracture and self-healing in a well-defined self-assembled polymer network. Macromolecules, 2010, 43: 3542-3548.
[428] Yan T, Schroter K, Herbst F, et al. Unveiling the molecular mechanism of self-healing in a telechelic, supramolecular polymer network. Scientific Reports, 2016, 6: 32356.
[429] Yan T, Schroter K, Herbst F, et al. What controls the structure and the linear and nonlinear rheological properties of dense, dynamic supramolecular polymer networks? Macromolecules, 2017, 50: 2973-2985.
[430] Thornell T L, Helfrecht B A, Mullen S A, et al. Fracture-healing kinetics of thermoreversible physical gels quantified by shear rheophysical experiments. ACS Macro Letters, 2014, 3: 1069-1073.
[431] Koga T, Tanaka F, Kaneda I, et al. Stress buildup under start-up shear flows in self-assembled transient networks of telechelic associating polymers. Langmuir, 2009, 25: 8626-8638.
[432] Koga T, Tanaka F. Theoretical predictions on normal stresses under shear flow in transient networks of telechelic associating polymers. Macromolecules, 2010, 43: 3052-3060.
[433] Berret J, Serero Y. Evidence of shear-induced fluid fracture in telechelic polymer networks. Physical Review Letters, 2001, 87: 048303.
[434] Erk K A, Shull K R. Rate-dependent stiffening and strain localization in physically associating solutions. Macromolecules, 2011, 44: 932-939.
[435] Keshavarz B, Divoux T, Manneville S, et al. Nonlinear viscoelasticity and generalized failure criterion for polymer gels. Bulletin of the American Physical Society, 2017, 6: 663-667.
[436] Amin D, Likhtman A E, Wang Z. Dynamics in supramolecular polymer networks formed by associating telechelic chains. Macromolecules, 2016, 49: 7510-7524.

[437] Bose R K, Hohlbein N, Garcia S J, et al. Relationship between the network dynamics, supramolecular relaxation time and healing kinetics of cobalt poly(butyl acrylate) ionomers. Polymer, 2015, 69: 228-232.

[438] Wagner C E, Mckinley G H. Age-dependent capillary thinning dynamics of physically-associated salivary mucin networks. Journal of Rheology, 2017, 61: 1309-1326.

[439] Kumpfer J R, Wie J J, Swanson J P, et al. Influence of metal ion and polymer core on the melt rheology of metallosupramolecular films. Macromolecules, 2012, 45: 473-480.

[440] Shabbir A, Huang Q, Baeza G P, et al. Nonlinear shear and uniaxial extensional rheology of polyether-ester-sulfonate copolymer ionomer melts. Journal of Rheology, 2017, 61: 1279-1289.

[441] Takahashi T, Watanabe J, Minagawa K, et al. Effect of ionic interaction on elongational viscosity of ethylene-based ionomer melts. Polymer, 1994, 35: 5722-5728.

[442] Takahashi T, Watanabe J, Minagawa K, et al. Effect of ionic interaction on linear and nonlinear viscoelastic properties of ethylene based ionomer melts. Rheologica Acta, 1995, 34: 163-171.

[443] Stadler F J, Still T, Fytas G, et al. Elongational rheology and brillouin light scattering of entangled telechelic polybutadiene based temporary networks. Macromolecules, 2010, 43: 7771-7778.

[444] Ling G H, Wang Y, Weiss R A. Linear viscoelastic and uniaxial extensional rheology of alkali metal neutralized sulfonated oligostyrene ionomer melts. Macromolecules, 2012, 45: 481-490.

[445] Qiao X, Weiss R A. Nonlinear rheology of lightly sulfonated polystyrene ionomers. Macromolecules, 2013, 46: 2417-2424.

[446] Huang C, Chen Q, Weiss R A. Nonlinear rheology of random sulfonated polystyrene ionomers: the role of the sol-gel transition. Macromolecules, 2016, 49: 9203-9214.

[447] Scherz L F, Costanzo S, Huang Q, et al. Dendronized polymers with ureidopyrimidinone groups: an efficient strategy to tailor intermolecular interactions, rheology, and fracture. Macromolecules, 2017, 50: 5176-5187.

[448] Suzuki S, Uneyama T, Inoue T, et al. Nonlinear rheology of telechelic associative polymer networks: shear thickening and thinning behavior of hydrophobically modified ethoxylated urethane (HEUR) in aqueous solution. Macromolecules, 2012, 45: 888-898.

[449] Suzuki S, Uneyama T, Watanabe H. Concentration dependence of nonlinear rheological properties of hydrophobically modified ethoxylated urethane aqueous solutions. Macromolecules, 2013, 46: 3497-3504.

[450] Xu B, Yekta A, Li L, et al. The functionality of associative polymer networks: the

association behavior of hydrophobically modified urethane-ethoxylate (HEUR) associative polymers in aqueous solution. Colloids and Surfaces A: Physicochemical and Engineering Aspects, 1996, 112: 239-250.

[451] Bharadwaj N A, Schweizer K S, Ewoldt R H. A strain stiffening theory for transient polymer networks under asymptotically nonlinear oscillatory shear. Journal of Rheology, 2017, 61: 643-665.

[452] Marrucci G, Bhargava S, Cooper S L. Models of shear-thickening behavior in physically crosslinked networks. Macromolecules, 1993, 26: 6483-6488.

[453] Indei T. Necessary conditions for shear thickening in associating polymer networks. Journal of Non-Newtonian Fluid Mechanics, 2007, 141: 18-42.

[454] Xu D, Hawk J L, Loveless D M, et al. Mechanism of shear thickening in reversibly cross-linked supramolecular polymer networks. Macromolecules, 2010, 43: 3556-3565.

[455] Jaishankar A, Wee M, Matiamerino L, et al. Probing hydrogen bond interactions in a shear thickening polysaccharide using nonlinear shear and extensional rheology. Carbohydrate Polymers, 2015, 123: 136-145.

[456] Ianniruberto G, Marrucci G. New interpretation of shear thickening in telechelic associating polymers. Macromolecules, 2015, 48: 5439-5449.

[457] Park G W, Ianniruberto G. A new stochastic simulation for the rheology of telechelic associating polymers. Journal of Rheology, 2017, 61: 1293-1305.

[458] Shabbir A, Goldansaz H, Hassager O, et al. Effect of hydrogen bonding on linear and nonlinear rheology of entangled polymer melts. Macromolecules, 2015, 48: 5988-5996.

[459] Lopezbarron C R, Zhou H. Extensional strain hardening induced by π-π interactions in barely entangled polymer chains: the curious case of poly(4-vinylbiphenyl). Physical Review Letters, 2017, 119: 247801.

[460] Srikanth A, Hoy R S, Rinderspacher B C, et al. Nonlinear mechanics of thermoreversibly associating dendrimer glasses. Physical Review E, 2013, 88: 042607.

[461] Brassinne J, Stevens A M, van Ruymbeke E, et al. Hydrogels with dual relaxation and two-step gel-sol transition from heterotelechelic polymers. Macromolecules, 2013, 46: 9134-9143.

[462] Erk K A, Martin J D, Hu Y T, et al. Extreme strain localization and sliding friction in physically associating polymer gels. Langmuir, 2012, 28: 4472-4478.

[463] Fielding S M. Complex dynamics of shear banded flows. Soft Matter, 2007, 3: 1262-1279.

[464] Boudara V A H, Read D. Stochastic and preaveraged nonlinear rheology models for entangled telechelic star polymers. Journal of Rheology, 2017, 61: 339-362.

[465] Boudara V A H, Read D. Periodic "stick-slip" transition within a continuum model for

entangled supramolecular polymers. Journal of Rheology, 2018, 62: 249-264.

[466] Shabbir A, Huang Q, Chen Q, et al. Brittle fracture in associative polymers: the case of ionomer melts. Soft Matter, 2016, 12: 7606-7612.

[467] Foyart G, Ligoure C, Mora S, et al. Rearrangement zone around a crack tip in a double self-assembled transient network. ACS Macro Letters, 2016, 5: 1080-1083.

[468] Hu H W, Granick S. Viscoelastic dynamics of confined polymer melts. Science, 1992, 258: 1339-1342.

[469] Granick S, Hu H W. Nanorheology of confined polymer melts. 1. Linear shear response at strongly adsorbing surfaces. Langmuir, 1994, 10: 3857-3866.

[470] Haroperez C, Garciacastillo A, Arauzlara J L. Confinement-induced fluid-gel transition in polymeric solutions. Langmuir, 2009, 25: 8911-8914.

[471] Demirel A L, Granick S. Glasslike transition of a confined simple fluid. Physical Review Letters, 1996, 77: 2261-2264.

[472] Claessens M M A E, Tharmann R, Kroy K, et al. Microstructure and viscoelasticity of confined semiflexible polymer networks. Nature Physics, 2006, 2: 186-189.

[473] Luengo G S, Schmitt F J, Hill R, et al. Thin film rheology and tribology of confined polymer melts: contrasts with bulk properties. Macromolecules, 1997, 30(8): 2482-2494.

[474] Zheng F, Goujon F, Mendonca A C F, et al. Structure and rheology of star polymers in confined geometries: a mesoscopic simulation study. Soft Matter, 2015, 11: 8590-8598.

[475] Ma T T, Yang R Q, Zheng Z, et al. Rheology of fumed silica/polydimethylsiloxane suspensions. Journal of Rheology, 2017, 61(2): 205-215.

[476] Xiong W T, Wang X R. Linear-nonlinear dichotomy of rheological responses in particle-filled polymer melts. Journal of Rheology, 2018, 62: 171-181.

[477] Mermet-Guyennet M R B, de Castro J G, Varol H S, et al. Size-dependent reinforcement of composite rubbers. Polymer, 2015, 73: 170-173.

[478] Anderson B J, Zukoski C F. Rheology and microstructure of entangled polymer nanocomposite melts. Macromolecules, 2009, 42: 8370-8384.

[479] Jiang T, Zukoski C F. Role of particle size and polymer length in rheology of colloid–polymer composites. Macromolecules, 2012, 45: 9791-9803.

[480] Lin C, Gam S, Meth J S, et al. Do attractive polymer-nanoparticle interactions retard polymer diffusion in nanocomposites? Macromolecules, 2013, 46: 4502-4509.

[481] Agarwal P, Qi H B, Archer L A. The ages in a self-suspended nanoparticle liquid. Nano Letters, 2010, 10: 111-115.

[482] Agrawal A, Yu H, Srivastava S, et al. Dynamics and yielding of binary self-suspended nanoparticle fluids. Soft Matter, 2015, 11: 5224-5234.

[483] Agrawal A, Yu H, Sagar A, et al. Molecular origins of temperature-induced jamming in self-suspended hairy nanoparticles. Macromolecules, 2016, 49: 8738-8747.

[484] Zheng H, Yu W, Zhou C X. Numerical simulation of morphology of polymer chain coils in complex flows. Chinese Journal of Polymer Science, 2005, 23: 453-462.

[485] Zhou J, Li J, Yu W, et al. Studies on the melt spinning process of noncircular fiber by numerical and experimental methods. Polymer Engineering & Science, 2010, 50: 1935-1944.

[486] Zheng H, Wang G, Zhou C X, et al. Computer-aided optimization of the extrusion process of automobile rubber seal. Journal of Macromolecular Science, Part A: Pure and Applied Chemistry, 2007, 44: 509-516.

[487] Liao R, Yu W, Zhou C X. Rheological control in foaming polymeric materials: Ⅰ. Amorphous polymers. Polymer, 2010, 51: 568-580.

[488] Dai Y K, Zhou C X, Yu W. Inverse designing simulation of extrusion die of auto rubber seal and verifications. Plastics, Rubber and Composites, 2007, 36: 141-148.

[489] Dai Y K, Zheng H, Zhou C X, et al. Quick profile die balancing of automotive rubber seal extrusion by CAE technology. Journal of Macromolecular Science Part A, 2008, 45: 1028-1036.

[490] Zhou J, Yu W, Zhou C X. Rheokinetic study on homogeneous polymer reactions in melt state under strong flow field. Polymer, 2009, 50: 4397-4405.

[491] Wang W, Li X K, Han X H. A numerical study of constitutive models endowed with Pom-Pom molecular attributes. Journal of Non-Newtonian Fluid Mechanics, 2010, 165: 1480-1493.

[492] Wang W, Wang X P, Hu C X. A comparative study of viscoelastic planar contraction flow for polymer melts using molecular constitutive models. Korea-Australia Rheology Journal, 2014, 26: 365-375.

[493] Wang W, Hu C X, Li W W. Time-dependent rheological behavior of branched polymer melts in extensional flows. Mechanics of Time-Dependent Materials, 2016, 20: 123-137.

[494] Yang B X, Ouyang J, Li Q, et al. Modeling and simulation of the viscoelastic fluid mold filling process by level set method. Journal of Non-Newtonian Fluid Mechanics, 2010, 165: 1275-1293.

[495] Yang B X, Ouyang J. Simulation of residual stress in viscoelastic mold filling process. Acta Physica Sinica, 2012, 61: 234602.

[496] Jiang T, Ouyang J, Li Q, et al. A corrected smoothed particle hydrodynamics method for solving transient viscoelastic fluid flows. Applied Mathematical Modelling, 2011, 35: 3833-3853.

[497] Xu X Y, Ouyang J. A SPH-based particle method for simulating 3D transient free surface flows of branched polymer melts. Journal of Non-Newtonian Fluid Mechanics, 2013, 202: 54-71.

[498] Zhuang X, Ouyang J, Li W M, et al. Three-dimensional simulations of non-isothermal transient flow and flow-induced stresses during the viscoelastic fluid filling process. International. Journal of Heat and Mass Transfer, 2017, 104: 374-391.

[499] Fang Y, Wang G L, Tian N, et al. Shear inhomogeneity in poly(ethylene oxide) melts. Journal of Rheology, 2011, 55: 939-949.

[500] Yang H R, Ju J J, Chang J R, et al. Influence of shear homogeneity on flow-induced crystallization of isotactic polypropylene. Acta Polymerica Sinica, 2017: 1462-1470.

[501] Tian F C, Tang X L, Xu T Y, et al. Nonlinear stability and dynamics of nonisothermal film casting. Journal of Rheology, 2018, 62: 49-61.

[502] Tao H C, Gao H H, Hu W B. Role of chain ends in coil deformation of driven single polymer. Materials Chemistry Frontiers, 2017, 1: 1349-1353.

[503] Gao P Y, Guo H X. Developing coarse-grained potentials for the prediction of multi-properties of trans-1, 4-polybutadiene melt. Polymer, 2015, 69: 25-38.

[504] Gao P Y, Guo H X. Transferability of the coarse-grained potentials for trans-1, 4-polybutadiene. Physical Chemistry Chemical Physics, 2015, 17: 31693-31706.

[505] Yang R Q, Song Y H, Zheng Q. Payne effect of silica-filled styrene-butadiene rubber. Polymer, 2017, 116: 304-313.

[506] Song Y H, Zeng L B, Zheng Q. Reconsideration of the rheology of silica filled natural rubber compounds. Journal of Physical Chemistry B, 2017, 121: 5867-5875.

[507] Yu W, Liu J Y, Zhou C X. Rheo-chemistry in reactive processing of polyolefin. International Polymer Processing, 2012, 27: 286-298.

[508] Liu J Y, Yu W, Zhou C X. The effect of shear flow on reaction of melt poly(ethylene-α-octene) elastomer with dicumyl peroxide. Polymer, 2006, 47: 7051-7059.

[509] Xie F, Zhou C X, Yu W. Effects of the shear flow on a homogeneous polymeric reaction. Journal of Applied Polymer Science, 2006, 102: 3056-3061.

[510] Liu M G, Yu W, Zhou C X. Selectivity of shear rate on chains in polymer combination reaction. Journal of Applied Polymer Science, 2006, 100: 839-842.

[511] Liu C Y, Liu S S, Zhou C X, et al. Influence of catalyst on transesterification between poly(lactic acid) and polycarbonate under flow field. Polymer, 2013, 54: 310-319.

[512] Xu D H, Craig S L. Strain hardening and strain softening of reversibly cross-linked supramolecular polymer networks. Macromolecules, 2011, 44: 7478-7488.

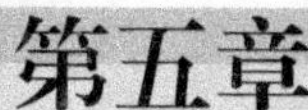

第五章 支化高分子流变学

第一节　支化高分子的黏弹性理论

一、概述

支化高分子有星形、长支链、梳形、超支化和 H 形等几种典型结构。自然界中存在多种天然支化高分子，如橡胶、淀粉和多糖等。随着合成技术的发展，人们也合成了数以百计的支化高分子，如低密度聚乙烯、长支链聚丁二烯等。依据支化程度或拓扑结构，支化高分子的部分结构与动力学行为可以从典型的胶体粒子（如超支化高分子、树状高分子等）过渡到线形链（如长支链高分子等）体系的特征。相比于胶体粒子，支化高分子具有活动性较大的末端、梯次密度不等的链节密度、可大形变的整体形貌，以及对力、热、光、电、磁、pH 和盐种类与浓度的强烈响应性。相比于线形链，支化高分子链具有更多的末端，支化点链节局部富集且运动受限，表现出复杂和宽泛的松弛时间谱。除了主链长度的分布，即线形高分子链的分子量分布外，支化高分子还多了两个分布，即支化点的分布和侧链长度的分布。此外，支化链还可以有不同的拓扑结构。因此，在黏弹性研究方面，首先，支化高分子的末端对松弛时间具有显著影响；其次，本征黏度相比于同等分子量的线形链明显降低[1, 2]，这或与支化拓扑结构、支链密度和长度等密切相关[3]；最后，在启动形变中，长支化链在拉伸过程中表现为应变硬化，在剪切速率较小时，表现为剪切变稀[4]，而在高剪切速率时表现出剪切增稠现象。这些特征赋予支化高分子独特的黏弹性行为和宽泛的调节范围，使其在制备具有精细黏弹性响应材料中有不可替代的作用。实际上，对于具有相同分子量的支化高分子，不同拓扑结构在本征黏度上可以造成几个数量级的差别，这可以从马克－豪温克方程参数对支化高分子不收敛中看到，其主要源于支化高分子以支化点为中心的梯次密度和多个链末端分布。一般情况下，与线形高分子比较，支化高分子具有较高的异构化，分子量低时（或在低频率区）有较低的黏度，分子量高时（或在高频区）有较高的黏度、较高的溶剂化能力、更高的反应和运载活性等整体特征。在实际应用中，超支化高分子在纳米尺度上的核壳结构使其可用作纳米反应器、输运载体、微结构模板和响应性材料等，如梳形支化高分子被广泛用在涂层表面以防止生物污染或保护酶失活；长链支化高分子则常被用于增容、加工成型性能调控和表界面性质调节等多个领域。这些应用都与支化高分子在熔体、溶液和共混体系中的特殊黏弹行为密切相关。而支化高分子的黏弹性理论，即用于描述分子链结构－（构象－聚集结构）/相互作用－黏弹性－功能关系的系统理论，仍需进一步的完善和发展。

支化高分子黏弹性理论是为了在高分子链结构（如分子量及其分布、高分子规整度及序列分布）和分子链运动方式（如在温度、剪切或拉伸场及其他外场作用下）基础上，建立能够自洽统一解析支化高分子黏弹性变化规律的模型和理论。一般情况下，高分子材料的应用和组成与加工成型工艺密切相关，加工成型研究（包括混炼、拉伸、轮压、挤出和吹塑等）主要在力和热作用下的分子链构象与结构形貌的黏弹性响应规律。黏弹性的理想模型中，弹性用胡克定律描述，即应力正比应变；黏性用牛顿流体力学模型描述，即应力正比于应变速率。高分子体系因其具有链式结构、非弹性应变、能量耗散、迟滞效应和多尺度长程作用，往往偏离理想模型，从而显现出黏弹性。当应变或应变速率足够小时，应力与应变的比值只与时间或频率相关（称为线性黏弹区）。描述应力与应变或应变速率的时间相关的方程称为本构方程，由 Cauchy 在 19 世纪 20～40 年代提出并完善。本构方程中的应力张量随时间的变化关系是黏弹性理论的共性数学基础，所有描述黏弹性的物理量都可以根据本构方程中各应力分量的时间函数拟合计算出来。然而，要给出从分子层面到宏观尺度的自洽函数却并不容易。要确切地给出本构方程中各应力分量的数学表达式并提供清晰的物理解释，需要流变学、分子力学和连续介质力学的结合。在实际应用中，由于在处理张量中各分量的实时变化时存在多种数学处理技巧，并与所分析的体系和模型高度相关，使黏弹性理论缺乏一般理论模型应有的普适性。同时，考虑实际指导作用，需要在特定物理模型中进行简化近似处理，如威廉姆斯－法瑞（Williams-Ferry）方法对张量分量的频域对数依赖关系的近似[5]。最简单的情况是，在质量和动量守恒下，线性黏弹区的本构方程中应力张量在应变、梯度和涡度各方向的分量仍然可以用胡克定律和牛顿模型进行描述。本构方程中的应力、应变/应变速率、黏度、相位角、模量和柔量是频率的函数，可以应用流变学方法进行定量的谱学分析，从而完善和发展支化高分子的黏弹性理论。本构方程中的量可以借助弹性［弹簧（spring）］和黏性［黏壶（dashpot）］的组合构建出确切的数学表达式。例如，麦克斯韦模型和沃伊特－开尔文模型等可以给出定性的黏弹谱图。在构建应力－应变关系的本构方程时，一般基于唯象理论或统计力学模型，这些模型具有一定的等价性[6]，但在定量关联支化高分子拓扑结构引起的不同于线形高分子的特殊黏弹行为时，仍然存在较大困难。另外，标度理论[7]的引入在一定程度上统一了黏弹性质对分子量、浓度和温度等的依赖关系，给出了黏弹性理论在分子层面到宏观尺寸统一的半定量联系。

支化高分子的黏弹性理论的核心研究内容是：应力与应变或应变速率的时间关联。实验上，黏弹性的测试方法有剪切、振荡剪切、拉伸、蠕变和应力松弛等模式，而时间则包括外场刺激时间、物质响应时间（又称松弛时间）和观测时间。由于松弛时间与物质内部结构有紧密联系，如牛顿流体中的纳维尔－斯托克斯关系、网络结构中的平台模量与分子量的关系等，进一步利用玻尔兹曼叠加原理，通过黏弹性的时间变化谱和分子本构方程解析，可以探索分子链及其聚集体结构。在此基础上，考虑多相多组分体系具有的多层次结构和多尺度时间因素，称其为结构流变学[8]。结构流变学是研究支化高分子黏弹性最有力、最直接的手段，也是现代流变学的前沿方向。支化高分子黏弹性理论的重要进展包括：齐姆和 Stockmayer 对支化高分子尺寸与零剪切黏度的关联[9]；用微分方程替代差分方程描述本构方程中的应力－应变关联因子，使支化高分子与经典的交联网络的黏弹性可以用相同的方程联系起来[1]；时温叠加原理的威廉姆斯－兰代尔－法瑞方程[10]；德热纳/土井正男－爱德华兹（de Gennes/Doi-Edwards）的管子模型[11]；Bird 等在分子模型的基础上，利用统计力学尝试关联分子结构与本体流动行为，从而建立起分子流变学[12]；从柯克伍德－瑞斯曼理论针对柔性高分子溶液本征黏度关系[13]，到齐姆和 Kilb 研究溶剂化作用对支化高分子动力学及黏弹性的影响规律而趋于系统性认识[14]；Grasseley 提出的支化度对熔体黏度的经验性定量关系[15]等。支化高分子黏弹性理论从经典的弗洛里–哈金斯理论的平均场近似[16]，即仅考虑体系的熵和平均相互作用强度，同时对魏森贝格效应（即爬杆效应的发现和阐述[17]）发展出 Rivlin-Ericksen 应力–应变率张量，其可分析各向同性体系的线性黏弹性[18]；Oldroyd-B 速率型本构方程引入数学上统一的空间和随流坐标系，则将本构模型扩展到可用于非牛顿流体和异质性多分布体系的黏弹性的描述[12]；而 K-BKZ 方程是迄今最可靠的支化高分子黏弹性本构方程[4]。在近代对支化高分子黏弹性的理论模型中，基于德热纳/土井正男–爱德华兹的管子模型成为主流，McLeish 和 Larson[4] 在管子模型的基础上引入末端收缩和动态膨胀的 Pom-Pom 模型，是目前已知最成功的模型，可以较好地解析和预测支化高分子的线性和非线性黏弹行为[19]。

在结构流变学的支化高分子体系研究中，拓扑结构黏弹性特征识别极其重要，基于振荡剪切或蠕变实验，van Gurp-Palmen 图可识别支化高分子的不同拓扑结构特征[20]；俞炜和周持兴等[21]基于 BOB（branch-on-branch）本构模型聚焦层级松弛特征的极小点收敛，大大提高了 BOB 模型对多种拓扑结构支化高分子链识别的通用性和可靠性。对于不含长支链的支化高分子体系，管子模型中的三个重要物理量（平台模量、缠结分子量和缠结链段松弛时间）可以用流变实验准确给出[22]。近年来，具有多重致密网络结构的高分子凝胶体系备受关注[23]。在解析微观结构与力学性能关系中，支化高分子理论中经典的 Flory-Rehner 理论[16]得到广泛的应用。但是，由于物理模型、边界约束条件和应用场景的区分，不同拓扑结构的支化高分子的理论发展具有不同的特色。下面以星形、长支链、梳形和超支化四类代表性支化高分子为例，介绍支化高分子黏弹性理论的发展历史和现状。

（一）星形支化高分子的黏弹性理论

单支化点的星形高分子是支化高分子黏弹性理论建立初期的模型体系，支链数、支链长度及其分布是该类高分子的特征参数。一般情况下，线形高分子熔体具有均一的链节密度，可用平均场近似处理，但是星形高分子支化点造成局部链节密度增大，引入异质性，使“主链”的“管子”变粗，降低缠结点密度，从而改变支化高分子体系的黏弹性。得益于精确分布支化高分子的合成，以及管子模型的发展和分子动力学模拟研究的深入，人们发现支链数、主链分数、支链抑制缠结点数和链节堆砌长度等参数的标度不变性，通过分子链尺寸与本征黏度 g 因子（即支化高分子与同等分子量线形高分子的零剪切黏度比值，或它们的回转半径比值，或稳态柔量比值）的耦合，可以准确推导出不同支化度高分子的平台模量和特征松弛时间[24]。基于德热纳/土井正男－爱德华兹的管子模型，对星形高分子的线性黏弹性已实现定量描述。

对于双支化中心的星形高分子，如H形和Pom-Pom模型支化高分子，基于缠结链段劳斯松弛时间、平台模量和缠结分子量三个基础物理参量，考虑支化引起的动态膨胀和“管子”运动，这类支化高分子的线性流变性质也可以在普适性的粗粒化模型上实现准确预测[25]。特别是对于臂长远大于临界缠结长度的星形高分子，通过对靠近支化点的缠结链段进行约束释放效应修正，然后结合Watanabe等[26]的动态“管子”膨胀模型，可以对长臂星形高分子的黏弹性进行定量描述。最新的中子自旋回波实验与粗粒化分子动力学模拟结合研究，验证了典型的标度律和星形高分子支化点的动态“管子”膨胀效应[27]，说明星形支化高分子的黏弹性理论已经具备半定量解析能力。

近年来，Milner和McLeish等[28]提出的星形或H形高分子的动态“管子”膨胀、约束释放效应、支化链劳斯松弛时间与线形高分子网络的时间和空间尺度的协同效应[28]持续受到关注。例如，H形高分子的松弛迟滞因子与线形高分子解缠结时间的正比关系源于支化点回缩与缠结管道动态松弛频率的一致性[29]。另外，Larson等[30]首次确定了星形高分子动态松弛标度指数恒为1，且与其受限环境无关，并进一步发现，管子模型及其修正模型在描述支化和线形高分子松弛时间存在明显差异的体系时仍需修正[31]。

（二）长支链高分子的黏弹性理论

长支链高分子的典型代表有低密度聚乙烯（low density polyethylene，LDPE）、长支链聚丁二烯和长支链聚异戊二烯等，支链与主链的缠结效应给这类高分子提供了宽频谱的黏弹性质。这类高分子在巨大的商业应用驱动下开展了很多应用基础研究，发展出一套依赖于黏弹性质来预判材料特种应用的标准，但普适性的黏弹性理论模型仍不完善。

围绕具有代表性的LDPE体系，伴随茂金属催化剂取得突破性进展，从商业化宽分布的长支链体系到窄分布、精准分子量的高分子体系，以及流变学结合散射等手段对构象、结构的精确表征，长支链高分子的黏弹性理论也得到逐步修正和完善。长支链高分子的零剪切黏度和稳态柔量在主链的约束“管子”形变运动和长支链越过局域支化点位垒修正下，可以与具有相同分子量的线形高分子在温度体积膨胀因子定量变化规律上得到统一[32]。进一步的实验[33]发现，Zimm-Stockmayer模型在支链较短、较少时适用，而在长支链时，支链的拥挤和缠结使模型的预测值偏小。同时，长支链的存在会显著改变马克－豪温克方程参数，同时零剪切黏度和松弛频率区间宽度随着长支链支化程度提升而显著增加，并可能出现多个损耗黏弹性平台；在线性黏弹区，支化度增加引起的黏弹性变化与增加星形高分子臂长相似[34]；在非线性黏弹区，长支链高分子可显著提高应变硬化效应，熔体中的应变硬化效应目前可用基于 g 因子的分子应力函数模型进行半定量描述[35]。长支链高分子也表现出与凝胶类似的黏弹行为，随着支链含量的增加，Chambon-Winter 理论中的松弛指数降低，硬度增加，利用这种单调关系，也可以对长支链高分子的支链和分子量进行定量分析[36]。随着窄分布高分子合成制备技术的提升，相较于线形高分子，长支链高分子在低接枝密度、窄分布熔体中有较高的零剪切黏度和稳态柔量；而对于高接枝密度、宽分布的长支链高分子体系，情况正好相反。这一现象的物理机制被认为是，高接枝密度能够抑制缠结，显著降低分子链的流体力学半径，从而使零剪切黏度降低[37]。对于大形变下的黏弹行为，在 Pom-Pom 本构方程的基础上，可以通过对管子模型中取向和拉伸效应的约束进行泛化，即用 DCPP（double convected Pom-Pom）模型发展 DPP（differential Pom-Pom，微分的 Pom-Pom）模型，可以给出大形变下 LDPE 的分子链结构与其黏弹行为的定性联系[38]。

在长支链高分子的黏弹性理论研究中，缠结引起的拓扑相互作用是研究的重点。在管子模型的基础上，利用双重蠕动（double reptation）和二次受限模型（dual constraint model），结合分子动力学模拟，可以普适性地解释缠结体系的黏弹性。应用 Pom-Pom 模型，通过支链与主链松弛行为的耦合，可以定量地预测初始流动、剪切变稀和拉伸硬化的分子机制；较长或较多的长支链高分子能够有效地增加熔体的剪切振荡模量，而共存的短支链甚至无法提供协同增强作用，原因在于长支链能够产生缠结增强效应[39]。在 Pom-Pom 模型[4]的基础上，结合傅里叶变换、大幅振荡实验及核磁共振技术，可以精确表征长链支化高分子的分子量分布和支化链结构，从而对于定量认识长支链高分子对其力学性能的显著影响规律具有重要作用[40]。以 LDPE 为模型体系，McLeish 等[19, 41]通过考察链段的松弛，实现了对长支链高分子黏弹性响应的定量描述和预测[19, 41]。因此，其理论具有很好的应用性和适用性。

（三）梳形支化高分子的黏弹性理论

梳形支化高分子有梳形（支链长且较稀疏）和刷状（支链短且密）两类，由于侧链的存在，主链刚性增加，缠结减少。由于梳形支化高分子末端回缩产生的松弛谱分布较窄、主链松弛缓慢、分子链可以承受较高张力，其黏弹性的描述较随机分布的支链高分子简单。实际上，梳形高分子的形变有效自由能可以在星形高分子的基础上引入支链的体积分数进行修正，从而对模量黏弹谱实现定量描述 [42]。具有一定长度的密集支链会影响主链的松弛，产生序列松弛行为。由于梳形支链的存在会抑制主链的缠结，因此会在支链松弛区间产生类似于玻璃化平台的信号，进而加速整个梳形高分子的稳态柔量恢复 [43]。粗粒化的分子动力学模拟表明，梳形高分子的迁移能力主要受限于支链长度，而对支链密度关联较弱，主要归因于长支链能够促进“管子”膨胀，使主链运动更快 [44]。目前，梳形支化高分子的黏弹性主要是针对本体体系开展研究，但是在实际应用中，这类高分子常被用于表/界面修饰和作为少量添加成分调控加工性能等。然而，在二维或“管子”受限条件下，梳形高分子的黏弹性研究还是空白。

（四）超支化高分子的黏弹性理论

超支化高分子的理论模型是 Cayley 树结构，通过引入支化代数、拓扑指数和分维系数，可以阐述链段收缩对黏弹性的影响远大于缠结效应和高分子中心去溶剂化效应等对黏弹性的影响。与星形支化高分子类似，高度支化可以降低从链松弛到链段松弛时间尺度的标度指数，并且有效降低马克 – 豪温克方程的幂指数，抑制主链的缠结 [45]。对于代数较少的超支化高分子，其黏弹性仍然可以在管子模型的基础上引入修正，对线性黏弹性进行定量描述 [46, 47]。目前，对超支化高分子黏弹性的研究主要是基于劳斯 – 齐姆框架，认为其与溶剂化、局部刚性和支化代数存在强关联 [48]。最近，利用超支化亲水聚轮烷构建的规则时空松弛结构凝胶 [49]，展现出优异的力学和动力学调控区间。这为具有多层次网络结构的支化高分子理论发展提供了理想的模型体系。对于支化代数较高的超支化高分子，一般以软的胶体粒子模型来阐述其黏弹性。由于超支化高分子主要应用于传感器、反应输运容器等，关于本体黏弹性定量描述的需求较少，在理论分析中常被看成是软胶体粒子。但是，针对超支化高分子链间存在缠结和末端收缩及非球形对称超支化高分子等体系，其理论研究还很不完善。

二、关键科学问题

支链和缠结的存在，使支化高分子黏弹性从链松弛到链段松弛尺度的应变在不同时间和空间尺度存在多个响应，造成理解、控制和应用的复杂性，下面简单介绍黏弹性理论发展的三个代表性关键科学问题。

（一）管子模型的发展和再思考

支化高分子在熔融态具有特殊的黏弹行为，主流的模型仍然是德热纳/土井正男－爱德华兹提出的管子模型，其基本描述为：高分子链的多体拓扑受限等价于一条测试链处于管径为 a、管长为链轮廓长度 L 的“管子”中，测试链垂直于“管子”方向的运动严格受限，而平行于“管子”方向的运动服从劳斯动力学。管子模型仅需一个热力学参数［平台模量（与管径 a 等价）］和一个动力学参数［链节间摩擦系数 ζ 或活化能（与缠结链段的劳斯松弛时间等价）］，就可以准确计算出线性区其他黏弹性质，如应力松弛模量时间谱、动态结构因子等。该模型的难点在于得到准确的初始路径函数，目前可以利用计算机模拟得到线形高分子初始路径函数的分布[50]，而对于支化高分子仍有相当的难度。支化高分子的支链回缩会导致管径增加、“管子”内链段密度降低（即动态膨胀效应）和有效自由能远离上限，常用 McLeish 近似进行修正[42]。而近期的研究表明，在管子模型的基础上，仅考虑轮廓长度涨落效应和约束释放效应，对于支化高分子特征松弛时间的预测存在较大偏差，仍需要进一步的修正[51]。主要原因在于，应用于支化高分子的管子模型中受限“管子”的直径和轮廓长度在本构方程中的显式表达构建，在剪切或振荡剪切等外场作用下，应力－应变关系张量中的分量相较于线形链具有更多层次、更多临界点及分量间更强的协同效应，形变支链点产生额外的迟滞效应，从而使描述黏弹性的阻尼函数偏离普适的德热纳/土井正男－爱德华兹形式。因此，针对支化高分子，在管子模型基础上的修正主要有：支化点附近的约束释放效应、支链的回缩和支链引入的额外摩擦等。目前，包括 McLeish 等拓展的管子模型在内，在定量描述支化高分子的线性黏弹性时取得一定成功，但是对于非线性黏弹性（即快速、大形变下的黏弹行为和拉伸流场下的取向与松弛等），管子模型和扩展的 Pom-Pom 模型却遇到无法逾越的壁垒，亟须提出新的理论模型。随着大量支化高分子黏弹性表征数据的积累，以及具有窄分布、精准序列和拓扑结构的支化高分子合成，重新思考管子模型的通用性及其各种修正模型的适用性，定量评估其有效性和稳定性，对于深入理解和进一步发展支化高分子黏弹性理论非常必要。

（二）共混体系中支化高分子的结构和黏弹性

在星形－线形高分子共混体系中，约束释放效应能够较好地阐述星形高分子的动态膨胀效应，但线形高分子则需要考虑双重蠕动，Milner-McLeish 理论模型[28]较好地处理了这类体系[28]，并推导出少量的星形高分子能够促进共混体系的解缠结。在该理论模型的基础上发展的 BOB 模型和 Hierarchical 软件，在一定程度上可以准确计算支化高分子共混体系的黏弹性质。在其他类型的支化高分子中，分子链中包含不低于两个支化点，主链的松弛必须考虑支化点的运动，如 H 形、Pom-Pom、梳形和不对称支化高分子等。虽然在理论中引入主链和支链的体积分数修正，但是由于流变测试设备在低频检测区数据不稳定，从流变谱图解析分子链结构还比较困难。通常的解决途径是，将这些支化高分子与线形高分子共混，通过流变信号变化梯度，解析出支化链的动态效应，从而推出支化高分子链的结构。例如，近期的研究表明，超支化高分子与线形高分子共混体系中存在星形支化高分子的最大压缩点，使星形支化高分子表现出受限或本体黏弹性特征[52]。由于支化高分子目前主要应用于材料加工成型过程中的表/界面性质调控，理论上明晰支化高分子结构及其共混体系的黏弹性关系，对于指导实际应用具有重要价值。

（三）支化高分子的非线性黏弹性

支化高分子的线性黏弹性可用于解析分子量分布及支化结构，目前从单一流变手段只能给出长支链存在与否，要建立支化高分子黏弹性理论，即分子链结构与流变性质的关系，必须研究非线性黏弹性。非线性黏弹性常见的有启动流（start-up flow）、剪切变稀、拉伸变稀/增稠、屈服和应变硬化等。平均场下的管子模型无法描述非线性黏弹性，通过引入末端收缩、双重蠕动、轮廓长度涨落效应、动态膨胀和约束释放效应等一系列补充修正，特别是 McLeish 和 Larson[4] 发展的 Pom-Pom 模型，在一定程度上可以较好地描述支化高分子的非线性黏弹性。结合高分子合成反应条件及高分子的分子量和结构表征信息，通过流变谱图可以解析出支化高分子的链结构。即使这样，对于目前商业化的高分子材料，由于其分子量分布较宽，分子量和支化结构显著偏离正态分布，会严重干扰支化结构的分析，在理论上预测其黏弹性质还非常困难。虽然实验上已广泛观测到少量支化高分子加入线形高分子中，可显著改变剪切黏度和应变硬化等性质，但是对从线性黏弹区到非线性黏弹区的定量关联还缺乏认识。

三、重要研究内容

支化高分子黏弹性的研究最初在工业上有两个重要应用：①表征分子量及其分布，确定支化高分子链结构；②给定支化高分子链结构，预测加工性能。支化高分子黏弹性的研究通常与熔体流变学结合，建立高分子材料结构与加工成型性能的关系。近年来，随着纳米尺度自组装材料的兴起，含支化高分子的溶液体系及相应的结构流变学也在快速发展中，目标是对特定结构高分子性能进行预测，并指导面向特定加工成型性能和应用指标的高分子材料设计与制备。基于支化高分子存在多个特征松弛时间和多层次结构，以及在外场作用下结构协同性响应复杂的特点，支化高分子的黏弹性理论发展主要体现在如下三个方面。

（一）支化高分子的溶液流变行为

在支化高分子黏弹性理论发展的早期，通常采用支化高分子稀溶液性质与线形高分子稀溶液的比较，来明晰支化高分子链结构与流变学特征的关系，如通过流变方法获得的黏度与光散射实验得到的尺寸，以及由溶液渗透压或者马克－豪温克方程获得的支化高分子主链、支化点和侧链分布。主要研究结果包括 g 因子、黏度与支化度的指数关系、主曲线（master curve）等。这些支化高分子的流变特征为其本构方程的建立及定量解析奠定了基础。此外，精细的流变实验可有力弥补体积排阻色谱、凝胶渗透色谱和高效液相色谱（high performance liquid chromatography，HPLC）对高分子链结构分析表征的不足。在管子模型和双重蠕动模型的基础上，通过平台模量可以表征分析多分散体系的分子量分布；进一步，在劳斯松弛的框架下，可以得到管子模型的特征参数。近年来，支化高分子稀溶液的理论研究主要是由应用驱动的，在带电支化高分子、支化高分子溶液的纺丝与成膜、用于调控微观界面和自组装结构支化高分子添加剂的受限流变行为等方面取得了一系列重要成果。在理论研究方面，Larson[30, 31]、Colby[29]、Narimissa 和 Wagner[53] 等积极推进理论与应用的结合。

（二）支化高分子的线性和非线性黏弹性理论

在线性黏弹区，高分子流体的黏度与高分子的基本性质（如分子量及其分布、序列与拓扑结构、分子链内/链间相互作用和流体力学相互作用等）密切相关。在多层次结构体系中，高分子的黏弹性与高分子的组装聚集结构相关，而流变性质则是探测体系中结构变化与相行为的有效手段。基于支化高分子黏弹性理论的计算流变学，通过连续介质方法、福克尔－普朗克方程和唯象随机法三种途径，将支化高分子结构与黏弹行为建立了可求解或数值化的联系。Chilcott-Rallison 有限形变模型（finitely extensible non-linear elastic chilcott-rallison，FENE-CR）、Phan-Thien-Tanner（PTT）黏弹性流体本构模型和 Giesekus 高分子流体本构模型、K-BKZ 模型和管子模型及其修正理论等都在尝试用更简洁且准确的物理图像或数理方程建立支化高分子链结构与流变性质和黏弹行为的联系。而针对任意拓扑结构高分子特性黏度的普适性理论，可定量预测线形、环形、星形、支化、超支化和树枝形等高分子的特性黏度[54]。

另外，支化高分子熔融态或高弹态流体的加工成型和使用往往涉及非线性流变行为，定量描述或预测支化高分子的剪切变稀/增稠、拉伸屈服、应变软化/硬化等，是支化高分子黏弹性理论的重要研究内容。因为支化高分子几乎不能视为均聚物，异质性的组成使其具有特殊的黏弹性，所以需要明确其黏弹性背后的时空关联和分子链结构特征。目前，基于线性黏弹性来表征支化高分子链结构已经相对成熟。但是，由于非线性流变行为与支化高分子的链结构、构象松弛、相互作用和聚集行为等密切相关，迄今还没有公认的理论，因此亟须进一步研究和发展。

（三）受限条件下支化高分子的黏弹性理论

由于支化高分子的结构特征及大量可调控的官能位点，在实际应用中被广泛用于调控释放输运、表/界面流变行为和加工成型过程，如输运药物或活性成分、稳定乳液界面、调节相界面平滑度或粒度、表面的吸附或抗吸附改性、提升薄膜成型的流平性、降低成纤过程中的飞丝及分叉等。目前以计算机模拟研究为主，主要考察支化高分子及其与线形高分子链和输运物质在平行板、孔或复杂通道中的受限动力学行为和构象转变等。在实验方面，拉伸流变仪和界面流变仪对受限支化高分子体系的黏弹行为提供了重要数据积累，但清晰的本构模型和系统理论还非常不完善，需要支化高分子理论在柔性边界问题的数学和物理处理方面取得突破。

（四）支化高分子黏弹性理论发展前沿

目前支化高分子黏弹性理论的前沿研究包括：线性黏弹区到非线性黏弹区转变点的预测及其物理本质、如何将线性黏弹理论模型推广应用到非线性区、支化高分子末端的不规则性如何使动态膨胀修正失效、堆砌长度背后的物理本质是什么、为什么流场中的超支化高分子的拓扑重整效应很低、缠结点如何引起局部异质性并出现散射的各向异性、局部“管子”形变与强流场中的约束释放效应的物理本质是什么，以及本构方程尚无法描述启动流等问题。通过上述研究，进一步发展并完善支化高分子黏弹性理论。在此基础上，结合高分子合成反应条件，预测高分子链结构；对于给定高分子链结构，预测黏弹性质；通过黏弹谱图，推测验证高分子链结构；结合数值模拟，预测给定分子量及其分布和拓扑结构的支化高分子的加工性及其黏弹性质。

四、发展思路与目标

目前主流的支化高分子黏弹性理论是围绕管子模型相关本构方程建立的，为定量解析支化高分子体系的应力 - 应变关系提供了确切的数学解，但也造成其拓展模型所考查的缠结、末端收缩、轮廓长度涨落效应、约束释放效应、动态管稀释和支化点回缩等效应的通用性不强，而模型对应的算法也越来越复杂，熟练掌握需要的理论门槛越来越高。一条可供参考的发展思路是：只有结合统计力学中的维纳（Wiener）过程和马尔可夫（Markov）链，进一步发展福尔克 - 普朗克方法从微观细节到宏观行为联系的研究思路，才有望突破本构方程和管子模型的框架，建立全新的、具有普适性的黏弹性理论模型。从传统的连续介质力学、机械力学、分子和结构流变学过渡到以统计力学为主导，具有高容差性的黏弹性理论模型。该理论模型的两个主要目的如下：①从给定化学结构的高分子和组成预测黏弹行为和加工成型性能；②根据黏弹谱解析高分子链结构并预测加工成型性能。要达成这些目标，需要从三个方面同时发展：①标准化数据集，统一流变学的标准实验和参数集合（如松弛谱指数、熔融指数和 g 因子等），目前的主流是采用美国材料和测试协会（American Society for Testing and Materials，ASTM）标准，围绕本构方程，建立分子链细节与宏观黏弹行为的定量联系；②高纯度、窄分子量分布的精准支化高分子的合成制备，这对于理论模型的发展、统一和模型验证极其重要；③发展与其他精密可靠实验手段相结合的研究方法，如目前明确的介电松弛时间是劳斯松弛时间的 2 倍，是管子模型中约束释放效应的主要依据，基于应力 - 光学定律（stress-optic law）的发展，小角散射与流变对高分子多分散性的一致性表征等可以给出黏弹模型的结构演化参数。近年来，机器学习算法在探索新材料、为复杂现象寻找可解释性的规律及经典理论模型的验证发展方面取得了令人瞩目的成功。针对含支化高分子的结构和功能化材料，利用这个新兴的数据驱动创新研究范式，利用既有理论的先验知识或无须先验知识的全新框架，通过加和性因素和协同效应剖析，可加速对支化高分子黏弹性的理解和理论发展。总之，支化高分子黏弹性理论研究的终极目标是：建立只依赖于高分子分子量分布和支化结构分布参数的本构方程，能够准确定量预测支化高分子及其共混体系的黏弹性。我国学者针对支化高分子黏弹性在经典和新思路上都有一定的研究基础，期望得到持续资助，经过5～10年的发展，实现在新的研究范式下，提出一系列物理图像明确、通用性高的本构模型，为支化高分子复杂流体的应用提供重要支撑，并形成特色鲜明且能够整合基础研究与应用研究的全链条研究队伍。

五、短板与优势

在支化高分子黏弹性研究领域，我国的研究起步较晚，虽然在实验和理论方面取得了一些成绩，但还是呈现碎片化的状态，未能形成系统的主流学术思想，以及被高度认可的具有突破性进展的模型和算法。当前的流变学研究，需要多种测试手段原位在线的精密表征。例如，德国的DESY，法国的ESRF和Soleil，美国的APS和NIST，英国的剑桥、Daresbury和SESS，以及瑞士的Risø等，已建立了精密流变与小角散射和光学显微镜结合的原位测试平台，能够可靠地采集黏弹性理论的核心参数，用于发展和验证理论模型。与之相关，国内的高分子原材料生产的稳定性和重复性还存在一定问题，不同批次样品的黏弹行为可能存在显著差异，这也限制了理论模型的深入研究。

对于不同形态的高分子体系，国内系统的流变学研究也慢慢普及起来，目前复杂流体流变学学术研讨会已持续召开了十三届，每届规模在200人左右，汇集了国内高分子流变和理论研究人才。但是，由于支化高分子黏弹性横跨多个时空尺度，且常见于多相多组分体系，在结构流变学的研究中，目前国内的理论研究内容仍然非常零散，基础也很薄弱，从窄分布高分子样品的精准合成、流变与其他原位表征手段的仪器平台建设，到支化高分子参与的加工成型和界面性能测试等方面需要更加深入、系统的研究和整合。此外，由于国内对高分子材料的精准加工成型和高分子器件的精密制造与基础研究脱节，高品质产品在原料和工艺上限制了需求驱动的基础研究。有关支化高分子黏弹性的基础研究与实际生产各行其是，造成国内该类材料及与高附加值精细加工相关的若干产品成为“卡脖子”问题。可喜的是，随着人才培养和积累，黏弹性基础研究的重要性逐步得到国内高分子科学领域的重视。另外，随着国内对高度规整的支化高分子合成、特定拓扑结构支化高分子合成技术的发展，以及高精密实验平台和理论研究平台的建立，我国对支化高分子黏弹性的研究必将进入世界前列，并大力推动这类特殊并具有广泛应用前景材料的应用与发展。

（撰稿人：李云琦；中国科学院长春应用化学研究所）

第二节　支化高分子的应用

一、概述

随着聚合反应的调控和机制研究的深入，人们已经能够得到多种具有明确拓扑结构的支化高分子，如梳形、星形高分子，以及短链支化、长链支化和超支化高分子等。不同类型支链的引入，不仅可以改善高分子的黏弹性质、提高加工性能，还能在支链中引入特征官能团来制备新型功能化高分子材料。目前，支化高分子已经得到深入的发展与广泛的应用。

迄今，几乎所有的工业化高分子材料都具有支化结构。各种结构参数（如支化度、支链长度和主链长度等）的变化，均使得支化高分子的结构多样化，同时也导致其流变行为变得相当复杂。因此，研究支化高分子流变学具有极其重要的意义。

（1）可指导聚合反应设计，以制得性能优良的高分子材料。例如，增加顺丁橡胶长支链支化和提高其分子量，可改善它的抗冷流性能，避免生胶储存与运输的耗费。

（2）对评价高分子加工成型性能、分析加工过程、正确选择加工工艺条件和指导配方设计均具有重要意义。例如，研究表明，顺丁橡胶的流动性特征对温度比较敏感，故需严格控制加工温度。

（3）对设计加工机械和模具有重要的指导作用。例如，应用流变学知识所建立的高分子在单螺杆中熔化的数学模型，可预测单螺杆塑化挤出机的熔化能力，依据高分子流变学数据库，指导口模设计，以便挤出光滑制品和有效控制制品尺寸。

因此，支化高分子流变行为的探索和研究对其发展及应用至关重要[55]。下面以梳形、短支链、长支链和超支化四类具有代表性的支化高分子为例，介绍支化高分子在不同领域的应用及其相关的流变学特性。

（一）梳形高分子的应用

梳形高分子是指侧链的一端高密度地以化学键结合于柔性的主链上，从而形成一种高密度的接枝共聚物。这种高分子在分子尺度上一般具有梳形或蠕虫状的构象。侧链之间的空间位阻导致梳形高分子主链伸展，这种作用与主链本身的柔性互相竞争，导致梳形高分子在不同尺度（微观、介微观及宏观）下和不同状态（溶液、无定形态及晶态）下都具有异于一般线形高分子的聚集态结构。梳形高分子可设计性强，可用来精确调控高分子的电学性能，因此可被用于制作具有良好电导率的高分子固体电解质[56]。由于梳形高分子结构独特，亲水、疏水基团大小和位置可调，因而具有良好的分散、乳化和絮凝稳定等独特性能，同时也是一种具有使用价值和发展前景的表面活性剂[57]。除此以外，梳形高分子的梳形支链含有反应性官能团，主链又能形成不同曲率半径的环状结构，对共混物体系能同时起到物理和化学增容作用[58]。梳形支化高分子的黏弹性主要是针对本体体系进行研究的，而在实际应用中，这类高分子常被用于表面和界面修饰，但是二维受限条件下梳形高分子的黏弹性研究还是空白。具体相关的流变学研究举例如下。

Jabbarzadeh 等[59]对 $C_{100}H_{202}$ 聚乙烯熔体的不同同分异构体（包括线形、星形、梳形及 H 形等）的流变学行为进行了模拟，发现星形、H 形和梳形支化高分子在非牛顿区域（高剪切速率范围）表现出比同等分子量线形高分子更高的剪切黏度。其中，星形和 H 形分子链的剪切黏度相似，而梳形分子链的剪切黏度则更高。大多数高分子剪切变稀都发生在较低的剪切速率下，剪切黏度均低于 $10^{8.5}\ s^{-1}$。随着支化度的增加，无论在高剪切速率下，还是在低剪切速率下，剪切黏度都会增大；支链长度增加同样使剪切黏度增大，但其影响程度比支化度增加的影响程度要弱。

Inkson 等[60]将单分散性的梳形聚乙烯和单分散性的梳形聚丁二烯的线性流变学数据进行了比较，并且预测了不同支链长度、主链长度和支化度的单分散性梳形聚乙烯的零剪切黏度（η_0），发现支化度的增加会提高分子量（M）并降低零切黏度，起到稀释作用。在η_0-M图中，随着支链长度的增加，零剪切黏度会沿着以 3.4 次幂律方程线为中心变化，同时零剪切黏度变化范围扩大。主链长度和支链长度变化的影响相似，但由于支链缠结更严重，支链分子量比主链分子量的影响更大。当分子量一定时，具有支链最长但支化点最少的梳形高分子显示出最高的零剪切黏度，并且与星形高分子一样，同支链长度呈指数相关。短支链的梳形高分子，在低于 4 个缠结的情况下，η_0-M 曲线会低于线形高分子的3.4次幂律方程的曲线。同时，他们提出了是否可以通过给出特定的零剪切黏度，从梳形高分子图谱上确定其分子链结构这一问题。

Kapnistos等[61]对一系列具有线形主链的梳形聚苯乙烯和聚丁二烯的线性黏弹性进行了研究，其主链长度一定，支链长度和支化度发生变化，并用管子模型对其进行了解释。在频率－内耗关系曲线中，未缠结的高分子链仅有一个最小的内耗值；随着支化度的增加，当超过了缠结极限时，就会出现两个内耗的极小值，分别对应模量－频率图上出现一个平台或两个平台。他们认为，未缠结时，其黏弹性就类似于线形高分子，而缠结后，出现的两个平台则分别对应于支链松弛和被支链所稀释的主链松弛。如果支链比主链末端长，则沿着主链分布的支化点（除了末端部分）会阻止主链运动，整个松弛过程就是分级的；若支链比主链末端短，它们就最先松弛，剩下的主链末端没有松弛的部分就会加到主链上，最终松弛。

Vosloo等[62]通过可逆加成－断裂链转移（reversible addition-fragmentation chain transfer，RAFT）控制主链和支链聚合度，制备了一系列聚甲基丙烯酸正丁酯梳形高分子，并且这些样品的单个结构参数（如支链长度、支化度和主链聚合度等）都有系统的变化。梳形高分子在较低的温度下比最初的主链高分子柔软，这与梳形高分子具有较低玻璃化转变温度一致，但在到达软化点之前，其模量都比线形高分子高，且不同支化的高分子在相同频率下的储能模量和损耗模量相似。线形高分子的储能模量随着频率降低而稳定减小，梳形高分子一开始稳定地降低，之后急速下降。由于短支链比长支链的松弛时间短，储能模量在较高频率下就急速下降。长支链比短支链梳形高分子在高频处的储能模量高，可能是缠结度更高从而导致分子链运动受到抑制。支化点越多，使得更多的链段运动受到限制，储能模量相应增加。

Chambon等[63]研究了缠结的梳形聚苯乙烯，发现梳形高分子的松弛谱比相应的线形高分子的更宽。在模量－频率关系曲线上，线形高分子的交叉频率和末端频率不能很好区分，但梳形高分子的交叉频率和末端频率是可以被区分的，且末端时间是由主链松弛导致的。比较支链数服从泊松分布和支链数固定的情况时发现，当支化数固定时，弹性模量在中频区轻微高些，但是在低频区衰减得稍微快些，结果导致黏性模量在低、中频率区出现轻微升高。

Liang等[64]使用粗粒化分子动力学模拟和标度分析，研究了熔体中瓶刷和梳形高分子的构象。结果表明，梳形和瓶刷高分子构象机制之间存在一个过渡性转变，该过渡性转变受到拥挤参数Φ（描述相邻高分子之间的交叠）的控制。在以稀疏侧链接枝（$\Phi<1$）为特征的梳形体系中，相邻的侧链和主

链互穿。但是，在侧链密集（$\Phi \geqslant 1$）的瓶刷体系中，侧链间的空间排斥作用抑制了分子链间的互穿。在瓶刷机制区，瓶刷高分子可以看作丝状结构，其直径与侧链的大小成正比。对于柔性侧链，拥挤参数 $\Phi \left[\approx \frac{v}{(lb_{\mathrm{K}})^{3/2}} \cdot \frac{\frac{n_{\mathrm{sc}}}{n_g + 1}}{n_{\mathrm{sc}}^{1/2}} \right]$ 取决于体系结构参数（如侧链聚合度 n_{sc} 和相邻侧链之间的主链键数 n_{g}）和单体的化学结构（如键长 l、单体排除体积 v 和库恩长度 b_{K}）。分子动力学模拟证实了接枝高分子的这一分类，并表明有效的高分子库恩长度 b_{K} 和主链的均方末端距 $\left\langle R^2_{\mathrm{e,bb}} \right\rangle$ 是所有研究系统拥挤参数 Φ 的普适函数。

（二）短链支化高分子的应用

短链支化高分子是一类具有较短支链的聚合物，其典型代表为线形低密度聚乙烯，主要商业用途为吹塑薄膜。短链支化结构对刚性、延展性、撕裂强度、透光性和软化温度等都有显著影响。通过控制短链支化高分子的支链长度和分布，可制备具有优良力学性能的吹塑薄膜 [65]。具体相关的流变学研究举例如下。

Zhu 等 [66] 用限定几何构型的茂金属催化剂，催化乙烯与 α-二烯烃共聚，得到支化聚乙烯中长支链与短支链支化度的计算方法。他们认为，长支链支化度的变化会影响熔融指数比，随着长支链支化度的增加，损耗模量（G''）与储存模量（G'）之比降低，松弛时间变长。

Namba 等 [67] 通过频率-温度谱图，研究了多支链聚苯乙烯的动态剪切模量。他们发现，多支链聚苯乙烯的损耗模量并没有出现平台区，并且 G' 从玻璃化转变区末端到末端区逐渐降低，G'' 始终大于 G'。这说明，由于高支化密度结构，分子链间缠结被强烈限制。

López-Barrón 等 [68] 通过金属配位插入聚合法，合成了系列超高分子量短支链瓶刷聚烯烃（从聚 1-己烯到聚 1-十八烯），并研究了其线性黏弹性响应和熔体微观结构随侧链长度 N_{sc} 的变化关系。所有这些瓶刷聚烯烃高度缠结，每条链平均缠结数 Z 大于 50，从而可以确定其橡胶态平台模量 G^0_{N} 和缠结分子量 M_{e}；平台模量符合标度理论，与侧链长度的标度关系表示为 $G^0_{\mathrm{N}} \sim N_{\mathrm{sc}}^{-1.47}$，与理论预测的稠密瓶刷高分子的标度理论（$G^0_{\mathrm{N}} \sim N_{\mathrm{sc}}^{-3/2}$）一致；通过广角 X 射线衍射观测了这些瓶刷聚烯烃的熔体结构及其随温度的变化，与这些瓶刷聚烯烃熔体的热膨胀同时出现的是，主链到主链之间的距离（d_1）显著增加和侧链间距（d_2）微弱增加；这些瓶刷聚烯烃的熔体流动链间摩擦系数和黏度都显示出对 d_2 的强烈依赖性，其特征表现为双指数衰减机制，其衰减常数与 N_{sc} 呈指数关系。

（三）长链支化高分子的应用

长链支化高分子拥有较长的支链，与同等分子量线形高分子相比，长链支化高分子表现出独特的流变学特性，包括高牛顿黏度、更加显著的剪切增稠行为、更高的熔体弹性和模量及拉伸流场下显著的应变硬化现象 [61, 69-71]。在发泡领域应用中，这些特性抑制了泡孔壁破坏，大大拓展了发泡材料的应用范围，并可通过调整链结构和晶体结构优化控制泡沫结构，制备出性能优良的泡沫材料 [72]。Fang 等 [73, 74] 通过 γ 射线辐照法，在直链聚乳酸上引入长链支化结构，增加的熔体强度显著改善了样品的发泡性能。此外，长链支化常被用于增容、加工降黏和黏合剂等多个领域。Han 等 [75] 通过 γ 射线辐照法，在聚碳酸酯（PC）中引入长支链结构，显著提高了其抗环境应力开裂性能，提供了一种改善抗环境应力开裂性能的新方法。具体相关的流变学研究举例如下。

卢红斌和杨玉良 [76] 发现，支化高分子由于其流体力学体积小，零剪切黏度通常比线形高分子的低，其与重均分子量的关系可能不再服从 $\eta_0 \sim M_w^{3/4}$ 的幂律关系；当支化链长度较短和支化密度较低时，支化高分子的流变学行为与相应的线形高分子类似，属于热流变简单型流体，即可以进行时温叠加；当支链长度增加、空间位阻增大时，黏流活化能随着支链长度的增加先增大到最大值，之后再减小，这与摩擦因素和自由体积的贡献有关；长支链不仅产生了更多的缠结，而且降低了分子链的流体力学体积；带有缠结支链的支化高分子的流变学行为通常是热流变复杂型的，表现为时温叠加原理的失效。

Haugan 等 [77] 研究了聚降冰片烯 -*g*- 聚丙交酯的线性黏弹性行为与接枝密度和总摩尔分子量的关系；通过活性开环复分解共聚反应，合成了八组接枝密度为 0～100% 的共聚物，在每组共聚物中，接枝链摩尔分子量和接枝点之间的间隔是固定的，而主链总长度有所变化；所测得的动态主曲线表明，这些共聚物显现明显的劳斯和 Reptation 动力学，其零剪切黏度存在急剧的转变，表明接枝密度极大地影响了缠结分子量；在高和低接枝密度极限下，缠结模量（G_e）与接枝密度（n_g）呈标度关系，分别为 $G_e \sim n_g^{1.2}$ 和 $G_e \sim n_g^{0}$；但是，在这些极限行为之间发生了急剧的转变，与接枝高分子的现有理论模型不符；基于在低接枝密度下的“细”柔性链和在高接枝密度下的“粗”半柔性链的分子尺度解释，预示了这些极限动力学机制之间的急剧转变。

Niu 等[78]通过流变学方法，研究了聚烯烃共聚物［聚乙烯 -*co*- 丁烯（PEB）与聚乙烯 -*co*- 己烯（PEH）的共混物，PEH/PEB = 50/50，表示为 H50］在制备过程中的热氧化诱导长链支化（long chain branching，LCB）行为；可以通过改变制备温度或时间，将不同含量的 LCB 引入 PEB 骨架上，通过流变学参数（即储能模量 G' 和复数黏度 η^*）的变化敏感地表征出这种长链支化；H50 样品中热氧化诱导的 PEB 的长链支化可能会显著影响其相分离动力学行为；流变学测量和相差显微镜观察一致表明，热氧化诱导的 PEB 长链支化阻碍了相分离过程，一旦达到一定水平，则减少链扩散甚至阻止相分离；流体动力学体积减小，导致 LCB 含量高的 H50 的重均分子量下降。

汪永斌等[79]在电子束辐照法制备长链支化聚乳酸（LCB PLA）的基础上，采用凝胶渗透色谱 - 多角度激光光散射联用（SEC-MALLS）表征了 LCB PLA 的支化链结构，利用动态流变学方法考察了 PLA 的黏弹松弛行为，计算得到线形及支化链 PLA 在较宽时间范围内完整的加权松弛时间谱。结果表明，由于长支链的引入及支链长度的增加，LCB PLA 松弛时间谱增宽，松弛时间延长，并呈现多重松弛行为；他们提出的一种计算长链支化高分子支链长度的方法，可以定量表征 LCB PLA 的支链长度及长支链的分子量。

Bai 等[80]为了研究 LCB 对 PLA 结晶动力学的影响，制备了一系列长链支化 PLA 样品，证明了这些样品呈现出线形 PLA 和具有不同长链支化 PLA 的双峰模式；偏光光学显微镜（POM）研究表明，在每个等温结晶温度下，LCB PLA 样品的球晶生长速率均低于线形 PLA 前驱体，并且 PLA 球晶生长速率随支化度的增加而降低；相比之下，成核密度则随支化度的增大而增加；结晶动力学可使用 Lauriten-Hoffmann（LH）理论进行分析，在所研究的温度范围内，线形 PLA 和 LCB PLA 样品均根据 Regime Ⅱ方式进行结晶。随着支化度的增加，成核常数（K_g）和折叠表面自由能（σ_e）降低，这表明 LCB PLA 样品的成核自由能垒比线形 PLA 前驱体的低。由阿夫拉米（Avrami）方程对差示扫描量热法（differential scanning calorimetry，DSC）数据分析表明，线形 PLA 和 LCB PLA 样品的结晶均遵循三维晶体生长模式，半结晶时间随支化度的增加而缩短，整体结晶速率则明显高于线形 PLA。

Wang 等[43]在不添加或添加三官能团单体，即三羟甲基丙烷三丙烯酸酯（trimethylolpropane triacrylate，TMPTA）的情况下，通过电子束辐照法制备了一系列直链和 LCB PLA 样品。通过体积排阻色谱和光散射联用检测器（SEC-MALLS）表征了 PLA 样品的链结构，并对剪切和拉伸流变学进行了表征；在不添加 TMPTA 的情况下，随着辐照剂量的增加，PLA 趋于降解，同时保持了线形结构；降低的重均分子量 M_w、降低的储能模量 G' 和零剪切黏度 η_0 证明了这一现象；通过辐照和添加 TMPTA，则成功制备了长支链 PLA 样品，该样品显示出较高的 η_0 和表观流动活化能、较长的特征弛豫时间 τ 和明显的拉伸应变硬化行为。随着 TMPTA 量的增加，η_0 的 M_w 依赖性和均方回转半径 R_g 明显偏离线形 PLA 样品的比例关系，这表明支化 PLA 样品的长链支化度增加。

Fang 等[81]利用旋转流变仪和偏光光学显微镜（polarizing optical microscope，POM），深入研究了长链支化高分子在剪切场诱导的等温结晶过程中，对 PLA 成核密度增加和形貌演变的影响；在确定临界剪切速率的基础上，对 LCB PLA 在剪切诱导下的成核密度增加进行了研究，预测该临界剪切速率对应于线形成分中最长链的剪切拉伸速率；剪切场诱导的等温结晶动力学结果表明，与静态条件相比，在剪切下结晶过程得到显著增强，并且随着剪切速率的增加或剪切时间的延长，结晶速率显著提高；在相同的剪切条件下，LCB PLA 的结晶速率比线形 PLA 快得多；线形 PLA 和 LCB PLA 均观察到剪切时间对结晶动力学的饱和效应；原位 POM 观察表明，与线形 PLA 相比，LCB PLA 在相同的剪切时间下不仅具有较高的成核密度，且球晶生长速率的值始终较低，而且在剪切足够时间后形成了 Shish-Kabab 取向结构；流变学测量中，剪切诱导成核密度的定量评估是基于粒子空间填充模型，使用阿夫拉米方程计算所得的成核密度值与 POM 观测值非常吻合；线形 PLA 和 LCB PLA 均可在剪切作用下达到成核密度的饱和状态，饱和成核密度值比静态条件下高 3 个数量级；在相同剪切条件下，LCB PLA 的饱和成核密度值比线形 PLA 的饱和成核密度值高 1 个数量级；剪切流动诱导的成核能力增强和从球状结构到 Shish-Kabab 取向结构的形貌演化可以归因于 LCB PLA 的宽泛且复杂的链松弛行为。

（四）超支化高分子的应用

超支化高分子由于具有特殊结构，同时含有大量活性端基，以及良好的溶解度和低黏度等特点，有非常广阔的应用前景。超支化高分子的应用主要可以分为两类：一类是基于材料的整体性质，在加工过程中，小树枝状超支化高分子可以充当增塑剂，且可降低链间相互作用的程度，较大的树枝状高分子则表现为抗增塑剂作用，并提高整个分子间的相互作用，如在聚苯乙烯中加入超支化聚对亚苯，则可改善其热稳定性和熔体黏度[82]；另一类则是基于材料的某些特定性质，如在离子导电材料领域，超支化聚乙二醇具有潜在的应用前景[83]。除了上述用途之外，超支化高分子还在药物缓释剂[84]、聚合物功能薄膜[85]及光电材料[86]等领域有广泛的应用。

二、关键科学问题

（一）高分子材料加工成型过程中流变学模型的构建

在支化高分子实际加工成型过程中，如注射流道、喷墨打印机、微电子设备及医学等应用领域，支化高分子均存在流道中收缩膨胀的复杂流变学行为。至今，很多文献报道了收缩膨胀流体的流动行为[87, 88]，进而用来指导高分子材料的加工成型过程。Hassell 等[89, 90]考察了不同支化度聚乙烯在收缩膨胀流道中的主应力差等色条纹，研究了收缩口处为直角和有一定圆弧的流道内聚乙烯熔体的主应力差等色条纹。结果表明，模拟与实验结果吻合较好。因此，利用有限元法模拟黏弹性高分子熔体的流变学行为，进而用来指导高分子材料的加工成型过程的方式和方法，已经越来越广泛地被采纳和实施。此外，用来描述黏弹性高分子熔体的本构模型也取得了较大的进展。McLeish 和 Larson[4] 提出了可以描述支化高分子复杂流变行为的 Pom-Pom 模型。在此基础上，EPP（extended Pom-Pom，伸展的 Pom-Pom）、DCPP（double convected Pom-Pom，双牵连 Pom-Pom）和 MDCPP（modified double convected Pom-Pom，修正的双牵连 Pom-Pom）等本构模型也相继出现。Clemeur 等[38]提出的 DCPP 模型，在剪切速率较高的情况下存在过度剪切变稀现象，后来又提出了 MDCPP 模型，即在取向方程中增加了一个指数项来抑制这种过度剪切变稀行为。但是，MDCPP 模型方程复杂，不易于编程计算，并且计算量大，因此 Wang 等[91]将方程简化，提出了 S-MDCPP（single/simplified modified double convected Pom-Pom，简单修正的双牵连 Pom-Pom）模型。这些流变学模型的构建对于材料的实际加工成型过程有很重要的指导作用。尽管高分子材料加工成型过程中的部分环节已经建立起相应的流变学模型，但是如何拓展现有理论以解释复杂的流变现象（如拓扑限制和瞬态网络等）、简化计算方案以方便工业界应用，仍需要深入广泛地开展研究。

（二）支化高分子应用中的流变学与黏弹行为

目前几乎所有的工业高分子都具有支化结构。各种结构参数（如支化度、支链长度和主链长度等）的变化，导致支化高分子体系的流变行为变得非常复杂。因此，研究支化高分子的流变学行为对其发展及应用至关重要。

高分子黏弹行为与其分子链运动的松弛特性有密切联系，而分子链运动松弛特性与其链结构密切相关。由于支化高分子链运动的特殊性，其黏弹行为对支化结构特别敏感，因此支化高分子流变学和黏弹行为一直是研究支化高分子结构与性能关系的重要桥梁。

三、重要研究内容

（一）高分子瓶刷

合成高分子化学的最新进展促进了结构明确的高分子瓶刷（bottlebrush）的应用。对高分子结构的有效和精确控制，使人们能够通过合理的分子设计获得新颖的性能。高分子瓶刷提供了一个多功能的工具箱，以应对材料科学与工程中的许多挑战。其通过更少的分子重叠、更长的持续长度、纳米级尺寸和高分子链的高局部浓度的结合，使各种潜在的功能性应用成为可能，如定义明确的纳米结构、药物载体、超软弹性体、表面活性剂、润滑剂和刺激反应性材料的模板[92]。与线形高分子相比，高分子瓶刷包含更复杂的组合性结构参数，即相关长度与时间尺度等不同参数之间的干扰，给高分子瓶刷的流变学研究带来了挑战。尽管在合成、表征和分子模拟方面已通过理论和实验研究对分子链行为进行了准确的描述，但是单个结构参数的影响尚未得到充分的理解。全面的链结构-性能关系对于优化各种应用的高分子瓶刷的设计将具有重要的价值。高度可调节的特征（包括拓扑链结构和功能）使高分子瓶刷成为生物学应用极其有吸引力的候选对象（尤其是作为药物或核酸的载体系统）。

（二）超支化高分子

超支化高分子的官能团数量和类型对于控制其溶解度、相容性、反应性、热稳定性，各种表面的黏附、自组装、化学识别，以及电化学和发光性质等起着重要作用。超支化高分子显示出显著的分离效率、选择性和容量，可用于消除共沸体系行为[93]。这些特质使得其可作为萃取蒸馏过程中的夹带剂、液-液萃取过程中的萃取溶剂或吸收过程中的洗涤剂应用于化学工程领域。但是，目前市售的超支化高分子只有少数符合夹带剂、萃取溶剂或洗涤剂的要求。迄今，超支化高分子作为高性能膜的使用似乎是超支化高分子在化学工程领域中最有前景的应用之一。“智能材料”或“设计高分子”（如超支化高分子）拥有光明的前景。可调节的高分子性能与高选择性和非挥发性相结合，代表了有前途的特征组合，这是开发优于常规分离工艺的新工艺所必需的。除分离过程外，超支化高分子的未来研究将更加关注高分子科学领域，既可证明超支化高分子的性能，又可深入理解其结构与性能的关系，并最终为基础参数的选择建立关联框架。

（三）支化高分子在工业领域的应用

在对支化高分子的研究中，其功能化和在工业领域的推广应用方面的研究尚处于起步阶段，仍然有很大的潜在发展空间。为了实现支化高分子在工业领域的应用，目前主要有以下四个发展方向：①在整个系统成本低廉的基础上，开发新的综合策略和方法，对加工成型过程和产品进行良好的控制；②通过共价连接或分子自组装，制备具有混合型结构的新型高度支化高分子，如线形－超支化、超支化－超支化、超支化－高分子刷或超支化－树状杂化等材料；③通过活性聚合、无机－有机共混合分子包封等方法和技术调整支化高分子的性质；④为支化高分子开辟新的交叉学科应用领域，尤其是支化高分子与纳米技术、微器件技术、生物学、超分子化学或单分子科学相结合的领域[94]。

四、发展思路与目标

现有涉及支化高分子的流变学研究及其应用并不系统，尤其是针对实际工业生产的流变学模型的建立与应用有待加强。部分理论模型存在应用场景有限、计算方案复杂等问题，还需要将支化高分子应用中的流变学研究与结晶、相分离等高分子物理问题相结合，借助黏流态、玻璃态与应用性能之间的关系，阐明重要加工过程中（如模压、挤出等）的基本科学问题，为新材料的开发与利用发展和完善与实际工业生产直接相关的理论。

（一）进一步加强流变学研究与工业应用深度结合

在支化高分子的应用领域，发展现有理论解释复杂流变现象（如拓扑限制、瞬态网络等），并简化计算方案，以方便工业界应用。通过研究高分子流变学行为对加工成型过程的影响，对高分子材料的开发过程进行指导。在多时空尺度上对高分子体系进行黏弹性研究。例如，黏弹性动力学与流体广义松弛时间等将流变学研究与结晶、相分离等问题相结合，在发展相关理论及其计算方法的同时开发贴近工业生产实际问题的模拟仿真软件。

（二）进一步加强流变行为与黏弹性方面的研究

关于支化高分子的应用及其流变行为和黏弹性的研究均有相关的文献报道，但是在流变学行为与黏弹性的研究方面，不仅已有的文献报道存在相互矛盾之处，而且该领域存在的关键科学问题仍需要进一步深入探讨。例如，支化高分子的种类及支化结构参数的变化对流变学行为和黏弹性参数的具体影响，支化结构参数与高分子的零剪切黏度、模量和玻璃化转变温度等是否存在着定量关联性等。

（三）进一步明确支化高分子结构与性能的关系

为了更好地理解支化高分子结构与性能的关系，需要研究支化高分子体系中支化类型、支化结构参数和支化度对支化高分子流变行为和黏弹性的影响规律，建立支化结构参数与高分子动态流变学参数和黏弹性参数之间的定量或半定量关系，从而为支化高分子的结构设计、表征和应用奠定基础。

五、短板与优势

在支化高分子流变学的研究领域，我国的研究起步较晚，虽然在实验和理论方面取得了一些成果，但还未能在国际上形成主流学术思想。我国高分子流体动力学研究与国内工业应用结合较少，流变学研究中存在的基本科学问题和国防等重大问题还需要进一步得到足够的重视。此外，高分子流体动力学的研究中所遇到的新问题需要开发新的实验设备、发展新的研究方法，同时一些经典问题也需要进一步深度挖掘和以新的视角去理解。

虽然目前国内支化高分子应用领域的流变学发展存在一定的短板，但是，随着国内系统的流变学研究逐渐发展，相关的实验与理论研究不断完善，高分子流变学将更好地服务于工业生产和关注实际问题，同时提出并发展与实际应用直接相关的理论和方法。随着高分子流变学领域的人才培养与团队建设逐渐完善，高精密实验平台和理论研究中心的建立，我国对高分子流体动力学领域及支化高分子应用领域的流变学研究必将栖身世界一流水平。通过基础研究、应用基础研究和应用研究相结合，同时优化高分子材料产业化过程中学术界与产业界的合作模式，我国高分子科学与工程研究在国家发展中必将发挥更大、更重要的作用。

（撰稿人：王志刚；中国科学技术大学）

本章参考文献

[1] Ham J S. Viscoelastic theory of branched and cross-linked polymers. The Journal of Chemical Physics, 1957, 26: 625-633.

[2] Hao N, Umair A, Zhu M, et al. Effect of macromonomer branching on structural features and solution properties of long-subchain hyperbranched polymers: the case of four-arm star macromonomers. Macromolecules, 2019, 52: 6566-6577.

[3] Berry G C. Thermodynamic and conformational properties of polystyrene. Ⅲ. Dilute solution studies on branched polymers. Journal of Polymer Science Part A-2: Polymer Physics, 1971, 9: 687-715.

[4] McLeish T C B, Larson R G. Molecular constitutive equations for a class of branched polymers: the Pom-Pom polymer. Journal of Rheology, 1998, 42: 81-110.

[5] Ferry J D. Viscoelastic Properties of Polymers. 3rd ed. New York: John Wiley & Sons, 1980.

[6] Ding F, Zhang H, Ding M, et al. Theoretical models for stress-strain curves of elastomer materials. Acta Polymerica Sinica, 2019, 50: 1357-1366.

[7] de Gennes P G. Scaling Concepts in Polymer Physics. New York: Cornell University Press, 1979.

[8] Dealy J M, Larson R G. Structure and Rrheology of Molten Polymers: From Structure to Flow Behavior and Back Again. Munich: Hanser Publishers, 2006.

[9] Zimm B H, Stockmayer W H. The dimensions of chain molecules containing branches and rings. The Journal of Chemical Physics, 1949, 17: 1301-1304.

[10] Williams M L, Landel R F, Ferry J D. The temperature dependence of relaxation mechanisms in amorphous polymers and other glass-forming liquids. Journal of the American Chemical Society, 1955, 77: 3701-3707.

[11] Doi M, Edwards S F. The Theory of Polymer Dynamics. New York: Oxford University Press, 1986.

[12] Bird R B, Hassager O, Armstrong R C, et al. Curtiss Dynamics of Polymeric Liquids. Volume Ⅱ. Kinetic Theory. New York: John Wiley & Sons, 1987.

[13] Kirkwood J G, Riseman J J. The intrinsic viscosities and diffusion constants of flexible macromolecules in solution. The Journal of Chemical Physics, 1948, 16: 565-573.

[14] Zimm B H, Kilb R W. Dynamics of branched polymer molecules in dilute solution. Journal of Polymer Science, 1959, 37: 19-42.

[15] Graessley W W. Effect of long branches on the flow properties of polymers. Accounts of Chemical Research, 1977, 10: 332-339.

[16] Flory P J, Rehner J. Statistical mechanics of cross-linked polymer networks Ⅱ swelling. The Journal of Chemical Physics, 1943, 11: 521-526.

[17] Weissenberg K. A continuum theory of rhelogical phenomena. Nature, 1947, 159: 310-311.

[18] Rivlin R S, Ericksen J L. Stress-deformation relations for isotropic materials//Barenblatt G I, Joseph D D. Collected Papers of R S Rivlin: Volume Ⅰ and Ⅱ. New York: Springer, 1997.

[19] Read D J, Auhl D, Das C, et al. Linking models of polymerization and dynamics to predict branched polymer structure and flow. Science, 2011, 333: 1871-1874.

[20] Trinkle S, Walter P, Friedrich C. van Gurp-Palmen Plot Ⅱ-Classification of long chain branched polymers by their topology. Rheologica Acta, 2002, 41: 103-113.

[21] Liu J Y, Yu W, Zhou C X. Polymer chain topological map as determined by linear viscoelasticity. Journal of Rheology, 2011, 55: 545-570.

[22] Chen X, Stadler F J, Munstedt H, et al. Method for obtaining tube model parameters for commercial ethene/alpha-olefin copolymers. Journal of Rheology, 2010, 54: 393-406.

[23] Sun J Y, Zhao X H, Illeperuma W R K, et al. Highly stretchable and tough hydrogels. Nature, 2012, 489: 133-136.

[24] Yan Z C, Vlassopoulos D. Chain dimensions and dynamic dilution in branched polymers. Polymer, 2016, 96: 35-44.

[25] van Ruymbeke E, Bailly C, Keunings R, et al. A general methodology to predict the linear rheology of branched polymers. Macromolecules, 2006, 39: 6248-6259.

[26] Watanabe H, Matsumiya Y, Inoue T. Dielectric and viscoelastic relaxation of highly entangled star polyisoprene: quantitative test of tube dilation model. Macromolecules, 2002, 35: 2339-2357.

[27] Holler S, Moreno A J, Zamponi M, et al. The role of the functionality in the branch point motion in symmetric star polymers: a combined study by simulations and neutron spin echo spectroscopy. Macromolecules, 2018, 51: 242-253.

[28] Milner S T, McLeish T C B, Young R N, et al. Dynamic dilution, constraint-release, and star-linear blends. Macromolecules, 1998, 31: 9345-9353.

[29] Lentzakis H, Costanzo S, Vlassopoulos D, et al. Constraint release mechanisms for H-polymers moving in linear matrices of varying molar masses. Macromolecules, 2019, 52: 3010-3028.

[30] Hall R, Kang B G, Lee S, et al. Determining the dilution exponent for entangled 1, 4-polybutadienes using blends of near-monodisperse star with unentangled, low molecular weight linear polymers. Macromolecules, 2019, 52: 1757-1771.

[31] Hall R, Desai P S, Kang B G, et al. Assessing the range of validity of current tube models through analysis of a comprehensive set of star-linear 1, 4-polybutadiene polymer blends.

Macromolecules, 2019, 52: 7831-7846.

[32] Graessley W W. Effect of long branches on the temperature dependence of viscoelastic properties in polymer melts. Macromolecules, 1982, 15: 1164-1167.

[33] Hadjichristidis N, Xenidou M, Iatrou H, et al. Well-defined, model long chain branched polyethylene. 1. Synthesis and characterization. Macromolecules, 2000, 33: 2424-2436.

[34] Wood-Adams P M, Dealy J M, deGroot A W, et al. Effect of molecular structure on the linear viscoelastic behavior of polyethylene. Macromolecules, 2000, 33: 7489-7499.

[35] Kruse M, Wagner M H. Rheological and molecular characterization of long-chain branched poly(ethylene terephthalate). Rheologica Acta, 2017, 56: 887-904.

[36] García-Franco C A, Srinivas S, Lohse D J, et al. Similarities between gelation and long chain branching viscoelastic behavior. Macromolecules, 2001, 34: 3115-3117.

[37] Gabriel C, Munstedt H. Influence of long-chain branches in polyethylenes on linear viscoelastic flow properties in shear. Rheologica Acta, 2002, 41: 232-244.

[38] Clemeur N, Rutgers R P, Debbaut B. On the evaluation of some differential formulations for the Pom-Pom constitutive model. Rheologica Acta, 2003, 42: 217-231.

[39] Mieda N, Yamaguchi M. Anomalous rheological response for binary blends of linear polyethylene and long-chain branched polyethylene. Advances in Polymer Technology, 2007, 26: 173-181.

[40] Vittorias I, Parkinson M, Klimke K, et al. Detection and quantification of industrial polyethylene branching topologies via Fourier-transform rheology, NMR and simulation using the Pom-Pom model. Rheologica Acta, 2007, 46: 321-340.

[41] Inkson N J, McLeish T C B, Harlen O G, et al. Predicting low density polyethylene melt rheology in elongational and shear flows with Pom-Pom constitutive equations. Journal of Rheology, 1999, 43: 873-896.

[42] McLeish T C B, Milner S T. Entangled dynamics and melt flow of branched polymers. Advances in Polymer Science, 1999, 143: 195-256.

[43] Wang Y, Yang L, Niu Y, et al. Rheological and topological characterizations of electron beam irradiation prepared long-chain branched polylactic acid. Journal of Applied Polymer Science, 2011, 122: 1857-1865.

[44] Wijesinghe S, Perahia D, Grest G S. Polymer topology effects on dynamics of comb polymer melts. Macromolecules, 2018, 51: 7621-7628.

[45] Simon P F W, Muller A H E, Pakula T. Characterization of highly branched poly(methyl methacrylate) by solution viscosity and viscoelastic spectroscopy. Macromolecules, 2001, 34: 1677-1684.

[46] Larson R G. Combinatorial rheology of branched polymer melts. Macromolecules, 2001, 34:

4556-4571.

[47] Das C, Inkson N J, Read D J, et al. Computational linear rheology of general branch-on-branch polymers. Journal of Rheology, 2006, 50: 207-234.

[48] LaFerla R. Conformations and dynamics of dendrimers and cascade macromolecules. The Journal of Chemical Physics, 1997, 106: 688-700.

[49] Tan C S Y, Liu J, Groombridge A S, et al. Controlling spatiotemporal mechanics of supramolecular hydrogel networks with highly branched cucurbit[8]uril polyrotaxanes. Advanced Functional Materials, 2018, 28: 1702994.

[50] Stephanou P S, Baig C, Tsolou G, et al. Quantifying chain reptation in entangled polymer melts: topological and dynamical mapping of atomistic simulation results onto the tube model. The Journal of Chemical Physics, 2010, 132: 124904.

[51] Shchetnikava V, Slot J, van Ruymbeke E. Comparative analysis of different tube models for linear rheology of monodisperse linear entangled polymers. Polymers, 2019, 11: 754.

[52] Parisi D, Truzzolillo D, Deepak V D, et al. Transition from confined to bulk dynamics in symmetric star-linear polymer mixtures. Macromolecules, 2019, 52: 5872-5883.

[53] Narimissa E, Wagner M H. Review on tube model based constitutive equations for polydisperse linear and long-chain branched polymer melts. Journal of Rheology, 2019, 63: 361-375.

[54] Lu Y, An L, Wang Z G. Intrinsic viscosity of polymers: general theory based on a partially permeable sphere model. Macromolecules, 2013, 46: 5731-5740.

[55] Wang X, Nie H, Liu D, et al. Retardation of cold flow in immiscible rubber blends by tailoring their microstructures. Polymer International, 2017, 66: 1473-1479.

[56] Gnanaraj J S, Karekar R N, Skaria S, et al. Studies on comb-like polymer blend with poly(ethylene oxide)-lithium perchlorate salt complex electrolyte. Polymer, 1997, 38: 3709-3712.

[57] Zhang M, Liu H, Shao W, et al. Synthesis and properties of multicleavable amphiphilic dendritic comblike and toothbrushlike copolymers comprising alternating PEG and PCL grafts. Macromolecules, 2013, 46: 1325-1336.

[58] Kho D H, Chae S H, Jeong U, et al. Morphological development at the interface of polymer/polymer bilayer with an *in-situ* compatibilizer under electric field. Macromolecules, 2005, 38: 3820-3827.

[59] Jabbarzadeh A, Atkinson J D, Tanner R I. Effect of molecular shape on rheological properties in molecular dynamics simulation of star, H, comb, and linear polymer melts. Macromolecules, 2003, 36: 5020-5031.

[60] Inkson N J, Graham R S, McLeish T C B, et al. Viscoelasticity of monodisperse comb

polymer melts. Macromolecules, 2006, 39: 4217-4227.

[61] Kapnistos M, Vlassopoulos D, Roovers J, et al. Linear rheology of architecturally complex macromolecules: comb polymers with linear backbones. Macromolecules, 2005, 38: 7852-7862.

[62] Vosloo J J, van Zyl A J P, Nicholson T M, et al. Thermal and viscoelastic structure-property relationships of model comb-like poly(*n*-butyl methacrylate). Polymer, 2007, 48: 205-219.

[63] Chambon P, Fernyhough C M, Im K, et al. Synthesis, temperature gradient interaction chromatography, and rheology of entangled styrene comb polymers. Macromolecules, 2008, 41: 5869-5875.

[64] Liang H, Cao Z, Wang Z, et al. Combs and bottlebrushes in a melt. Macromolecules, 2017, 50: 3430-3437.

[65] Spanier J. Monte Carlo methods//Azmy Y, Sartori E. Nuclear Computational Science: a Century in Review. Dordrecht: Springer, 2010: 117-165.

[66] Wang W J, Yan D, Zhu S, et al. Kinetics of long chain branching in continuous solution polymerization of ethylene using constrained geometry metallocene. Macromolecules, 1998, 31: 8677-8683.

[67] Namba S, Tsukahara Y, Kaeriyama K, et al. Bulk properties of multibranched polystyrenes from polystyrene macromonomers: rheological behavior Ⅰ. Polymer, 2000, 41: 5165-5171.

[68] López-Barrón C R, Tsou A H, Hagadorn J R, et al. Highly entangled α-olefin molecular bottlebrushes: melt structure, linear rheology, and interchain friction mechanism. Macromolecules, 2018, 51: 6958-6966.

[69] Dong W, Wang H, He M, et al. Synthesis of reactive comb polymers and their applications as a highly efficient compatibilizer in immiscible polymer blends. Industrial & Engineering Chemistry Research, 2015, 54: 2081-2089.

[70] Weng W, Hu W, Dekmezian A H, et al. Long chain branched isotactic polypropylene. Macromolecules, 2002, 35: 3838-3843.

[71] Münstedt H. Rheological properties and molecular structure of polymer melts. Soft Matter, 2011, 7: 2273-2283.

[72] Liao R, Yu W, Zhou C. Rheological control in foaming polymeric materials. Ⅱ. Semi-crystalline polymers. Polymer, 2010, 51: 6334-6345.

[73] Xu H, Fang H, Bai J, et al. Preparation and characterization of high-melt-strength polylactide with long-chain branched structure through *γ*-radiation-induced chemical reactions. Industrial & Engineering Chemistry Research, 2014, 53: 1150-1159.

[74] Fang H, Zhang Y, Bai J, et al. Bimodal architecture and rheological and foaming properties for gamma-irradiated long-chain branched polylactides. RSC Advances, 2013, 3: 8783-8795.

[75] Han X, Hu Y, Tang M, et al. Preparation and characterization of long chain branched polycarbonates with significantly enhanced environmental stress cracking behavior through gamma radiation with addition of difunctional monomer. Polymer Chemistry, 2016, 7: 3551-3561.

[76] 卢红斌，杨玉良 . 支化聚合物的熔体流变特性 . 高分子通报，2002, 2: 16-23.

[77] Haugan I N, Maher M J, Chang A B, et al. Consequences of grafting density on the linear viscoelastic behavior of graft polymers. ACS Macro Letters, 2018, 7: 525-530.

[78] Niu Y H, Wang Z G, Duan X L, et al. Thermal oxidation-induced long chain branching and its effect on phase separation kinetics of a polyethylene blend. Journal of Applied Polymer Science, 2011, 119: 530-538.

[79] 汪永斌，牛艳华，杨靓，等 . 长链支化聚乳酸的多重松弛行为 . 高等学校化学学报，2010, (2): 397-401.

[80] Bai J, Fang H, Zhang Y, et al. Studies on crystallization kinetics of bimodal long chain branched polylactides. CrystEngComm, 2014, 16: 2452-2461.

[81] Fang H, Zhang Y, Bai J, et al. Shear-induced nucleation and morphological evolution for bimodal long chain branched polylactide. Macromolecules, 2013, 46: 6555-6565.

[82] Kim Y H, Webster O W. Hyperbranched polyphenylenes. Macromolecules, 1992, 25: 5561-5572.

[83] Hawker C J, Chu F, Pomery P J, et al. Hyperbranched poly(ethylene glycol)s: a new class of ion-conducting materials. Macromolecules, 1996, 29: 3831-3838.

[84] Bao C, Jin M, Lu R, et al. Hyperbranched poly(amine-ester) templates for the synthesis of Au nanoparticles. Materials Chemistry and Physics, 2003, 82: 812-817.

[85] Tabarani G, Reina J J, Ebel C, et al. Mannose hyperbranched dendritic polymers interact with clustered organization of DC-SIGN and inhibit gp120 binding. FEBS Letters, 2006, 580: 2402-2408.

[86] Shi B, Lu X, Zou R, et al. Observations of the topography and friction properties of macromolecular thin films at the nanometer scale. Wear, 2001, 251: 1177-1182.

[87] López-Aguilar J E, Webster M F, Tamaddon-Jahromi H R, et al. High-Weissenberg predictions for micellar fluids in contraction-expansion flows. Journal of Non-Newtonian Fluid Mechanics, 2015, 222: 190-208.

[88] Tamaddon Jahromi H R, Webster M F, Williams P R. Excess pressure drop and drag calculations for strain-hardening fluids with mild shear-thinning: contraction and falling sphere problems. Journal of Non-Newtonian Fluid Mechanics, 2011, 166: 939-950.

[89] Hassell D G, Auhl D, McLeish T C B, et al. The effect of viscoelasticity on stress fields within polyethylene melt flow for a cross-slot and contraction-expansion slit geometry.

Rheologica Acta, 2008, 47: 821-834.

[90] Hassell D G, Lord T D, Scelsi L, et al. The effect of boundary curvature on the stress response of linear and branched polyethylenes in a contraction-expansion flow. Rheologica Acta, 2011, 50: 675-689.

[91] Wang W, Li X, Han X. A numerical study of constitutive models endowed with Pom-Pom molecular attributes. Journal of Non-Newtonian Fluid Mechanics, 2010, 165: 1480-1493.

[92] Xie G, Martinez M R, Olszewski M, et al. Molecular bottlebrushes as novel materials. Biomacromolecules, 2019, 20: 27-54.

[93] Seiler M. Hyperbranched polymers: phase behavior and new applications in the field of chemical engineering. Fluid Phase Equilibria, 2006, 37: 155-174.

[94] Gao C, Yan D. Hyperbranched polymers: from synthesis to applications. Progress in Polymer Science, 2004, 29: 183-275.

第六章 高分子流体动力学的应用

第一节　高分子共混与复合体系流体动力学

一、概述

为满足日益苛刻的性能需求，将高分子与其他高分子或填料进行共混或复合是一种简单而有效的策略。在上述过程中，复杂的热力学和动力学因素对高分子共混/复合体系相态结构（或填料分散情况）产生显著影响；同时，共混组分或填料的加入，将极大改变高分子链的缠结行为和松弛特征，进而使其流变行为较均聚物体系更加复杂。因此，为了对高分子共混/复合体系宏观性能与加工成型进行有效指导，迫切需要对高分子共混复合体系的流变行为开展系统研究。此外，流变学在表征高分子链缠结、局部浓度及链松弛方面具有独特的优势。针对复杂高分子流体（如高分子共混/复合体系）中的链段相互作用、松弛过程等方面开展深入研究，对高分子物理基本问题（如共混体系中的链缠结、复合体系中分子链运动的动力学行为等）的深入理解具有重要意义。下面对典型的共混/复合体系流变学研究的进展做简单回顾。

（一）高分子共混体系流变学

依赖于高分子之间的相互作用参数、聚合度和共混温度等因素，高分子共混体系可以表现出相容性、部分相容性和不相容性三种典型特征[1]。针对上述三种典型体系，人们对其流变学性质开展了系统研究，主要包括完全相容体系的时温叠加原理（time temperature superposition，TTS）失效现象、部分相容体系相分离判定依据及海岛与双连续结构模型等。

在完全相容共混体系中，达到分子尺度相容的高分子共混体系，在宏观性质上一般表现为两种组分某一性质（如玻璃化转变温度等）的平均，时温叠加原理有效；而采用某些差示扫描量热、动态力学分析（dynamic thermomechanical analysis，DMA）或浊点等方法确定为相容性的共混体系，如聚偏氟乙烯/聚甲基丙烯酸甲酯（polyvinylidene fluoride/ polymethyl methacrylate，PVDF/PMMA），会观察到时温叠加原理失效的现象，这与均聚物体系的结果存在显著差异[2]。为深入理解上述现象，Lodge 和 McLeish[3] 建立并发展了自浓度（self-concentration）模型，将其归结为组分动力学的不对称性对其流变特性的影响。该模型认为，两种高分子链自由体积对温度依赖性的巨大差异导致二者玻璃化转变温度的不对称性；在某一温度下，高分子链的连接性带来局部体积内分子浓度的不均一性，这种链段尺度（segmental level）的不均一性导致其有效玻璃化转变温度的改变，影响了其动力学行为，进而造成其流变行为无法用均聚物的时温叠加原理来描述。上述结果不仅明确了通过流变学方法表征链段尺度浓度不均一性的理论依据，还成功解释了不对称高分子共混体系中玻璃化转变温度不对称变宽及链段松弛时间的差异；而且将其与双重蠕动模型相结合，可以很好地描述共混体系的零切黏度和动态模量对频率的依赖关系。

针对部分相容高分子共混体系，研究的重点是如何通过流变学的方式确定其相图，并建立相分离/相容的流变学判据，主要包括 TTS 失效、vGP（van Gurp-Palmen，范格普－帕尔曼）图、韩图及科尔－科尔图等方式[4-10]。通过上述流变方法建立的相图较浊点或显微镜方法所得的相图显示出更高的灵敏度。同时，在上述研究中，由于剪切诱导混合（shear induced mixing）和剪切诱导分离（shear induced separation）等行为的存在，高频区的剪切作用对高分子相容性存在一定的影响[11]。上述部分相容性高分子共混体系的流变学判据在众多体系中得到验证。Sharma 和 Clarke[6] 以聚苯乙烯和聚乙烯基甲基醚（polystyrene/polyvinyl methyl ether，PS/PVME）共混体系为例，系统考察了动态模量随温度的演化规律。研究发现：在临界温度以下（即一相区），动态模量遵循经典的标度规则；在临界温度以上，损耗模量在低频区显著偏高，他们将上述偏离归结为相分离的发生；相分离的发生导致不同温度的动态模量曲线无法通过平移在低频区实现重叠，即所谓的 TTS

失效。郑强等[12]以聚甲基丙烯酸甲酯/甲基苯乙烯丙烯腈共聚物（PMMA/MSAN）和聚甲基丙烯酸甲酯/苯乙烯丙烯腈共聚物（PMMA/SAN）等共混体系为例，系统讨论了其相分离行为。研究发现：在低频区，储能模量表现出"第二平台"特征，tanδ出现特征峰，表明线性流变模型是判定共混体系相分离临界点的有效方法；将流变数据与小角激光散射结果结合，发现旋节线（spinodal decomposition）相分离结构演化符合时温叠加原理；在相分离初期，分离的两富集相之间高度关联，低频区体系的弹性模量增加；在相分离后期，体系弹性模量下降，两相关联性遭到破坏（来源于分散相的断裂和粗化）；两相之间的界面张力可以通过佩里恩（Palierne）乳液模型和布斯米纳（Bousmina）乳液模型得到很好的拟合[13, 14]。

经过相分离，不相容体系可形成"海－岛"和"双连续"两种典型结构。结构形成过程受两相相互作用参数、表面/界面张力、黏度比及体积分数等因素控制。在上述结构中，两相结构的存在导致界面出现，界面处高分子链表现出较慢的松弛过程，使不相容高分子共混体系低频区（长时间）的流变特性主要取决于界面性质，而不再由高分子链动力学主导。在这类体系中，其流变特性不再是单相高分子流变性质的简单叠加，而是受到组分含量、界面张力、相区尺寸及其分布等方面的影响。除了两个组分各自的黏弹特性外，共混体系的流变性质在很大程度上取决于其内部的相态结构。因此，建立相形态与黏弹性之间的关系是该领域的核心问题。为了描述共混体系中的海－岛结构，Palierne[13]将一种牛顿流体分散于另一种牛顿流体中的乳液为模型体系，所得结果可以很好地关联其线性黏弹行为和相态尺寸。同样，Bousmina模型和Gramespacher-Merssner模型也都实现了上述目的[14, 15]。俞炜等[16]建立的模型，在线性黏弹区和非线性黏弹区都实现了对分散相形变、触变行为、第一法向应力差和剪切应力的有效预测。为了系统研究具有双连续结构的高分子共混体系的流变行为，Steinmann等[17-19]分别研究了共混体系动态黏度、储能模量和剪切变稀程度对组成的依赖关系，确定了双连续结构出现的组成窗口。Vinckier和Laun[20]的研究明确了具有双连续结构的共混体系与海－岛结构体系在流变行为上的显著差异，前者表现出"第二平台"特征，而后者满足幂律定律。虽然一些模型试图描述上述体系的流变行为，但均未得到定量化结果。在这方面，土井正男和Ohta[21]通过海－岛结构在剪切下的变形行为，首次尝试考察液滴状结构的变形、归并等行为导致的复杂界面，通过采用相同黏度和相同体积等方式简化模型，得出了描述剪切作用下界面面积及取向性质对时间依赖关系的经验公式；他们认为不相容高分子共混体系界面面积由增容剂含量决定，界面作用通过影响其流体动力学的方式控制了界面松弛行为；提出了特征长度与松弛速率的函数关系，并将界面作用通过其特征长度加以体现。而 Veenstra 等[22]以苯乙烯－乙烯－丁烯－苯乙烯共聚物/聚丙烯（SEBS/PP）等共混体系为例，考察了海－岛结构和双连续结构的模量，并在此基础上提出了正交立方模型，用以描述双连续结构的力学特性，所得结果可以很好地关联其微观结构与宏观力学性能。然而，由于立方结构无法用以描述剪切行为，俞炜等[23]以上述模型为基础，采用贯穿柱状网络结构等效双连续结构的策略，用圆柱方式代替上述立方柱状结构，将剪切作用模型化为三种基本变形，以振荡流场的方式研究了上述柱状结构的形态演变及其对应力的贡献，从而实现了对双连续相结构与线性黏弹性之间的有效关联和预测；该工作首次明确双连续结构的动态模量由“组分”和“界面”两部分构成，并指出界面贡献可从简化的双连续结构计算获得；该工作所建立的模型较好地吻合了实验数据，印证了双连续结构和线性黏弹性之间的定量关系，从而解决了低频区实验数据无法精确拟合的难题。

（二）高分子复合体系流变学

将高分子基体中加入有机/无机填料是制备新型材料的有效方法之一，因此备受关注。在高分子基体与填料（如粒子）相互作用较弱时，高分子促进填料的聚集，而填料导致高分子缠结程度的降低，从而影响了高分子链的松弛行为，这一趋势在填料尺寸较小或其含量较高时体现得更加显著。而在两者表现出强吸引相互作用时，高分子链将沿着粒子的表面取向，甚至被吸附或锚定在其表面上，主要形式包括：悬挂链（dangling tail）、吸附链（adsorbed segment）和环形链（loop chains）等。上述分子链由于协同运动的抑制（suppression cooperative motion）被固定化，导致其动力学过程相对于本体高分子链减缓。实验上，链段松弛峰的加宽和介电强度的减弱有力地支持了上述结论。因此，高分子填充体系的界面层被定义为围绕在粒子周围、动力学行为被显著改变的局部高分子层。该界面层的存在已经得到小角散射和固体核磁共振的有效确认[24, 25]。一般认为，上述界面层的厚度大约为几纳米。为深入理解处于界面层的高分子链动力学，一些模型得以发展，即梯度模型、两相模型和多层模型[26-28]。梯度模型认为，越靠近粒子的位置（即锚定位置），高分子链活动能力越弱，随着其距离的增加，链段运动能力提高，因此，在界面层中存在一个高分子链活动能力的梯度，其玻璃化转变温度将随着粒子含量的提高而逐渐升高。在这个模型中，链段活动能力变化的程度可以通过界面层厚度近似表征，该模型能够解释复合体系中高分子链活动能力的下降，并较准确地预测其玻璃化转变温度较本体情况的上升程度。而两相模型将可运动部分和不可运动部分直接分为两相，二者之间存在清晰（sharp）的界面；而吸附在粒子上的高分子链被认为是一个死层（dead layer），原因是其玻璃化转变温度急剧升高而无法检测[24, 25, 29]。多层模型将粒子与高分子之间的吸引作用和非吸引作用进行了区分，并据此成功解释了不同复合体系中玻璃化转变温度的上升与下降两种不同趋势。Mortazavian 等[30]通过热重分析（thermogravimetric analyzer，TGA）系统考察了高分子复合体系的热降解行为，发现由于氢键，附着于硅纳米粒子表面的聚乙酸乙烯酯（polyvinyl acetate，PVAc）分子链与本体相比，其热分解温度显著升高，且温度调制式差示扫描量热法（temperature modulated differential scanning calorimetry，TMDSC）中的玻璃化转变显著变宽；而在聚甲基丙烯酸甲酯与硅纳米粒子复合体系中，更强的相互作用导致上述两种趋势均显著加强。上述界面层的存在，导致填料含量较低时，所得粒子尺寸较其实际尺寸稍微升高，通过界面层厚度的方式，可以定量表征填料与基体之间的相互作用，进而显著影响体系复数黏度；而在填料含量较高时，将形成一个粒子的逾渗网络，在该网络结构的形成过程中，界面层及构成界面层的桥接链（bridge chain）起到重要的作用。上述三维网络结构的形成，得到三维透射电镜（three-dimensional transmission electron microscopy，3D-TEM）等实验数据的支持[30]。

在纳米粒子填充的高分子体系中，高分子链被“或紧或松”地锚定于粒子表面。因此，该体系的黏弹性包含粒子聚集体和吸附于其上的高分子链两个部分的贡献。例如，在炭黑填充丁苯橡胶（styrene butadiene rubber，SBR）体系中，炭黑网络及界面层呈现连续相，该网络只有在局部应力超过某一阈值后才会被破坏。当纳米粒子的布朗运动作用较显著时，填充体系因上述三维网络结构而表现出强烈的时间依赖性，该依赖性对高分子链动力学行为（如劳斯模型和 Reptation 模型）产生重要影响[31]。传统意义上，纳米粒子填充体系被处理为包含高分子基体和有效纳米粒子（包括纳米粒子本身和吸附于其上的界面层）的两相体系。在基体相的玻璃化转变温度以上，前者的高分子链段运动较自由，而后者的松弛行为因受限作用而被大大抑制。上述体系黏弹性由“悬浮的黏性高分子熔体”和“弹性的纳米填料网络”两部分构成。这一观点在高分子填充体系流变学研究中已经被广为接受，然而，对于纳米粒子对高分子链动力学的影响及其补强作用的基本假设存在差异，故存在两种不同的模型，即特拉普－韦茨（Trappe-Weitz）模型和列昂诺夫

（Leonov）模型[32, 33]。

Trappe-Weitz 模型致力于揭示高填充体系中普适性的类固流变行为特征。该模型认为，高填充体系中纳米粒子及其聚集体（aggregates）的存在，导致其储能模量对频率变化不敏感，进而决定了上述体系在低频区的流变响应。而在高频区，Trappe-Weitz 模型假设填料弹性网络与基体之间的相互作用可以忽略，前者仅贡献弹性，后者仅贡献黏性，且二者之间可通过等效方式实现转换。借助该模型并参照时温叠加原理，他们提出了时间 - 浓度叠加（time-concentration superposition，TCS）原理，用于研究粒子对填充高分子体系稳态与动态流变行为的影响[34]。针对类液（liquid-like）体系，Faitelson[35]引入模量平移因子（或称应变放大因子），将其动态流变数据叠加到悬浮剂上，获得动态流变 TCS 曲线。此时流变行为主要取决于高分子熔体或粒子的流体动力学作用力。该原理成功应用于一系列粒子分散体系。针对类固（solid-like）悬浮体系，Trappe 与 Weitz[34] 引入模量平移因子（α_{m}）和频率平移因子（α_{ω}），通过两个方向的平移获得模量主曲线——TCS 曲线。该方法在粒子分散体系与高分子复合材料中得以成功应用。借助双平移因子（α_{m} 与 α_{ω}），可成功建立类固悬浮体系的 TCS 曲线，揭示粒子网络的贡献及其对高分子动力学的影响规律。然而，Trappe-Weitz 模型及其获得的 TCS 主曲线在众多体系中无法拟合实验结果，主要表现在：首先，基于 TCS 主曲线的思路，上述体系中的类固体流变行为应呈现出统一的标度关系，且与纳米粒子的表面能、形貌及填充体系的加工条件和剪切历史等关系不大，从而获得统一的、由填料聚集行为导致的减缓动力学行为。然而，这与实验结果存在显著差异，如石墨烯与聚乳酸（PLA）复合体系中充分剥离和未充分剥离的石墨烯导致了完全不同的 TCS 主曲线；其次，由于上述模型完全忽略了基体与填料之间的相互作用，对存在强相互作用的体系，TCS 应失效，而实验研究发现，在聚氧乙烯（PEO）和硅复合体系中（基体与填充粒子之间存在较强的相互作用），当填料含量高于临界值时，完全可以获得储能模量的 TCS 主曲线；最后，上述叠加曲线均不能模拟整个测试频率范围内的线性动态流变行为，尤其是在高频区常常失效。

对绝大多数高分子填充体系而言，由纳米粒子之间随机取向所致的几何接触或桥接链的“交联作用”导致其网络骨架结构的形成。上述网络通常具有一定柔韧性，此时 Trappe-Weitz 模型失效。与其相比，Leonov 模型认为，当体系填充含量足够高时，除流体动力学增强效应外，粒子可直接相互接触，或通过吸附高分子链而间接接触，形成贯穿分子网络的粒子串（cluster）

或粒子网络（network）[33]。在上述体系中，纳米粒子作为“硬而不可变形的相”分散于“软而可高度变形的基体”中，对填充体系施加宏观应变，形变主要集中在粒子间隙流体上，导致间隙流体的局部应变远大于宏观应变，产生应变放大效应，可用应变放大因子 A_f（与频率无关的物理量）描述局部应变相比于宏观应变的放大程度。应变放大因子可实验测定，用于解释橡胶的补强效应与填充高分子的高频模量。Leonov 模型明确了“粒子网络”的逾渗特征，并阐明了该网络对复合体系流变特性的贡献，从而在众多体系中取得了成功。各种层出不穷的结构性、功能性复合体系使得蒙脱土、纳米碳管和石墨烯等纳米粒子对高分子的补强效应在粒子网络理论中得到多次验证。大多数的学者基于粒子逾渗浓度等参数系统研究了粒子决定的网络普适性（network universality）。经过多年研究，“粒子形成三维网络并为高分子复合体系提供力学支撑或赋予其功能特性”的观念已深入人心，成为高分子复合材料流变学的主要共识之一。然而，仍然有许多实验体系不符合 Leonov 模型，特别是现有的 Leonov 模型无法全面阐释从“聚集”（clustering）到“拥堵”（jamming），最后到玻璃化的整个液－固转变过程。其原因是，该模型只关注粒子产生的流体动力学效应或粒子网络的黏弹性效应，把高分子基体默认为界面黏结剂，而未考虑基体自身的流变学贡献，无法清楚地表达出高分子对补强和动态生热的作用，仅笼统地、定性地将其归于界面效应。

针对上述问题，宋义虎和郑强等[36]在炭黑和未交联的天然橡胶复合体系中，通过抽提方法确认了两个网络及二者相互作用的存在，并从结构模型简化入手，在充分考虑高分子黏弹性、粒子－高分子界面相互作用的前提下，将高分子（受限）吸附链视为“粒子相”的必要组成，提出并验证了可准确预测浓度跨度大、不同界面相互作用的高分子复合体系的宽频率范围流变行为的“两相”流变模型。该模型采用应变放大因子，描述高分子“本体相”的微观黏弹性，独立参数少，无须解析高分子基体的动力学信息，即可准确预测上述体系的流变行为。该模型认为，粒子拓扑结构、高分子化学结构和界面相互作用各不相同的复合体系，其“粒子相”结构相似，但粒子相弛豫行为与粒子拓扑形态、界面作用密切相关。一方面，粒子相随粒子含量的增加而发生“聚集－拥堵－玻璃化”转变，是不同高分子复合体系呈现普适补强效应和线性动态流变行为的关键证据。另一方面，粒子相在大应变条件下，加速本体相高分子解缠结，是高分子复合体系非线性黏弹性的主要机制。基于上述修正的两相模型，他们还深入研究了粒子相黏弹性、复合体系大浓度跨度类液－类固转变及其与界面作用、高分子弛豫特性相互关联的必要性和可行性。这些研究为定量化表征填料与基体相之间的相互作用，建立可正确预测基体、界面、粒子动力学贡献的复合体系流变学理论奠定了全新的基础，进而使构建包含上述作用的高分子复合体系本构方程成为可能，该两相模型较好地统一了“聚集－拥堵－玻璃化”的机制[35, 36]。同时，虽然填料表面的界面层提供的体积排斥力导致其稳定悬浮已经被广泛接受，但是，其形成的临界条件及其厚度的影响因素等问题仍然缺乏深入的理论基础。简单地将复杂流变行为归咎于界面层厚度变化的做法过于粗化，且无法预测高浓度填充体系的流变行为[37-42]。

二、关键科学问题

高分子流变学的核心任务是建立其流体的本构方程。高分子共混/复合体系与均聚物体系相比，存在复杂的相态结构和界面相互作用，这些结构与相互作用受热力学和动力学两方面因素的控制，成为调控高分子共混/复合体系流变行为的特征性因素。因此，在建立和发展相应理论模型的基础上，构建包含相态结构和界面相互作用等因素的结构流变学本构方程就成为该领域的关键科学问题。

（一）相态结构演化与结构流变学

现有关于高分子共混体系流变行为的研究主要聚焦于静态体系，而相态结构随外界条件的改变会发生相应的变化，例如，不相容体系中温度的升降将导致相态结构变化［双连续结构到海－岛结构的转变及海－岛结构（即液滴）在流动场中的破裂行为等］。结构流变学的完善和相应工业需求均对相态结构演化与宏观流变行为的有效关联提出了迫切要求，为此需要建立理论计算（如有限元分析）和实验（如原位/离位）研究方法，并结合现有静态体系的研究结果，阐明相态结构演化规律及其对宏观流变性质的影响，进而构建理论模型和相应的本构方程。

（二）界面相互作用与结构流变学

在高分子反应性共混体系中，反应物的界面分布情况及其对界面张力和剪切应力的影响规律至今仍不明确。而在高分子复合体系中，界面层形成机制、界面层厚度及其对宏观流变行为的影响仍然缺乏深入理解。这两个问题均面临“如何描述分散相与基体相之间相互作用”的问题。为此，需要建立、发展并完善理论模型，在本构方程中除了体现相态结构演化外，还要包含相界面相互作用，以实验和理论分析方法确认相界面相互作用的存在及其影响强度。最终，在高分子共混或复合体系中实现相态结构演化/相界面相互作用与流变性质的有效关联和定量预测。

三、重要研究内容

（一）高分子共混体系相态结构与宏观流变性质

采用佩里恩（Palierne）模型和Lenovo模型等，高分子共混体系中的海-岛结构已经得到较好的描述。但是，有关双连续结构共混体系的研究仍然面临巨大挑战。一方面，共混体系中双连续结构自身的形成机制仍存在争议，目前主要存在“破碎-聚并机制”和“成纤-拉伸机制”。前者认为，不相容的两相在剪切作用下，破碎成尺寸较小的粒子，之后发生聚并，形成双连续结构。而后者认为，两组分在剪切作用下，被拉伸成纤维状，进一步作用导致纤维破裂成双连续结构。在上述两种机制中，共混物组分的流变行为（如两相黏度比）扮演了极其重要的角色。另一方面，双连续结构形成后，将对界面性质、高分子链松弛特征及界面结构等变化（如两相的形变、破碎及聚并等行为）产生显著影响，进而影响高分子共混体系的宏观性能。而在一些含有增容剂（尤其是反应性增容剂）及结晶组分的特殊体系中，上述问题变得更加复杂。要深入理解并阐明其影响规律与作用机制，迫切需要建立和发展针对上述体系的新模型。为此，可从以下三个方面进行积极探索：①揭示双连续结构形成机制；②阐述相态结构与宏观流变性质的关系；③构建本构模型与本构方程。

（二）高分子复合体系结构与宏观流变性质

在高分子复合体系中，异质结构的研究仍然存在众多争议和亟待解决的问题。虽然有大量研究结果表明纳米粒子与基体的强（弱）相互作用将有效降低（升高）高分子链的活动能力，进而提高（降低）其玻璃化转变温度，但是与该结论相反的结果也时有报道。显然，处于界面处的链段（surface segments）和桥接链段（bridge segments）是导致填料聚集、网络状结构、类固体行为出现及增强等效果出现的原因。然而，填料与高分子间相互作用关系等如何描述困难重重，其原因是评估纳米尺度的界面层面临巨大挑战。一方面，需要适宜的物理序参量才能够有效描述界面层；另一方面，对界面层产生影响的因素众多。为了正确理解界面层与填料网络之间的相互关系，并能够自洽且定量化描述上述行为，采用多种方式及其联用策略是十分必要的，主要手段包括小角 X 射线散射、小角中子散射、透射电镜、温度调制式差示扫描量热法和介电松弛等。

（三）复杂高分子流体流变学在加工中的应用

与单组分高分子流体相比，高分子共混/复合体系流变行为更加复杂，其加工成型方法与流变行为的匹配面临更大的难题。例如，聚对苯二甲酸乙二醇酯（PET）的吹塑成型因高的生产效率而备受关注，但是由于其储能模量较低（即弹性较差），吹塑加工成型长期面临巨大挑战，采用加入扩链剂的方式可以有效提高其分子链缠结效率和储能模量，进而解决上述难题。可见，在高分子微观/介观结构与宏观加工成型之间，流变性质起到了桥梁的作用。因此，系统研究高分子共混/复合体系流变性质在加工成型中的应用，可着重在加工成型过程中流变学问题的凝练、成型工艺的流变性质要求及特殊外场（如单/双向拉伸、高剪切等）作用下特征流变性质等方面进行探索。

四、发展思路与目标

针对高分子共混/复合体系流变行为研究的现状，以该领域的基本科学问题为出发点，结合未来重要的研究方向，提出以下发展思路。

（一）加强实验、模拟和理论研究深度结合

在传统的实验和理论研究基础上，建立了描述高分子共混/复合体系流变性质的模型和本构方程。在流场作用下，高分子共混/复合体系中分散相或填料将受到强烈的剪切或拉伸等作用，有限元分析在处理体系流体力学和宏观流变学问题时表现出独特的优势。然而，在对特殊流场作用下的流变行为研究方面［如共混体系中的液滴（分散相）破裂］面临巨大挑战。为此，将传统的实验、理论等研究方法与计算机模拟（特别是分子动力学）方法相结合，可以为分子水平理解结构流变学，特别是认识高分子共混/复合体系结构流变学的分子机制提供新思路。

（二）加强高分子复杂体系流变学基础研究与加工成型应用的密切联系

一方面，流变行为研究可以解决高分子加工成型中的实际问题，如挤出过程中的物料输送、纺丝过程中的单轴拉伸及吹塑成型中的双向拉伸等，为

高分子加工成型方法的筛选和加工成型条件的优化提供必要的指导；另一方面，在高分子共混/复合体系中涉及外场作用下复杂的相态结构演变，从中可以凝练出结构流变学的基本科学问题与理论模型，进一步促进高分子结构流变学的发展。

通过上述发展思路和研究方向的确立，逐步建立包含特殊相态结构演化规律（如双连续结构）与特殊相互作用（如界面相互作用）的结构流变学模型和本构方程，从而实现对多相高分子材料加工成型过程理论指导和条件优化的目标。

五、短板与优势

在高分子共混体系/复合体系的流变学研究中，我国学者紧扣复杂体系流变学发展的脉络和前沿，产生了多项有影响的创新研究成果，现分别概述如下。

（一）高分子共混体系流变学

1. 共混体系相分离流变学

郑强等[43-48]以 PMMA/MSAN 和 PMMA/SAN 共混体系为研究对象，发现并阐明了低频区储能模量的第二平台特征，验证了以线性流变模型判定共混体系相分离方法的有效性。研究结果引起了业内广泛关注。董侠和韩志超等[49-52]通过将流变技术与光散射和显微镜结合的方法，系统研究了 PB/PI（聚丁二烯/聚异戊二烯，polybutadiene/polyisoprene）体系剪切诱导下的相分离行为和相边界移动，发现在临界组成和远离临界组成条件下，储能模量对升温速率的依赖关系及相分离临界点表现出不同的规律，且前者主要受相分离结构演化的影响，而后者是由成核动力学及海－岛状结构生长控制，上述差异被归咎于组成涨落强度的差异及剪切诱导相容机制。王志刚等[4]以呈现上临界共溶温度的 PEH/PEB（ethylene/hexene and ethylene/butene，乙烯/已烯共聚物和乙烯/丁烯共聚物）共混体系为例，基于时温叠加原理和平均场理论相结合的方法，借助流变学方法准确测量了上述体系的 Binodal 和 Spinodal 曲线，结果表明，流变学测量较光学测量具有更高的灵敏性，尤其在相分离初期，这种灵敏性表现得更加显著；在相分离动力学的研究中，亚稳区中储能模量的下降程度较不稳区的程度更小，他们认为，这可以归咎为亚稳区中的成核与生长主要由扩散控制，且此时界面张力较低。

2. 双连续结构新模型

在高分子共混体系研究中，已有模型大多适用于海－岛结构的描述，但对双连续结构无能为力。俞炜等[23]将双连续结构近似为互相贯穿的柱状网络结构，以振荡流场的方式，研究上述柱状结构的形态演变及其对应力的贡献，从而实现了双连续相结构与线性黏弹性之间的有效关联，并发现双连续结构的动态模量由“组分”和“界面”两部分构成，后者可从简化的双连续结构计算获得。该工作所建立的模型很好地吻合了实验数据，印证了双连续结构和线性黏弹性之间的定量关系，已经成为描述双连续结构线性黏弹性的公认模型。

3. 高分子共混体系中多种相行为的耦合

董侠与韩志超等[49]和王志刚等[53]分别以 iPP/PEO（isotactic polypropylene/polyethylene oxide，等规聚丙烯/聚氧乙烯）和 PEH/PEB 体系为例，结合流变学与显微镜技术，研究了相分离与结晶行为的耦合机制。结果表明，在液－液相分离存在的情况下，高分子结晶速率和成核密度均有较大提高，由此获得了晶体相和非晶相的双网络结构，从而获得了良好的力学性能。

（二）高分子复合体系流变学

1. 零维填料复合体系的流变学

高分子复合体系流变学研究中，低填充体系可采用爱因斯坦方程及其修正形式加以描述；而在高填充体系中，传统的两相模型（如 Trappe-Weitz 模型和 Leonov 模型等）认为，连续的粒子相和连续的网络相相对独立地对高分子复合体系的流变性能产生贡献，二者的叠加即为体系的宏观流变性能。然而，这些模型的预测与实验数据存在较大的偏差，且无法有效解释“聚集－拥堵－玻璃化”转变现象。鉴于此，宋义虎和郑强等[36]以炭黑和天然橡胶的复合体系作为切入点，对传统的两相模型进行了修正，在充分考虑粒子相网络及其与橡胶相连续网络相互作用的基础上，将粒子相应变放大因子与黏弹性相结合，发展了两相模型，很好地解决了上述问题，成为该领域的重要模型之一。在此基础上，他们将其应用于其他高分子复合体系，验证了其普适性。

2. 一维填料复合体系的流变学

作为一维纳米材料的典型代表，碳纳米管（CNTs）与高分子的复合体系因其兼具高的导电性能和力学性能等特点而备受关注。然而，该体系的基本流变行为研究长期面临巨大的挑战。为此，王志刚等[54]从CNTs/iPP体系入手，系统研究了碳纳米管的结构（如CNTs的长径比等）对复合体系网络结构及其后续加工成型性能的影响规律、CNTs的加入对高分子基体结晶行为的作用和复合体系导电性能与三维网络结构之间的关系，所得结果验证了较大负法向应力差的存在、CNTs/iPP纳米复合体系的挤出收缩及形状畸变效应。

3. 二维填料复合体系的流变学

作为重要的二维填料，黏土/蒙脱土与高分子的复合体系长期以来是研究的焦点。傅强和王珂等[54-59]从有机黏土/iPP复合体系入手，以原位流变方法系统研究了剪切诱导黏土分散机制、黏土网络状结构对iPP分子链缠结与松弛行为的影响规律及黏土取向行为与复合体系流变性质和拉伸性能之间的关系等问题，阐明了黏土分散性对复合体系热力学与动力学行为及其复合体系宏观流变性质影响的物理机制等基本科学问题。董侠等[55, 60]也得到类似的结果。

我国学者在长期的研究积累中，对结构流变学相关维象模型和理论的发展起到积极的推动作用，在某些特定领域获得了具有鲜明特色的研究成果，起到一定的引领作用。但总的来说，原创性、突破性的基础研究和有实际应用价值的应用基础研究仍显不足。下一步需要以实际应用为导向，凝练出基本科学问题，通过加强实验、模拟和理论研究的结合，为高分子共混/复合材料的设计与加工成型提供指导，以提升国际影响力和竞争力。

（撰稿人：由吉春；杭州师范大学）

第二节　高分子受限流变学

一、概述

随着微/纳米科学技术的蓬勃发展，微型化、轻量化和精密化已经成为产品设计和开发的趋势之一[61]。高分子材料具有可塑性、质量轻、耐腐蚀、电绝缘性好和比强度高等优点，同时部分高分子材料还具有独特的光学、生物相容性和耐高温等特性，使其在微小零件制造领域展现出很好的应用价值和发展前景[62, 63]。高分子的微/纳加工成型及微纳器件的制备已成为高分子应用和制造领域最为活跃、最具前景的研究领域[64-67]。在微/纳加工成型过程中，高分子流体通常在微尺度流道中流动、充模和成型。与传统高分子加工成型不同，高分子材料在微/纳加工成型过程中的流动行为、加工成型条件及边界效应等方面均表现出特异性。因此，研究高分子熔体在一维、二维甚至准零维极限状态下的流动、充模和冷却过程，阐明高分子熔体在受限状态下的流变行为，掌握和理解受限状态下高分子链的运动规律，不但有助于理解分子链本身的构象演化、分子链缠结和分子链运动的尺寸效应，而且对于模具的设计制造、微/纳成型工艺优化及制品性能的提高等均具有重要的意义。

高分子材料的微/纳加工是微电子机械系统（micro-electromechanical systems, MEMS）技术的基础和前提[68-70]。以微注塑成型技术为例，因其制品具有质量好、成型周期短、加工成本低、适合大批量生产等优点，被认为是最具灵活性、可靠性及成本优势的高分子制造技术之一[71-73]。成型的制品已用于光学通信、生命科学、医疗诊断、医学工程和微机械等领域[74-78]。微注塑成型技术源自传统注塑成型，基本过程相同。但是，高分子熔体流动过程中的通道尺寸进入微米量级后，受限流动或者微尺度效应（micro scale effects）作用显著，体系表现出复杂的流变行为。传统注塑成型工艺忽略的因素会影响微尺度高分子熔体的流动，导致高分子流体的传统描述及传统模具设计理论与方法均失去意义[79-81]。传统的流变特性研究方法是根据高分子熔体流动理论，通过流变仪获取高分子熔体在不同温度、不同压力差下随剪切速率变化的熔体黏度。测量时口模出口压力是大气压力，其口模特征尺寸大于1mm。而目前微注塑成型的微尺度范围在10～1000μm，甚至更小[82]。在微尺度条件下，微注塑成型的特点是熔体固化快、需要更快的流动速度，同时会导致注塑成型时注射压力较传统注塑成型高，尤其是超薄注塑成型，压力通常高于100MPa。压力升高会明显增加熔体黏度，而传统注塑流变模型中不考虑压力对黏度的影响。此外，在微尺度范围内，通道表体比、壁面滑移、表面张力和黏性耗散效应等因素将进一步影响高分子熔体流变特性[82, 83]。随着高分子流体通道特征尺寸的变化，这些因素的作用程度将发生变化，导致流变特性发生显著改变。显然，采用传统研究方法获得的高分子本体流变数据已不能描述高分子在微尺度范围内的流变行为，不能用于微注塑成型工艺与模具的设计。

因此，研究高分子熔体在微尺度受限条件下流动过程的影响因素，对于揭示受限效应，建立微尺度下高分子（熔体、溶液及悬浮液等）流动数学模型，指导微注塑成型工艺具有重要意义和实用价值。然而，由于高分子链结构及其性质的复杂性，受限状态下高分子熔体流变行为尚不清晰，缺乏具有普遍意义的高分子流变本构模型，这严重制约了微成型工艺的研究与发展。本节借鉴宏观尺度下流体力学基本方程与高分子流变学基础理论，结合宏观尺度忽略的流变影响因素，主要从高压下微尺度高分子流变测试装置的研制、微尺度流变行为模型的建立及典型微注塑成型技术中微尺度高分子熔体流变学应用三方面进行阐述，揭示高分子在微尺度下流动迁移机制，加深对其流动过程的认识，为高分子微加工成型奠定理论基础，为微流控器械的设计及应用提供借鉴。

二、关键科学问题

近年来，随着高分子微/纳加工的发展，微尺度高分子的流变学研究已经受到广泛关注。开展高压等外场作用下微尺度高分子流变学的基础研究，不仅有助于理解高分子熔体在微尺度条件下的分子链动力学行为，而且对推动高分子微注塑模具制造技术的提升具有重要的理论意义和工程实用价值。此外，这一研究还能促进我国微注塑成型理论与技术的发展，对微机械理论与技术的进步也具有重要的意义。目前，微尺度高分子流变学研究面临如下主要科学和技术问题。

（一）微尺度下高分子流变测试手段和方法

微尺度下高分子流变性质的测试是受限流变学研究的前提，因此研制一维、二维受限条件下高分子流变测试的装备和建立高分子受限流变学测试的方法是受限流变学研究的关键问题之一。

（二）高分子微尺度流变模型

研究高分子熔体流变行为的尺度效应，探讨微尺度范围内熔体的流变特性，获得高分子流体在微尺度范围内熔体的流动参数，建立高分子微尺度下的流变模型。

（三）尺度效应与压力等外场耦合的影响

在研究微尺度下影响高分子熔体动力学主要因素的基础上，阐明压力、温度等外场可控参量的耦合作用，确立压力和温度等参量耦合对熔体动力学的影响机制及微尺度效应作用机制，建立尺度效应与压力等外场耦合作用下的高分子流变学模型。

（四）典型微注塑成型技术的微尺度高分子熔体流变学

基于传统注塑成型理论建模方法，应用微尺度流变学模型，形成微注塑成型模具的流变学分析方法。以典型微流控芯片为研究对象，采用微细与精密加工技术制造微注塑模具，采用数值模拟方法开展不同工艺参数的成型流动分析，对比注塑成型实验分析成型的质量，为微注塑模具的设计提供理论指导。

三、重要研究内容

（一）高压下微尺度高分子流变测试装置

1. 平行板流变仪

高分子熔体在微成型加工过程中受限尺寸小（通常小于1000μm），需要承受极高的压力（＞100MPa）与剪切速率（＞1000s^{-1}），因此其流动具有熔体压力大、剪切速率高和表体比高等特点，壁面滑移与黏性耗散较传统尺寸通道中熔体流动行为具有显著差别[71, 84-87]。传统宏观尺度下的高分子熔体流变本构方程已不再适用。目前有关微尺度下高分子熔体流变的研究比较匮乏，现有微尺度流变学研究主要借助于测试间隙尺寸较小（5～100μm）且可实现高熔体压力（微注塑熔体压力可达上百兆帕）的旋转流变仪。图6-1为狭缝平行板旋转流变仪的基本构造。Stokes等根据流变仪的基本原理，借助高压狭缝测试装置[88]，系统研究了牛顿流体、剪切变稀及弹性流体在高压受限条件下的表观流变行为。此外，人们也根据流变仪结构原理研制出具有狭缝流道的测试装置，用以研究微尺度下熔体的流动特征。微尺度流变学研究主要集中于熔体滑移机制、黏度的尺寸效应、熔体的压力敏感性及自由体积等方面。

2. 平板流变仪的误差因子

现有微尺度流变学研究表明，当高分子熔体在高压受限条件下进行流变测试时，一些宏观测试下忽视的误差因子显得尤为重要。因此，为提高测试准确性，必须引入多种误差因子，具体误差因子分为常见误差因子、惯性力误差因子及间隙误差因子。

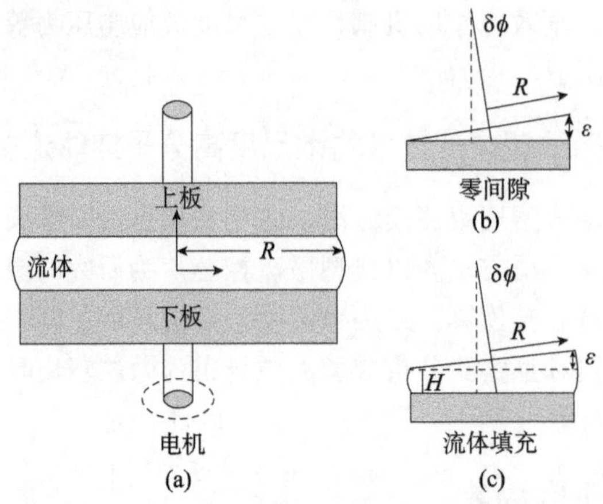

图 6-1　狭缝平行板流变仪基本构造

H 为间隙高度，R 为平行板直径，Ω 为角速度，$\delta\phi$ 为偏差角，ε 为间隙误差

（1）常见误差因子。高压微尺度测试条件下，常见误差包括边缘破裂、二次流动及径向迁移等。首先，弹性剪切破裂/边缘破裂是由于高分子熔体在受限流场中流动时剪切速率过大而产生不稳定流动，使得熔体边缘发生断裂。首先，结合麦克斯韦模型和 Oldroyd-B 模型等经典本构模型 [89-92] 引入 Cross 模型 [93]，可建立表面张力（Γ）与缺陷尺寸（a_E）的相关函数 [89, 94, 95]；其次，径向迁移的发生会导致误差增大，需要进行修正；最后，二次流动也会因其高分子熔体表观黏度的提高造成误差。因此，需利用 Turian 模型进行进一步修正 [96, 97]。值得注意的是，对于黏弹性较高的熔体，在高压受限条件下，当弹性力远高于惯性力时，即使雷诺数较低，牛顿流体也会在惯性力的相反方向形成二次流，产生不稳定流场 [80, 98]。目前有关二次流动与弹性非稳定流场间相关性的研究仍有待完善。

（2）惯性力误差因子。法向力对惯性因子尤为敏感，其与熔体密度 ρ 正相关，可建立模型进行修正。

（3）间隙误差因子。针对不同种类的高分子熔体，当间隙间距小于 100～200μm 时，测量黏度值会随着间隙高度的改变而发生线性变化。这种误差主要源于平行板位置校准偏差，以及在调节零间隙过程中空气挤压流的存在 [99, 100]。当间隙高度降低时，误差会显著提高。Boger 等 [94, 100] 提出利用误差因子的修正方程进行修正。

通过上述理论模型，能够系统地分析高压条件下高分子熔体的流动过程，进而可通过流变仪中高分子熔体的密封方法解决高压流变仪柱塞与料筒之间、传感器与口模之间的密封难题；同时，结合精密加工技术与高压密封技术，将高分子熔体密封在两个料筒内，采用微细加工技术加工微尺度狭缝口模，在外力作用下使两个料筒中的高分子熔体流过狭缝口模通道，测量通道中的熔体压力差及体积流量，并根据流变学测量理论最终计算熔体的黏度，为微尺度高分子熔体流变行为提供理论指导。

（二）微尺度流变模型

微尺度效应的形成机制多种多样，尺度效应的物理机制迄今仍缺乏系统透彻的描述，尤其对微尺度下高分子熔体流变行为的认识很不充分，诸多微尺度导致的物理现象难以获得合理的解释。因此，对微尺度下高分子熔体流动过程进行深入研究，建立数学模型并对尺度效应机制进行进一步的探讨，是高分子微加工成型不可回避的问题，具有重要的理论意义与工程价值。

根据毛细管流变仪测量原理，基于沃伊特－开尔文本构模型提出微尺度效应对高分子熔体流动行为影响的作用机制，并通过理论推导建立微尺度流变模型，分析受限特征尺寸与熔体黏度的关系[89, 101-103]。在此基础上，借鉴Mooney壁面滑移速度测量原理，进一步分析微尺度效应对壁面滑移速度的影响，并结合特征尺度因子对传统壁面滑移模型进行修正，建立微尺度高分子熔体的壁面滑移模型，进而深入揭示微尺度壁面滑移对熔体受限流动的影响规律。

（1）高分子熔体流体力学基本方程。高分子熔体属于非牛顿流体范畴，在剪切场作用下，熔体存在流动与变形、传热与相变的过程，其流动遵循质量守恒定律、动量守恒定律和能量守恒定律等。在此基础上，构建高分子熔体流动与变形过程的数学模型，进而建立微尺度下高分子熔体流体力学基本方程。

（2）微尺度下高分子熔体流动的数学模型。微尺度下熔体流动的数学模型是在已建立的高分子熔体流体力学基本方程的基础上，在特殊边界条件（特别是微小空间受限）下，求解微尺度下高分子熔体流体力学基本方程的基础。微尺度下高分子熔体流体力学基本方程的求解过程相当复杂，因此需要进行必要的计算数学处理与合理有效的简化。为了对高分子熔体流动过程进行量化分析，必须建立高分子熔体的黏度模型。通常情况下，高分子熔体为假塑性流体，因此其黏度与剪切速率、压力及温度密切相关。迄今描述高分子熔体剪切变稀的模型主要有Power-Law模型[104]、威廉姆斯－兰代尔－法瑞方程[105]、Carreau模型[106]、Cross模型[107]及Cross－威廉姆斯－兰代尔－法瑞模型[108]等。其中，Cross模型已广泛用于高分子熔体流动分析中，

Carreau 模型能够反映较宽剪切范围内熔体的流变行为，而 Cross－威廉姆斯－兰代尔－法瑞模型的使用范围相对最广。基于经典黏度模型，通过分析微尺度中熔体流变参数数据，并结合受限尺寸及其他微尺度效应，可以构建适用于微尺度下高分子熔体的黏度模型。描述微尺度下高分子熔体黏度的模型常用的主要有：Eringen 与 Okada[109-111] 基于黏性流体非局部连续理论，提出的一种考虑分子链取向的微尺度熔体黏度本构方程；庄俭等 [112] 在 Cross－威廉姆斯－兰代尔－法瑞模型基础上，通过对流道当量尺寸的修正，得到微尺度黏度模型。该模型认为，受限通道的长径比是微尺寸效应的根本原因，因此将其微尺度通道截面的当量直径 D_n 乘以 Cross－威廉姆斯－兰代尔－法瑞模型黏度即可计算得到微尺度黏度。后续研究表明，随着受限通道长径比的增加，熔体的黏性耗散热升高，使得黏度发生变化。徐斌等 [113] 在该研究的基础上，结合沃伊特－开尔文黏弹本构模型进行了改进，推导出以受限尺寸为修正系数的微尺度黏度模型。结合上述数学模型，在流变学基础理论框架下，通过合理简化与处理，建立微尺度下高分子熔体流动的数学模型，对微尺度条件下高分子熔体的流动行为及其黏度进行了分析与预测。

（三）典型微注塑成型技术的微尺度高分子熔体流变学

高分子微成型技术包括微热压印技术（micro hot embossing）、微注塑成型技术（micro injection molding）和微注塑－压缩技术（micro injection compression molding）等。其中，微注塑成型因其具有成型效率高、尺寸一致性好等优点，且采用该技术制备的微塑件质轻、体积小、绝缘性与抗腐蚀性好，已成为精密微小零件加工成型技术的研究焦点之一，在生物与基因工程、医药工程、环境工程、精密仪器、航天航空和军事及信息通信等领域具有广阔的应用前景。当前，微注塑成型仍未有严格的定义，尤其有关微成型过程中熔体流动过程及其尺寸效应的影响关系是微注塑模具设计与制品成型工艺中不可回避的问题，具有重要的学术意义与应用价值。

1. 微注塑基本原理

微注塑成型过程与传统成型技术基本一致，首先将塑料粒子经料斗加入高温料筒内，接着将颗粒熔融后在高压推挤下以高流速注入闭合的模具型腔中，然后通过保压、冷却与脱模，最终获得成型制品。与传统成型技术相比，微注塑成型技术在注射前需抽真空，模具升温速率快，且注射后需要快速降温。具体工艺过程详见图 6-2。

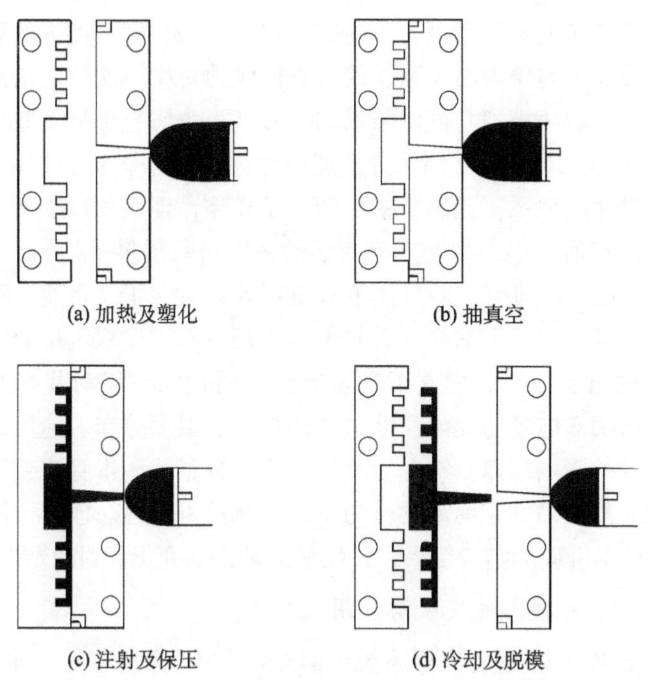

(a) 加热及塑化　(b) 抽真空

(c) 注射及保压　(d) 冷却及脱模

图 6-2　微注塑成型工艺过程示意图

2. 微注塑成型理论

由于高分子熔体在受限条件下的流变行为、流动特性及其尺度效应的研究仍有待完善，因此微注塑成型技术研究还处于起步阶段，其研究主要集中在仪器研发、模具设计及工艺优化等方面。Yao 等 [114, 115] 首次对高分子熔体在微尺度通道中的流动温度进行有限元数值分析，并用摩擦学黏度模型分析流体流动特性，指出在微注塑成型过程中必须考虑壁面滑移对熔体充模流动的影响。研究表明，当模具型腔尺寸较小（＜1μm）时，充模流动行为将发生显著的变化。通过量纲分析法引入黏性耗散、受限尺寸及表面张力等因素进行分析，他们提出当受限尺寸较大（＞10μm）且表面张力作用较低（＜1%）时，微尺度下沿流动方向上的黏性耗散与热传导可以忽略 [116]。他们的研究主要基于熔体流动模型开展，尽管局限于理论分析与数值模拟，但仍具有极重要的借鉴意义。在此基础上，Yu 等 [116] 提出微尺度下熔体热量传递机制的重要参数——熔体与壁面间对流换热系数，并利用平行板间距离函数的对流换热系数模型替代简单对流换热系数的处理方法，将二维混合网格求解的 Hele-Shaw（海莱－肖）方程与实验结合，利用对流换热系数模型进行数值模拟，为微注塑成型的热量传递机制提供了全新的思路。Kim 等 [117] 对微注塑成型中的瞬态充填流动进行了研究，提出了微尺度下熔体的黏性力、表面张力、受限尺度与压力的关系，结合表面张力对牛顿流体流动的阻碍作用机制，验证了其数值模拟与试验结果的一致性，为研究微尺度效应提供一种有效的试验方法。Xu 等 [118] 则从分子理论探讨极性与非极性液体流动过程的黏度与几何尺寸的关系，提出了初步的分子模型，证实微尺度下液体黏度较常规尺寸下的有所减小，为受限流变学的系统研究提供了依据。Mala 等 [119] 与 Koo 等 [120] 进一步研究了微尺度下双电层效应对含正、负离子稀溶液传热和流动的影响规律，基于泊松－玻尔兹曼方程近似描述双电层效应，并基于上电层产生的电子体积力建立了动量方程，通过稳态流动基本方程的数值解，系统分析了双电场与受限尺寸对流动势能、温度分布、速度分布、热导率及表观黏度的影响规律。综上所述，由于高分子熔体本身流变行为的特殊性，流体在微型腔中的充模流动行为呈现独特的响应性。但由于测试技术等限制，很难获得准确的实验结果，该领域的理论研究仍相对较薄弱。

3. 微流控芯片技术的发展与应用

微流控芯片［如微全分析系统（μTAS）与实验室芯片（lab-on-a-chip）等］因其具有污染物排放少、试剂用量少、化学反应速率快和反应可精确控制等优点，逐渐引起人们的广泛关注。目前，在微机电系统（micro-electro-mechanical system，MEMS）的迅猛发展下，微流控芯片正朝集成化、微型化、数字化、智能化与便携化的方向发展。微流控技术微观结构示意图如图 6-3 所示 [121-124]。20 世纪 90 年代，Manz 等 [121] 首次提出 μTAS 的概念，并指出其核心技术为基于微流控技术的微流控芯片；Elvira 等 [124] 首次在微流控芯片上实现了毛细管电泳分析，展现其在生化分析领域的应用前景；Woolley 与 Panaro 等 [122, 123] 首次在单个微流控芯片上，集成聚合酶链反应扩增和毛细管电泳，挖掘了微流控芯片在基因分析中的应用潜力；20 世纪末微流控技术首次实现商业化应用，首台 Agilent 2100 Bioanalyser 上市，实现微流控芯片在

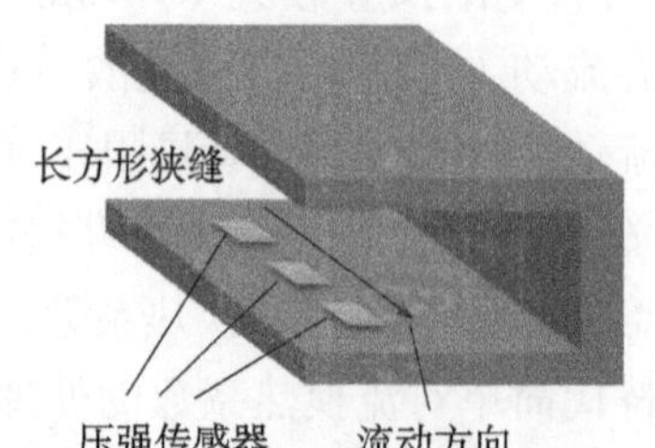

图 6-3　微流控芯片的微观结构示意图

蛋白质及核酸等生物物质分析中的应用[122]；2004 年 *Business 2.0* 杂志首次将“lip-on-a-chip”列为“改变未来的七种技术之一”；2006 年 *Nature* 杂志详述了“lip-on-a-chip”的研究历史、研究状况及发展趋势。

目前，微流控芯片主要将样品的预处理、分离、化学反应及其检测等多种功能集中在一个芯片上，这些均需要微通道、微泵及微阀等微流体元器件的参与。现在通常利用半导体领域发展的成熟微加工技术实现微检测器、微反应器、微通道、微混合器、微泵及微阀等元器件的集成组建。迄今，微流控技术已广泛用于环境监测、药物筛选、基因组学、蛋白组学、生化分析、药物缓释及医疗诊断等领域。基于上述目前国内外的主要研究内容和成果，在高分子受限流变学研究中，人们应当重点关注两方面的内容：一是结合高分子微纳加工的产业状况和需求，研究注塑、挤出、吹塑等特定微纳加工成型工艺下高分子的流动特性，揭示高分子熔体在特定流场下受限流动的分子机制，对高分子微纳加工产业提供指导；二是要加强微尺度高分子熔体流变测试装置的研制和开发，建立微尺度下高分子熔体流变特性的基本模型，实现一维、二维、三维受限熔体流变学的描述，从而提升我国在高分子熔体受限流变学领域的基础研究水平。

四、发展思路与目标

高压下微尺度高分子流变学涉及黏性流体力学、高分子加工成型理论、有限元数值方法、优化设计理论、微机械加工方法等多学科交叉，是高分子注塑加工成型领域重要的延伸和拓展。具体应从如下两个方面入手。

（一）微尺度下高分子熔体流变特性测试与建模

与经典牛顿流体不同，高分子熔体在受到大于某一临界剪切应力后，即不再符合传统无滑移壁面边界条件，将会出现壁面滑移的现象。但是，由于在宏观尺寸下壁面滑移的影响较小，在数学建模中常常被忽略。随着尺寸的降低，即使较小的壁面滑移也会产生显著的影响。因此，首先，需借鉴宏观尺度下壁面滑移理论，探究壁面滑移产生的机制、壁面滑移速率的测定及壁面滑移模型的建立，进而分析高分子熔体在受限情况下产生滑移的原因；其次，需针对高分子熔体在微尺度下的等温稳态流动过程进行数值模拟；最后，针对高分子熔体在受限微纳结构下的非等温非稳态流动过程进行数值模拟。在此基础上，建立微尺度下高分子熔体流变特性测试数学模型，实现流动过程的数值模拟。

（二）基于流场分布的模具设计

在实际微注塑成型中，由于极高的注射速度和微小的模具型腔尺寸，高分子熔体极易产生不稳定流动，且不稳定流场在注塑模具的浇口处尤为显著。常规尺度下的模具设计理论不宜运用于微尺度流道中高分子熔体的流动行为。因此，需结合实验分析与理论研究，针对受限流道中高分子熔体的流变行为、高分子链的横向迁移行为及链刚性对其流动的影响开展深入研究，揭示高分子熔体在微尺度下的流动迁移机制，加深对其流场演化的认识，为高分子微加工成型设备和模具的设计提供机械设计的理论基础，进而为相关微流控器械的设计和制造提供借鉴。

目前，国内外学者在高分子流变学特性实验、注塑模具可视化技术、注塑成型数值模拟与优化设计方法等方面进行了大量有意义的尝试和研究，这将为进一步深入系统地研究微尺度高分子流变学及模具流场分析奠定基础。

五、优势与短板

近年来，国内学者逐渐强化了高分子微/纳流变学研究方面的研究，北京化工大学、浙江大学、大连理工大学与郑州大学等在高分子受限流变学研究方面形成了各具特色的研究方向，并取得一系列重要成果。例如，许少锋[125]深入研究了微通道下高分子溶液流变特性与横向迁移行为，基于耗散动力学方法首次揭示高分子链珠间流体力学相互作用是高分子链远离通道中心的主要原因，为高分子微加工成型技术的发展奠定理论基础；王敏杰等[112, 113]发展了微注塑成型理论，深入分析了流动尺度效应、充模流动理论及其熔体黏度和壁面滑移等，揭示了高分子熔体在微尺度下的流动规律，为微注塑成型提供了科学依据；在此基础上，刘莹[126]和程瑶[127]进一步发展了微流控技术，并将其应用于微结构制品注塑成型、生物载体制备等领域。

综上所述，我国在高分子微纳流变学研究方面经过多年发展，已积累了一定的理论基础与扎实的研究实力。尤其在高分子微注塑加工成型等方面的研究工作具有自己的特色，与当前国际整体研究水平相当。然而，微/纳流变学研究总体处于起步阶段，仍存在许多科学问题和技术短板亟待解决，主要体现在如下方面。

（1）在微尺度黏度测试设备方面，现有设备测试压力低、剪切速率低，且设备的非等温性很难保证测量结果的可靠性，导致现有实验结果与应用到微注塑成型技术中的流变学还有很大差距。

（2）微通道特征尺寸减小导致表体比显著增加，微尺度范围内影响高分子熔体流动的黏性耗散、壁面滑移及表面张力等因素作用程度加强，各因素之间的耦合作用十分复杂，导致对微尺度效应的作用机制及如何准确地量化表征微尺度流变特性没有形成统一的认识，这依然是一个待解的难题。

（3）现有的模拟流场分析中，使用传统方法测得的流变数据在分析模型中未能考虑微尺度影响因素，导致数值模拟结果与实验结果偏差较大。

高分子微/纳流变学是一个新兴的研究领域，其内容涉及高分子材料与工程、高分子流变学、传热学等诸多学科。本节在全面分析宏观尺度研究时忽略的流变学影响因素的基础上，基于高压微尺度下高分子熔体的流动特性，建立微尺度流变行为模型，揭示了高分子熔体在微尺度下的流动迁移机制；同时，对典型微注塑成型技术中微尺度高分子熔体的流变行为进行了阐述。上述工作对指导微流控器械的设计，扩大微机械科学技术的研究与应用领域，提高我国精密微型模具的制造技术水平具有十分重要的理论意义和应用价值。尽管我国在高分子微/纳流变学研究领域已取得显著进步，但相关理论及数值模拟技术仍不完善。下一步的工作需以实际应用为导向，凝练出基本的科学问题，通过实验、模拟和理论研究的结合，为高分子受限流变学的研究与应用提供指导，以提升我国该领域研究成果的国际影响力和竞争力。

（撰稿人：李勇进；杭州师范大学）

本章参考文献

[1] Binder K. Phase Transitions of Polymer Blends and Block Copolymer Melts in Thin Films. Berlin: Springer Berlin Heidelberg, 1999.

[2] Ferry J D. Viscoelastic Properties of Polymers. New York: John Wiley & Sons, 1980.

[3] Lodge T P, McLeish T C B. Self-concentrations and effective glass transition temperatures in polymer blends. Macromolecules, 2000, 33: 5278-5284.

[4] Niu Y H, Wang Z G. Rheologically determined phase diagram and dynamically investigated phase separation kinetics of polyolefin blends. Macromolecules, 2006, 39: 4175-4183.

[5] Chopra D, Kontopoulou M, Vlassopoulos D, et al. Effect of maleic anhydride content on the rheology and phase behavior of poly(styrene-*co*-maleic anhydride)/poly(methyl methacrylate) blends. Rheologica Acta, 2002, 41: 10-24.

[6] Sharma J, Clarke N. Miscibility determination of a lower critical solution temperature

polymer blend by rheology. The Journal of Physical Chemistry B, 2004, 108: 13220-13230.

[7] Han C D, Baek D M, Kim J K, et al. Effect of volume fraction on the order-disorder transition in low molecular weight polystyrene-block-polyisoprene copolymers. 1. Order-disorder transition temperature determined by rheological measurements. Macromolecules, 1995, 28: 5043-5062.

[8] Han C D, Kim J, Kim J K. Determination of the order-disorder transition temperature of block copolymers. Macromolecules, 1989, 22: 383-394.

[9] Havriliak S, Negami S. A complex plane representation of dielectric and mechanical relaxation processes in some polymers. Polymer, 1967, 8: 161-210.

[10] van Gurp M, Palmen J. Time-temperature superposition for polymeric blends. Rheology Bulletin, 1998, 67: 5-8.

[11] Li Y, Shimizu H. High-shear processing induced homogenous dispersion of pristine multiwalled carbon nanotubes in a thermoplastic elastomer. Polymer, 2007, 48: 2203-2207.

[12] Zuo M, Peng M, Zheng Q. Study on nonlinear phase-separation for PMMA/α-MSAN blends by dynamic rheological and small angle light scattering measurements. Journal of Polymer Science Part B: Polymer Physics, 2006, 44: 1547-1555.

[13] Palierne J F. Linear rheology of viscoelastic emulsions with interfacial tension. Rheologica Acta, 1990, 29: 204-214.

[14] Bousmina M. Rheology of polymer blends: linear model for viscoelastic emulsions. Rheologica Acta, 1999, 38: 73-83.

[15] Yu W, Bousmina M, Grmela M, et al. Modeling of oscillatory shear flow of emulsions under small and large deformation fields. Journal of Rheology, 2002, 46: 1401-1418.

[16] Yu W, Bousmina M. Ellipsoidal model for droplet deformation in emulsions. Journal of Rheology, 2003, 47: 1011-1039.

[17] Steinmann S, Gronski W, Friedrich C. Cocontinuous polymer blends: Influence of viscosity and elasticity ratios of the constituent polymers on phase inversion. Polymer, 2001, 42: 6619-6629.

[18] Steinmann S, Gronski W, Friedrich C. Quantitative rheological evaluation of phase inversion in two-phase polymer blends with cocontinuous morphology. Rheologica Acta, 2002, 41: 77-86.

[19] Ziegler V, Wolf B A. Viscosity and morphology of the two-phase system PDMS/P(DMS-ran-MPS). Journal of Rheology, 1999, 43: 1033-1045.

[20] Vinckier I, Laun H M. Manifestation of phase separation processes in oscillatory shear: droplet-matrix systems versus *co*-continuous morphologies. Rheologica Acta, 1999, 38: 274-286.

[21] Doi M, Ohta T. Dynamics and rheology of complex interfaces. Ⅰ. The Journal of Chemical Physics, 1991, 95: 1242-1248.

[22] Veenstra H, Verkooijen P C J, van Lent B J J, et al. On the mechanical properties of *co*-continuous polymer blends: experimental and modelling. Polymer, 2000, 41: 1817-1826.

[23] Yu W, Zhou W, Zhou C. Linear viscoelasticity of polymer blends with *co*-continuous morphology. Polymer, 2010, 51: 2091-2098.

[24] Holt A P, Griffin P J, Bocharova V, et al. Dynamics at the polymer/nanoparticle interface in poly(2-vinylpyridine)/silica nanocomposites. Macromolecules, 2014, 47: 1837-1843.

[25] Papon A, Saalwächter K, Schäler K, et al. Low-field NMR investigations of nanocomposites: polymer dynamics and network effects. Macromolecules, 2011, 44: 913-922.

[26] Rittigstein P, Torkelson J M. Polymer-nanoparticle interfacial interactions in polymer nanocomposites: confinement effects on glass transition temperature and suppression of physical aging. Journal of Polymer Science Part B: Polymer Physics, 2006, 44: 2935-2943.

[27] Buenviaje C, Ge S, Rafailovich M, et al. Confined flow in polymer films at interfaces. Langmuir, 1999, 15: 6446-6450.

[28] Chen J, Du X C, Zhang W B, et al. Synergistic effect of carbon nanotubes and carbon black on electrical conductivity of PA6/ABS blend. Composites Science and Technology, 2013, 81: 1-8.

[29] Cheng S, Holt A P, Wang H, et al. Unexpected molecular weight effect in polymer nanocomposites. Physical Review Letters, 2016, 116: 038302.

[30] Mortazavian H, Fennell C J, Blum F D. Surface bonding is stronger for poly(methyl methacrylate) than for poly(vinyl acetate). Macromolecules, 2016, 49: 4211-4219.

[31] Rueda M M, Auscher M C, Fulchiron R, et al. Rheology and applications of highly filled polymers: a review of current understanding. Progress in Polymer Science, 2017, 66: 22-53.

[32] Leonov A I. Nonequilibrium thermodynamics and rheology of viscoelastic polymer media. Rheologica Acta, 1976, 15: 85-98.

[33] Leonov A I. On the rheology of filled polymers. Journal of Rheology, 1990, 34: 1039-1068.

[34] Trappe V, Weitz D A. Scaling of the viscoelasticity of weakly attractive particles. Physical Review Letters, 2000, 85: 449-452.

[35] Faitelson L. A. Some aspects of polymer melts rheology. Mechanics of Composite Materials, 1995, 31: 80-90.

[36] Song Y H, Zheng Q. Concepts and conflicts in nanoparticles reinforcement to polymers beyond hydrodynamics. Progress in Materials Science, 2016, 84: 1-58.

[37] Jouault N, Moll J F, Meng D, et al. bound polymer layer in nanocomposites. ACS Macro Letters, 2013, 2: 371-374.

[38] Geiser V, Leterrier Y, Månson J A E. Rheological behavior of concentrated hyperbranched polymer/silica nanocomposite suspensions. Macromolecules, 2010, 43: 7705-7712.

[39] Anderson B J, Zukoski C F. Rheology and microstructure of polymer nanocomposite melts: variation of polymer segment-surface interaction. Langmuir, 2010, 26: 8709-8720.

[40] Bindu P, Thomas S. Viscoelastic behavior and reinforcement mechanism in rubber nanocomposites in the vicinity of spherical nanoparticles. The Journal of Physical Chemistry B, 2013, 117: 12632-12648.

[41] Kim S Y, Meyer H W, Saalwächter K, et al. Polymer dynamics in PEG-silica nanocomposites: effects of polymer molecular weight, temperature and solvent dilution. Macromolecules, 2012, 45: 4225-4237.

[42] Yanez J A, Laarz E, Bergström L. Viscoelastic properties of particle gels. Journal of Colloid and Interface Science, 1999, 209: 162-172.

[43] Zheng Q, Du M, Yang B, et al. Relationship between dynamic rheological behavior and phase separation of poly(methyl methacrylate)/poly(styrene-*co*-acrylonitrile) blends. Polymer, 2001, 42: 5743-5747.

[44] Zuo M, Peng M, Zheng Q. Investigation on the early and late stage phase-separation dynamics of poly(methyl methacrylate)/poly(α-methyl styrene-*co*-acrylonitrile) blends through rheological and scattering functions. Polymer, 2005, 46: 11085-11092.

[45] Zheng Q, Peng M, Song Y H, et al. Use of WLF-like function for describing the nonlinear phase separation behavior of binary polymer blends. Macromolecules, 2001, 34: 8483-8489.

[46] Zuo M, Zheng Q. Phase morphologies and viscoelastic relaxation behaviors for an LCST-type polymer blend composed of poly(methyl methacrylate) and poly[(α-methyl styrene)-*co*-acrylonitrile] . Macromolecular Chemistry and Physics, 2006, 207: 1927-1937.

[47] Li H, Zuo M, Liu T, et al. Effect of multi-walled carbon nanotubes on the morphology evolution, conductivity and rheological behaviors of poly(methyl methacrylate)/poly(styrene-*co*-acrylonitrile) blends during isothermal annealing. RSC Advances, 2016, 6: 10099-10113.

[48] Du M, Wu Q, Zuo M, et al. Filler effects on the phase separation behavior of poly (methyl methacrylate)/poly (styrene-*co*-acrylonitrile) binary polymer blends. European Polymer Journal, 2013, 49: 2721-2729.

[49] Du J, Niu H, Dong J Y, et al. Nascent phase separation and crystallization kinetics of an iPP/PEOc polymer alloy prepared on a single multicatalyst reactor granule. Macromolecules, 2008, 41: 1421-1429.

[50] Zhang R, Cheng H, Zhang C, et al. Phase separation mechanism of polybutadiene/polyisoprene blends under oscillatory shear flow. Macromolecules, 2008, 41: 6818-6829.

[51] Zou F, Dong X, Liu W, et al. Shear induced phase boundary shift in the critical and off-

critical regions for a polybutadiene/polyisoprene blend. Macromolecules, 2012, 45: 1692-1700.

[52] Zou F, Dong X, Lin D, et al. Morphological and rheological responses to the transient and steady shear flow for a phase-separated polybutadiene/polyisoprene blend. Polymer, 2012, 53: 4818-4826.

[53] Xu D H, Wang Z G, Douglas J F. Influence of carbon nanotube aspect ratio on normal stress differences in isotactic polypropylene nanocomposite melts. Macromolecules, 2008, 41: 815-825.

[54] Xu D H, Wang Z G. Role of multi-wall carbon nanotube network in composites to crystallization of isotactic polypropylene matrix. Polymer, 2008, 49: 330-338.

[55] Wang K, Liang S, Deng J, et al. The role of clay network on macromolecular chain mobility and relaxation in isotactic polypropylene/organoclay nanocomposites. Polymer, 2006, 47: 7131-7144.

[56] Wang K, Wang C, Li J, et al. Effects of clay on phase morphology and mechanical properties in polyamide 6/EPDM-*g*-MA/organoclay ternary nanocomposites. Polymer, 2007, 48: 2144-2154.

[57] Sun T, Dong X, Du K, et al. Structural and thermal stabilization of isotactic polypropylene/organo-montmorillonite/poly(ethylene-*co*-octene) nanocomposites by an elastomer component. Polymer, 2008, 49: 588-598.

[58] Wang K, Chen Y, Zhang Y. Effects of organoclay platelets on morphology and mechanical properties in PTT/EPDM-g-MA/organoclay ternary nanocomposites. Polymer, 2008, 49: 3301-3309.

[59] Fan X, Wang Z, Wang K, et al. Unusual rheological characteristics of polypropylene/organoclay nanocomposites in continuous cooling process. Journal of Applied Polymer Science, 2012, 125: E292-E297.

[60] Yang H, Li B, Wang K, et al. Rheology and phase structure of PP/EPDM/SiO_2 ternary composites. European Polymer Journal, 2008, 44: 113-123.

[61] Anastasiadis S H, Hatzikiriakos S G. The work of adhesion of polymer/wall interfaces and its association with the onset of wall slip. Journal of Rheology, 1998, 42: 795-812.

[62] Andablo-Reyes E, de Vicente J, Hidalgo-Álvarez R. On the nonparallelism effect in thin film plate-plate rheometry. Journal of Rheology, 2011, 55: 981-986.

[63] Andablo-Reyes E, Hidalgo-Álvarez R, de Vicente J. A method for the estimation of the film thickness and plate tilt angle in thin film misaligned plate-plate rheometry. Journal of Non-Newtonian Fluid Mechanics, 2010, 165: 1419-1421.

[64] Baik S J, Moldenaers P, Clasen C. A sliding plate microgap rheometer for the simultaneous

measurement of shear stress and first normal stress difference. Review of Scientific Instruments, 2011, 82: 035121.

[65] Buscall R. Letter to the editor: wall slip in dispersion rheometry. Journal of Rheology, 2010, 54: 1177-1183.

[66] Cheikh C, Koper G. Stick-slip transition at the nanometer scale. Physical Review Letters, 2003, 91: 156102.

[67] Clasen C. A self-aligning parallel plate (SAPP) fixture for tribology and high shear rheometry. Rheologica Acta, 2013, 52: 191-200.

[68] Braithwaite G J, McKinley G H. Microrheometry for studying the rheology and dynamics of polymers near interfaces. Applied Rheology, 1999, 9: 27-33.

[69] Clasen C. High shear rheometry using hydrodynamic lubrication flows. Journal of Rheology, 2013, 57: 197-221.

[70] Clasen C, Kavehpour H P, McKinley G H. Bridging tribology and microrheology of thin films. Applied Rheology, 2010, 20: 1-13.

[71] Clasen C, Gearing B P, McKinley G H. The flexure-based microgap rheometer (FMR). Journal of Rheology, 2006, 50: 883-905.

[72] Collin D, Martinoty P. Dynamic macroscopic heterogeneities in a flexible linear polymer melt. Physica A: Statistical Mechanics and its Applications, 2003, 320: 235-248.

[73] Crawford N C, Williams S K R, Boldridge D, et al. Shear thickening of chemical mechanical polishing slurries under high shear. Rheologica Acta, 2012, 51: 637-647.

[74] Davies G A, Stokes J R. On the gap error in parallel plate rheometry that arises from the presence of air when zeroing the gap. Journal of Rheology, 2005, 49: 919-922.

[75] Connelly R W, Greener J. High-shear viscometry with a rotational parallel-disk device. Journal of Rheology, 1985, 29: 209-226.

[76] Martinoty P, Hilliou L, Mauzac M, et al. Side-chain liquid-crystal polymers: gel-like behavior below their gelation points. Macromolecules, 1999, 32: 1746-1752.

[77] Mukhopadhyay A, Granick S. Micro- and nanorheology. Current Opinion in Colloid & Interface Science, 2001, 6: 423-429.

[78] Hatzikiriakos S G. Wall slip of molten polymers. Progress in Polymer Science, 2012, 37: 624-643.

[79] Clasen C, McKinley G H. Gap-dependent microrheometry of complex liquids. Journal of Non-Newtonian Fluid Mechanics, 2004, 124: 1-10.

[80] Turian R M. Perturbation solution of the steady Newtonian flow in the cone and plate and parallel plate systems. Industrial & Engineering Chemistry Fundamentals, 1972, 11: 361-368.

[81] Yoshimura A, Prud'homme R K. Wall slip corrections for couette and parallel disk viscometers. Journal of Rheology, 1988, 32: 53-67.

[82] Craven T J, Rees J M, Zimmerman W B. Pressure sensor positioning in an electrokinetic microrheometer device: simulations of shear-thinning liquid flows. Microfluidics and Nanofluidics, 2010, 9: 559-571.

[83] Riesch C, Reichel E K, Keplinger F, et al. Characterizing vibrating cantilevers for liquid viscosity and density sensing. Journal of Sensors, 2008, 2008: 1-9.

[84] Rother J, Nöding H, Mey I, et al. Atomic force microscopy-based microrheology reveals significant differences in the viscoelastic response between malign and benign cell lines. Open Biology, 2014, 4: 140046.

[85] Schmatko T, Hervet H, Leger L. Friction and slip at simple fluid-solid interfaces: the roles of the molecular shape and the solid-liquid interaction. Physical Review Letters, 2005, 94: 244501.

[86] Xie Z, Zou Q, Yao D. Design and verification of the pressure-driven radial flow microrheometer. Tribology Transactions, 2008, 51: 396-402.

[87] Mateyawa S, Xie D F, Truss R W, et al. Effect of the ionic liquid 1-ethyl-3-methylimidazolium acetate on the phase transition of starch: dissolution or gelatinization? Carbohydrate Polymers, 2013, 94: 520-530.

[88] Yan Y, Zhang Z, Cheneler D, et al. The influence of flow confinement on the rheological properties of complex fluids. Rheologica Acta, 2010, 49: 255-266.

[89] Weis C, Natalia I, Willenbacher N. Effect of weak attractive interactions on flow behavior of highly concentrated crystalline suspensions. Journal of Rheology, 2014, 58: 1583-1597.

[90] Davies G A, Stokes J R. Thin film and high shear rheology of multiphase complex fluids. Journal of Non-Newtonian Fluid Mechanics, 2008, 148: 73-87.

[91] Macosko C W. Rheology Principles, Measurements and Applications. New York: VCH Publishers, 1994.

[92] Steffe J F. Rheological Methods in Food Process Engineering. East Lansing: Freeman Press, 1996.

[93] Bird R B, Armstrong R C, Hassager O. Dynamics of Polymeric Liquids. New York: Wiley, 1987.

[94] Stokes J R, Graham L J W, Lawson N J, et al. Swirling flow of viscoelastic fluids. Part 1. Interaction between inertia and elasticity. Journal of Fluid Mechanics, 2001, 429: 67-115.

[95] Keentok M, Xue S C. Edge fracture in cone-plate and parallel plate flows. Rheologica Acta, 1999, 38: 321-348.

[96] Tanner R I, Keentok M. Shear fracture in cone-plate rheometry. Journal of Rheology, 1983,

27: 47-57.

[97] Mall-Gleissle S E, Gleissle W, McKinley G H, et al. The normal stress behaviour of suspensions with viscoelastic matrix fluids. Rheologica Acta, 2002, 41: 61-76.

[98] Byars J A, Öztekin A, Brown R A, et al. Spiral instabilities in the flow of highly elastic fluids between rotating parallel disks. Journal of Fluid Mechanics, 1994, 271: 173-218.

[99] Groisman A, Steinberg V. Elastic turbulence in a polymer solution flow. Nature, 2000, 405: 53-55.

[100] Stokes J R, Boger D V. Mixing of viscous polymer liquids. Physics of Fluids, 2000, 12: 1411-1416.

[101] Kalika D S, Nuel L, Denn M M. Gap-dependence of the viscosity of a thermotropic liquid crystalline copolymer. Journal of Rheology, 1989, 33: 1059-1070.

[102] Stokes J R, Graham L J W, Lawson N J, et al. Swirling flow of viscoelastic fluids. Part 2. Elastic effects. Journal of Fluid Mechanics, 2001, 429: 117-153.

[103] Planchon T A, Gao L, Milkie D E, et al. Rapid three-dimensional isotropic imaging of living cells using Bessel beam plane illumination. Nature Methods, 2011, 8: 417-423.

[104] Pipe C J, McKinley G H. Microfluidic rheometry. Mechanics Research Communications, 2009, 36: 110-120.

[105] 赵学端，廖其奠 . 粘性流体力学 . 北京：机械工业出版社，1993.

[106] Hemphill T, Campos W, Pilehvari A. Yield-power law model more accurately predicts mud rheology. Oil and Gas Journal, 1993, 91: 45-50.

[107] Sopade P A, Halley P, Bhandari B, et al. Application of the Williams-Landel-Ferry model to the viscosity-temperature relationship of Australian honeys. Journal of Food Engineering, 2003, 56: 67-75.

[108] Carreau P J, Kee D D, Daroux M. An analysis of the viscous behaviour of polymeric solutions. The Canadian Journal of Chemical Engineering, 1979, 57: 135-140.

[109] Cross Jr W. The Psychology of Nigrescence: Revising the Cross Model. Thousand Oaks: Sage Publications, 1995 .

[110] Peydró M A, Parres F, Crespo J E, et al. Study of rheological behavior during the recovery process of high impact polystyrene using cross-WLF model. Journal of Applied Polymer Science, 2011, 120: 2400-2410.

[111] Eringen A C, Okada K. A lubrication theory for fluids with microstructure. International Journal of Engineering Science, 1995, 33: 2297-2308.

[112] 庄俭，于同敏，王敏杰 . 微注塑成形中熔体充模流动分析及其数值模拟 . 机械工程学报，2008, 44: 43-49.

[113] 徐斌，于同敏，王敏杰，等 . 微尺度聚合物熔体粘性耗散效应对流变行为的影响 . 机

械工程学报，2010, 46: 47-52.

[114] Yao D, Kim B. Simulation of the filling process in micro channels for polymeric materials. Journal of Micromechanics & Microengineering, 2002, 12: 604-610.

[115] Yao D, Kim B. Scaling issues in miniaturization of injection molded parts. Journal of Manufacturing Science and Engineering, 2005, 126: 733-739.

[116] Yu L, Lee L J, Koelling K W. Flow and heat transfer simulation of injection molding with microstructures. Polymer Engineering & Science, 2004, 44: 1866-1876.

[117] Kim D S, Lee K C, Kwon T H, et al. Micro-channel filling flow considering surface tension effect. Journal of Micromechanics & Microengineering, 2002, 12: 236-246.

[118] Xu B, Ooi K T, Wong T N, et al. Study on the viscosity of the liquid flowing in microgeometry. Journal of Micromechanics and Microengineering, 1999, 9: 377-384.

[119] Mala G M, Li D, Dale J D. Heat transfer and fluid flow in microchannels. International Journal of Heat and Mass Transfer, 1997, 40: 3079-3088.

[120] Koo J, Kleinstreuer C. Liquid flow in microchannels: experimental observations and computational analyses of microfluidics effects. Journal of Micromechanics and Microengineering, 2003, 13: 568-579.

[121] Manz A, Graber N, Widmer H M. Miniaturized total chemical analysis systems: a novel concept for chemical sensing. Sensors and Actuators B: Chemical, 1990, 1: 244-248.

[122] Woolley A T, Hadley D, Landre P, et al. Functional integration of PCR amplification and capillary electrophoresis in a microfabricated DNA analysis device. Analytical Chemistry, 1996, 68: 4081-4086.

[123] Panaro N J, Yuen P K, Sakazume T, et al. Evaluation of DNA fragment sizing and quantification by the Agilent 2100 Bioanalyzer. Clinical Chemistry, 2000, 46: 1851-1853.

[124] Elvira K S I, Solvas X C, Wootton R C R, et al. The past, present and potential for microfluidic reactor technology in chemical synthesis. Nature Chemistry, 2013, 5: 905-915.

[125] 许少锋 . 微通道中高分子溶液流变特性与横向迁移行为研究 . 杭州：浙江大学，2014.

[126] 刘莹 . 基于微流控芯片的微结构制品注塑成型工艺技术研究 . 大连：大连理工大学，2012.

[127] 程瑶 . 基于微流控技术的生物载体的制备及应用 . 南京：东南大学 , 2016.

附录

附表 1　人名中英文对照表

英文全名	英文简称	中译名
Albert Einstein	Einstein	爱因斯坦
Peter Joseph William Debye	Debye	德拜
Paul John Flory	Flory	弗洛里
Prince Earl Rouse	Rouse	劳斯
Bruno Hasbrouck Zimm	Zimm	齐姆
Hiromi Yamakawa	Yamakawa	山川
James Clerk Maxwell	Maxwell	麦克斯韦
Pierre-Gilles de Gennes	de Gennes	德热纳
Masao Doi	Doi	土井正男
Samuel Frederick Edwards	Edwards	爱德华兹
Marian Smoluchowski	Smoluchowski	斯莫鲁霍夫斯基
Paul Langevin	Langevin	朗之万
Robert Brown	Brown	布朗
Jean Baptiste Perrin	Perrin	佩兰
Theodor Svedberg	Svedberg	斯韦德贝里
Alfred Bernhard Nobel	Nobel	诺贝尔
Kiyoshi Itô	Itô	伊藤清
Hermann Staudinger	Staudinger	施陶丁格
Wallace Hume Carothers	Carothers	卡罗瑟斯

续表

英文全名	英文简称	中译名
Richard Phillips Feynman	Feynman	费曼
Isaac Newton	Newton	牛顿
Leonhard Euler	Euler	欧拉
Ludwig Eduard Boltzmann	Boltzmann	玻尔兹曼
Lars Onsager	Onsager	昂萨格
Karl Weissenberg	Weissenberg	魏森贝格
Robert Hooke	Hooke	胡克
Joseph Fourier	Fourier	傅里叶
Osborne Reynolds	Reynolds	雷诺
Siméon-Denis Poisson	Poisson	泊松
Zhen-Gang Wang	Z-G Wang	王振纲
An-Chang Shi	A-C Shi	史安昌
Jeff Zheng-Yu Chen	Jeff Z. Y. Chen	陈征宇
Shi-Qing Wang	S-Q Wang	王十庆
Leopold Kronecker	Kronecker	克罗内克
Carl Wilhelm Oseen	Oseen	奥森
Theo Odijk	Odijk	奥代克
Maurice Loyal Huggins	Huggins	哈金斯
Philip Alan Pincus	Pincus	平卡斯

附表 2　专业术语中英文对照表

英文全称	简称	中文全称
transient network model	TNM	瞬态网络模型
Maxwell model	—	麦克斯韦模型
Voigt-Kelvin model	—	沃伊特－开尔文模型
Navier-Stokes equations	—	纳维尔－斯托克斯方程
particle tracking velocimetry	PTV	粒子示踪测速仪
Brownian motion	—	布朗运动
Flory-Huggins theory	—	弗洛里－哈金斯理论
Wiener measure	—	维纳测度
Clausius-Duhem inequality	—	克劳修斯－杜安热力学不等式

续表

英文全称	简称	中文全称
fluorescence resonance energy transfer	FRET	荧光共振能量转移
Boltzmann superposition principle	—	玻尔兹曼叠加原理
Monte Carlo	—	蒙特卡罗
Ginzburg-Landau theory	—	金兹堡－朗道理论
lattice Boltzmann method	—	格子玻尔兹曼方法
Fick's second law	—	菲克第二定律
Einstein-Stokes equation	—	爱因斯坦－斯托克斯方程
Euler-Lagrangian systems	—	欧拉－拉格朗日系统
nano molding technology	NMT	纳米注塑成型技术
3-dimensional printing	—	3 维打印（3D 打印）
science citation index	SCI	科学引文索引
pulsed field gradient nuclear magnetic resonance	PFG-NMR	脉冲梯度场核磁共振技术
Fourier transform	FT	傅里叶变换
Kirkwood-Riseman theory	—	柯克伍德－瑞斯曼理论
Rouse-Zimm theory	—	劳斯－齐姆理论
Mark-Houwink equation	MH 方程	马克－豪温克方程
Fox-Flory equation	—	福克斯－弗洛里方程
Fokker-Planck equation	—	福克尔－普朗克方程
Blob model	—	热团模型（Blob 模型）
Williams-Landel-Ferry equation	WLF 方程	威廉姆斯－兰代尔－法瑞方程
Arrhenius equation	—	阿伦尼乌斯方程
Han plot	—	韩图
Cole-Cole plot	—	科尔－科尔图
molecular stress function model	MSF 模型	分子应力函数模型
Pom-Pom model	—	绒球－绒球模型
Hencky strain rate	—	汉基应变速率
Considère condition	—	孔西代尔标准
Payne effect	—	佩恩效应

关键词索引

A

阿伦尼乌斯方程 118, 122
爱因斯坦-斯托克斯方程 15, 28, 55, 57, 128
昂萨格理论 27

B

半刚性高分子 13
本构方程 13, 24, 103, 132, 140, 143, 194, 195, 196, 198, 200, 202, 203, 204, 205, 231, 232, 233, 234, 239, 242
壁滑 4, 12, 131, 144
标度理论 39, 40, 63, 64, 67, 90, 93, 94, 95, 96, 97, 101, 103, 195, 209
玻尔兹曼叠加原理 12, 53, 118, 130, 146, 195
玻璃化转变 2, 6, 102, 121, 157, 228
布朗运动 8, 52, 66, 228
部分穿透球模型 10, 49, 50, 51, 58, 59, 61, 62
Blob模型 86, 94, 95, 97
Bueche-Rouse理论 54

C

缠结高分子流体 2, 4, 10, 11, 12, 22, 24, 26, 27, 54, 130, 131, 132, 134, 135, 136, 137, 138, 140, 142, 143, 144, 145, 148, 149, 156, 158
缠结-解缠结转变 148
缠结效应 2, 27, 102, 130, 136, 137, 139, 148, 151, 197, 199
长程累积效应 10, 49, 50, 51, 59, 62
超扩散 3
持续长度 41, 44, 64, 66, 69, 87, 91, 214
重叠浓度 39, 86
重整化群理论 39, 54, 57
粗粒化 42, 51, 66, 136, 197, 199, 208
θ溶剂 54, 65, 88, 93, 95

D

大幅振荡剪切 147, 153, 154, 157
单链动力学 27, 48, 51, 63
单链平均场 4, 11, 34, 131, 143, 146
德拜长度 41, 42
第一法向应力 96, 97, 133, 135, 140,

142, 147, 226
独立取向近似　140
对流约束释放效应　131, 140, 142, 149, 150
多粒子碰撞动力学　48, 50, 88, 104
多体相互作用　1, 10, 59
DE模型　130, 131, 132, 135, 136, 137, 138, 139, 140, 141, 142, 145, 147, 148, 150
3D打印　29, 144

E

二区域模型　10, 61

F

非静态松弛　4, 131
非平衡态动力学　17, 25
非平衡态统计热力学　5
非线性流变学　2, 3, 4, 11, 12, 14, 26, 27, 131, 143, 144, 145, 146, 147, 152, 154, 155, 156, 157, 158
菲克第二定律　15
分子流变学　2, 3, 10, 15, 16, 26, 29, 103, 117, 128, 129, 130, 131, 140, 143, 145, 156, 193, 195, 206, 214, 215, 216, 231, 238, 239, 245, 246, 247
傅里叶变换　138, 147, 157, 198
弗洛里-哈金斯理论　8, 196
福克尔-普朗克方程　65, 66, 202
复杂流体　8, 147, 157, 205

G

高分子结晶动力学　2, 6
管子模型　2, 4, 10, 11, 12, 24, 26, 27, 86, 94, 97, 98, 99, 101, 118, 119, 130, 131, 140, 142, 143, 144, 145, 148, 149, 150, 154, 195, 196, 197, 198, 199, 200, 201, 202, 203, 204, 208
GLaMM理论　132, 140, 142, 145

H

海-岛结构　226, 227, 232
耗散粒子动力学　12, 28, 40, 65, 132, 148, 158
宏观流动　4, 9, 143, 144, 145, 156
胡克定律　130, 194, 195

J

剪切带　3, 4, 9, 131, 143, 146, 147, 148, 150, 152, 153, 156
剪切黏度　95, 96, 119, 120, 122, 138, 140, 148, 153, 154, 195, 196, 197, 198, 201, 207, 210, 212, 216
剪切增稠　104, 151, 152, 158, 194, 210
键涨落模型　65, 88
阶跃应变　117
结构流变学　3, 28, 128, 195, 196, 202, 204, 205, 231, 233, 234, 236
介电松弛　87, 92, 93, 144, 204, 233
金兹堡-朗道理论　12
静电相互作用　41, 42, 54, 87, 99, 100, 101, 102, 103
聚电解质　39, 41, 42, 44, 45, 47, 92, 93, 99, 100, 101, 102, 103, 104, 105
均方回转半径　40, 43, 46, 50, 57,

64, 98, 100, 123, 124, 125, 135, 142, 153, 157, 212
均方末端距　40, 43, 51, 56, 209

K

库恩链段　66, 150, 157
扩散动力学　3
柯克伍德-瑞斯曼理论　49, 55, 59, 195

L

拉伸屈服　4, 131, 203
朗之万动力学　65, 66, 69
劳斯模型　10, 12, 49, 51, 52, 53, 54, 55, 56, 58, 60, 61, 86, 87, 95, 123, 130, 137, 228
理想链　41, 51, 65
粒子示踪测速仪　4, 11
连续介质力学　9, 12, 27, 146, 150, 194, 204
链段松弛　3, 93, 119, 122, 123, 124, 154, 156, 196, 199, 225, 227
链-链相互作用　11, 26, 131, 143
流体力学半径　40, 46, 47, 50, 57, 60, 198
流体力学相互作用　10, 46, 48, 49, 50, 51, 52, 54, 55, 56, 59, 61, 62, 64, 65, 68, 86, 95, 103, 104, 202, 246
轮廓长度涨落效应（CLF） 119, 128, 130, 140, 154, 200, 201, 204

M

马尔可夫链　204
麦克斯韦模型　2, 3, 9, 12, 130, 132, 133, 134, 142, 195, 240
蒙特卡罗模拟　47, 61, 62, 64, 69, 105, 158

N

纳米注塑成型技术　29
纳维尔-斯托克斯方程　9, 55, 56
内应力　12
黏弹性　2, 4, 12, 117, 118, 119, 120, 121, 122, 123, 127, 128, 129, 130, 132, 133, 134, 135, 137, 138, 139, 142, 143, 149, 150, 151, 154, 158, 193, 194, 195, 196, 197, 198, 199, 200, 201, 202, 203, 204, 205, 206, 207, 208, 209, 210, 213, 215, 216, 226, 227, 228, 230, 235, 240
黏滞阻力　51, 52
凝胶化　14, 15, 92
牛顿黏滞公式　53, 130

O

欧拉-拉格朗日系统　26, 258

P

排除体积效应　51, 57
屏蔽效应　49, 59, 62
Pom-Pom模型　148, 196, 197, 198, 200, 201, 213

Q

齐姆模型　10, 12, 50, 51, 55, 56, 58, 59, 60, 61, 62, 86, 94, 95, 101
前置平均近似　56, 57, 59

R

蠕虫链模型 13, 27, 41
软物质 2, 5, 6, 12, 26, 117
Rolie-Poly模型 150

S

熵弹力 51, 52, 139
时间-浓度叠加原理 229
时温叠加原理 118, 195, 210, 225, 226, 229, 234
受限动力学 68, 123, 125, 155, 203
双连续结构 225, 226, 227, 231, 232, 234, 235
双重蠕动模型 119, 202, 225
瞬态网络模型 2, 130, 132, 134, 135, 144, 152
斯托克斯公式 55
随机力 51, 52

T

弹性体材料 13, 14
特性黏度理论 10, 49, 50, 61
土井正男-昂萨格理论 27

W

微相分离 26, 27, 120, 125, 126, 127, 147, 157
威廉姆斯-兰代尔-法瑞方程 118, 122, 195, 241, 242
沃伊特-开尔文模型 2, 130, 132, 133, 134, 142, 195
无规线团 42, 48, 49, 50, 56, 58, 59, 60, 61, 62, 66, 100
无热溶剂 40

X

相分离 14, 15, 26, 27, 28, 120, 123, 125, 126, 127, 129, 132, 147, 157, 211, 215, 225, 226, 234, 235
携水函数 10, 50, 59, 60, 61
泄水函数 10, 50, 59, 60, 61

Y

亚浓溶液 86, 87, 88, 89, 90, 91, 92, 93, 94, 95, 96, 97, 98, 99, 101, 102, 103, 104, 105, 106
亚稳态 5, 26, 27
应变硬化 16, 148, 149, 151, 152, 153, 158, 193, 198, 201, 210, 212
应力-光学定律 204
荧光共振能量转移 11, 144
有序-无序转变 120
有序-有序转变 121
逾渗网络 228
原始链 11, 136, 137, 138, 139, 140, 141, 142, 145
原始路径分析 11, 145, 148
约束释放效应 98, 119, 128, 130, 140, 141, 142, 154, 197, 200, 201, 203, 204

Z

涨落-耗散定理 52
真实链 9
珠簧模型 41, 43, 51
自回避无规行走链 9